ISEC

国际本科学术互认课程

数学基础系列教材

线性代数（双语版）

LINEAR ALGEBRA

程晓亮　王洋　杜奕秋　陈京晶　华志强　张平　刘鹏飞◎编著

U0178620

北京大学出版社
PEKING UNIVERSITY PRESS

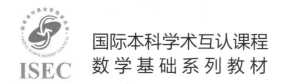

图书在版编目(CIP)数据

线性代数：双语版/程晓亮等编著. —北京：北京大学出版社，2020.8
国际本科学术互认课程. 数学基础系列教材
ISBN 978-7-301-31416-6

Ⅰ. ①线… Ⅱ. ①程… Ⅲ. ①线性代数—双语教学—高等学校—教材 Ⅳ. ①O151.2

中国版本图书馆 CIP 数据核字(2020)第 113939 号

书　　名	线性代数(双语版) XIANXING DAISHU (SHUANGYU BAN)
著作责任者	程晓亮　王　洋　杜奕秋　陈京晶　华志强　张　平　刘鹏飞　编著
责任编辑	曾琬婷
标准书号	ISBN 978-7-301-31416-6
出版发行	北京大学出版社
地　　址	北京市海淀区成府路 205 号　100871
网　　址	http://www.pup.cn　新浪微博：@北京大学出版社
电子信箱	zpup@pup.cn
电　　话	邮购部 010-62752015　发行部 010-62750672　编辑部 010-62754819
印 刷 者	北京宏伟双华印刷有限公司
经 销 者	新华书店
	889 毫米×1194 毫米　16 开本　10 印张　293 千字 2020 年 8 月第 1 版　2025 年 1 月第 4 次印刷
定　　价	54.00 元

未经许可，不得以任何方式复制或抄袭本书之部分或全部内容。
版权所有，侵权必究
举报电话：010-62752024　电子信箱：fd@pup.pku.edu.cn
图书如有印装质量问题，请与出版部联系，电话：010-62756370

内容简介

本书是根据“国际本科学术互认课程”(ISEC)项目对高等数学系列课程的要求,同时结合ISEC项目培养模式进行编写的“线性代数”课程双语教材.全书共分5章,内容包括:线性方程组和矩阵、行列式、向量空间、矩阵的特征值与特征向量、二次型.在内容选择上,既考虑到ISEC学生未来学习和发展的需要,又兼顾学生数学学习的实际情况,以适用、够用为原则,切合学生实际,在体系完整的基础上对通常的“线性代数”课程内容进行适当的调整,注重明晰数学思想与方法,强调数学知识的应用;在内容阐述上,尽量以案例模式引入,由浅入深、由易到难、循序渐进地加以展开,并且尽量使重点突出、难点分散,便于学生对知识的理解和掌握;在内容呈现上,以英文和中文两种文字进行编写,分左、右栏对应呈现,方便学生学习与理解.

本书既可作为ISEC项目培养模式下“线性代数”课程的教材,也可作为普通高等院校“线性代数”课程的教学参考书,特别是以英文和中文两种语言学习与理解线性代数知识的参考资料.

为了方便教学,作者为任课教师提供相关的电子资源,具体事宜可通过电子邮件与作者联系,邮箱地址:chengxiaoliang92@163.com.

序　言

时值"国际本科学术互认课程·数学基础系列教材"第一部面世之际，本人在此向程晓亮老师和参加这套教材编写的各位ISEC教师表示热烈祝贺.

"国际本科学术互认课程"(International Scholarly Exchange Curriculum，简称ISEC)项目，是国家留学基金管理委员会主持的、面向国内地方本科院校的教学改革项目. 该项目致力于建设集国际化课程、国际化师资、国际教育资源于一体的国际化教育教学工作平台，并依托该平台，将具有国际先进水平的教学理念、教学思想和教学方法融入教师的教学实践，推动地方高校的教学改革.

本人深入参与了ISEC项目的两个基本环节：一是教师的课堂教学设计；二是教师和学生的明辨性思维训练. 近距离观察了ISEC课程的教师和学生，有如下基本印象：教师培训成效显著，ISEC教师对现代教育教学的思想和方法有相当程度的理解，对教师培训的内容有相当好的回应和反馈，对明辨性思维有相当程度的认知；ISEC学生显示出不错的灵气和悟性.

ISEC项目已经有坚实的基础，还有很大的发展空间，会有光明的发展前景.

EMI(English Media Instruction)是ISEC课程教学的特点之一，目前适合EMI教学的高等数学系列课程教材处于空白. 为了适应ISEC课程教学的需要，解决ISEC学生高等数学的学习困难，在国家留学基金管理委员会ISEC项目办公室的关心和支持下，由程晓亮老师牵头，ISEC项目院校吉林师范大学、内蒙古民族大学、贵州财经大学、贵阳学院、包头师范学院和赤峰学院等院校的ISEC教师参与，组织编写了一套英中对照教材——"国际本科学术互认课程·数学基础系列教材"，包括《微积分Ⅰ(双语版)》《微积分Ⅰ习题解析(双语版)》《微积分Ⅱ(双语版)》《微积分Ⅱ习题解析(双语版)》《线性代数(双语版)》《线性代数习题解析(双语版)》《概率论与数理统计(双语版)》和《概率论与数理统计习题解析(双语版)》.

这些ISEC教师因参与ISEC项目，了解了现代教育教学的思想和理念，掌握了课堂教学设计的方法和技巧，养成了明辨性思维的意识和习惯，并且将在ISEC项目中学习到的理念、思想和方法与自己的教学实践相结合，编写了这套双语教材，为推进EMI教学提供了有力的支撑.

已编写完成的《微积分Ⅰ(双语版)》，其语言显示出如下特点：教材中的英语不仅语言流畅，用词准确，而且充分兼顾了西方读者的思维习惯；教材中的中文与英文，不仅在空间形式上而且在内涵上形成了准确对应. 更令人印象深刻的是，中文表述完全符合中国读者的思维习惯. 可以说，这部双语教材有效地平衡了东、西方读者在思维习惯上的差异.

ISEC项目高度重视教师和学生的明辨性思维素质的养成. 这一意图在《微积分Ⅰ(双语版)》中得到不折不扣的贯彻：从基本概念的抽象到基本定理的证明，从基本思想的发展到理论体系的构建，无不体现出明辨性思维的特质. 可以说，作者将明辨性思维有效地融入了教材的每一个章节甚至字里行间. 因此，该教材是一部优秀的双语教材，也是养成学生明辨性思维素质的好教材.

另外,《微积分Ⅰ(双语版)》充分顾及学生认知发展的基本规律. 德国伟大的数学家希尔伯特时常告诫自己的学生"从鲜活的案例开始",肯定了"鲜活的案例"在抽象数学概念、生成数学思想方面的重大作用. 这部教材自觉遵循了希尔伯特的忠告,其案例的选择、内容的展开、理论的陈述,都遵循了由浅入深、由简单到复杂、由具体到抽象、由特殊到一般的基本原则.

随着 ISEC 项目的推进,我们期待能有更多这样的好教材面世.

殷雅俊

ISEC 项目专家

清华大学教授

2017 年 6 月于北京

前　言

党的二十大报告对实施科教兴国战略、强化现代化建设人才支撑作出重大部署，明确指出："教育、科技、人才是全面建设社会主义现代化国家的基础性、战略性支撑". 青年强，则国家强. 广大教师深受鼓舞，更要勇担"为党育人，为国育才，全面提高人才自主培养质量"的重任，迎来一个大有可为的新时代. 在多种形式的人才培养途径中，要提升学生的国际视野，同时坚守中华文化立场，深化文明交流互鉴. 这也正是编写出版"国际本科学术互认课程·数学基础系列教材"这套中英双语对照教材的初衷.

本书是"国际本科学术互认课程·数学基础系列教材"之一，它紧密结合国际本科学术互认课程(International Scholarly Exchange Curriculum，简称 ISEC)对教学的要求，强调学习知识与训练思维的统一，强调教学理念与方法的统一，强调学习过程与学生能力提升的统一. 在内容选择上，既考虑到 ISEC 学生未来学习和发展的需要，又兼顾学生数学学习的实际情况，以适用、够用为原则，切合学生实际，在体系完整的基础上对通常的"线性代数"课程内容进行适当的调整，注重明晰数学思想与方法，强调数学知识的应用；在内容阐述上，尽量以案例模式引入，由浅入深、由易到难、循序渐进地加以展开，并且尽量使重点突出、难点分散，便于学生对知识的理解和掌握；在内容呈现上，以英文和中文两种文字进行编写，分左、右栏对应呈现，方便学生学习与理解.

本书作者都是经过多次 ISEC 教师岗前培训和专题培训的教师，并多次承担 ISEC 课程"线性代数"的教学工作. 正是在教学过程中，我们发现国内适应国际化教育教学需要的"线性代数"课程双语教材匮乏. 我们曾试图直接采用英文原版的"线性代数"课程教材，但是由于学生英文水平的限制以及以前没有双语学习的基础，特别是对"线性代数"课程中涉及思想和方法的内容，学生把握起来比较困难. 所以说，直接采用英文原版教材在某种程度上是不合适的. 就"线性代数"课程而言，国内有很多优秀的教材. 然而，根据 ISEC 课程对学生发展的目标要求，也不宜采用中文教材. 正是在这样的背景下，我们结合多轮"线性代数"课程教学经验，精心选材与设计，撰写了这部《线性代数(双语版)》教材.

全书由程晓亮、王洋、杜奕秋、陈京晶撰写，参与编写、审阅、修改工作的人员还有华志强、张平、刘鹏飞.

在本书的编写过程中，我们得到了国家留学基金管理委员会 ISEC 项目办公室的大力支持. 可以说，没有 ISEC 项目办公室的鼓励与支持，就没有这套教材的孕育，更谈不上这套教材的面世. 吉林师范大学教务处各位领导十分关心这套教材的撰写，尤其是李雪飞教授给予了无微不至的关心与大力的支持. 在此，我们表示衷心的感谢.

ISEC 项目专家、清华大学教授殷雅俊在百忙之中为这套教材作序. 借助 ISEC 教师岗前培训和专题培训，我们多次得到殷雅俊教授的培训与指导，其内涵丰富、思想深邃，使我们受益匪浅. 在此，特别对殷雅俊教授送上崇高的敬意与万分的感激.

由于我们水平有限，书中难免存在这样或者那样的问题，恳请各位同行和读者批评指正. 我们期待本书能不断完善，也期待有更优秀的教材面世. 让我们共同努力在 ISEC 平台上成长壮大，为适应国际化的教育发展做好充分的准备.

作　者

2023 年 6 月修订

目　录

Chapter 1 Systems of Linear Equations and Matrices
第1章 线性方程组和矩阵

Systems of linear equations and matrices are elementary contents and important tools of linear algebra. In this chapter, we mainly discuss systems of linear equations and their solutions as well as matrices and their operations. We will introduce concepts of systems of linear equations and matrices, introduce some basic operations and their algebraic properties, present some related concepts so that we may use matrices to discuss the existence and the uniqueness of the solutions, and solve systems of linear equations.

线性方程组和矩阵都是线性代数的基本内容,也是线性代数中的重要工具. 在这一章中,我们主要讨论线性方程组及其解法和矩阵及其运算. 为此,我们引入线性方程组和矩阵的概念,介绍矩阵的一些基本运算及其代数性质,并给出其他一些相关概念,以便利用矩阵来讨论线性方程组解的存在性和唯一性等问题,并进一步求解线性方程组.

1.1 Introduction to Systems of Linear Equations and Matrices
1.1 线性方程组和矩阵简介

1. Systems of Linear Equations

It is always the case that many subjects depend on multiple variables. For example, the profit of a product depends not only on the cost of raw materials, but also on other variables such as labor costs and transportation costs. Usually they are linearly dependent. Expressed in mathematical language, the linearly dependent relations are linear equations. Therefore, many practical problems ultimately boil down to solving systems of linear equations.

We first introduce the linear equation, then discuss systems of linear equations. For example,

$$2x_1+x_2+x_3=2$$

is a linear equation, and $x_1=1, x_2=2, x_3=-1$ is a solution of the equation. In general, a **linear equation** for n

1. 线性方程组

在现实世界中,许多研究对象都线性依赖于多个变量. 例如,一个产品的利润不仅依赖于原材料成本,同时也依赖于劳动成本、运输成本等其他量,而且它们之间往往是线性依赖关系. 用数学语言来表示,这种线性依赖关系就是线性方程. 所以,许多实际问题最终往往归结为求解线性方程组.

我们先介绍线性方程,再讨论线性方程组. 例如,

$$2x_1+x_2+x_3=2$$

就是一个线性方程,而 $x_1=1, x_2=1, x_3=-1$ 是该方程的一个解. 一般而言,一个关于 n 个未

unknown variables is an equation of the form

$$a_1x_1+a_2x_2+\cdots+a_nx_n=b, \tag{1.1}$$

where $a_1,a_2,\cdots,a_n$ and constant term b are known, $x_1,x_2,\cdots,x_n$ represent the **unknown variables.** A **solution** of equation (1.1) is a set of numbers $c_1,c_2,\cdots,c_n$, such that $x_1=c_1,x_2=c_2,x_3=c_3,\cdots,x_n=c_n$, equation (1.1) is an identity.

Equation (1.1) is a linear equation because each term is one exponent to the unknown variables $x_1,x_2,\cdots,x_n$.

Example 1 Identify which of the following equations are linear equations:

(1) $3x_1x_2+2x_1=3$;

(2) $3x_1+\cos x_2=0$;

(3) $x_1+2x_2^{1/3}=3$;

(4) $x_1+3x_2=1$.

Solution Only equation (4) is a linear equation. x_1x_2, $\cos x_2$ and $x_2^{1/3}$ in the other three equations are not one exponent.

Normally an $m\times n$ **system of linear equations** is a set of equations in the form of

$$\begin{cases} a_{11}x_1+a_{12}x_2+\cdots+a_{1n}x_n=b_1,\\ a_{21}x_1+a_{22}x_2+\cdots+a_{2n}x_n=b_2,\\ \cdots\cdots\\ a_{m1}x_1+a_{m2}x_2+\cdots+a_{mn}x_n=b_m,\end{cases} \tag{1.2}$$

where $a_{ij}(i=1,2,\cdots,m;j=1,2,\cdots,n)$ are the **coefficients** of the system, $b_i(i=1,2,\cdots,m)$ are **constant terms** or **right-side terms** of the system, and $x_j(j=1,2,\cdots,n)$ are **unknown variables** of the system. For example, the general form of a 3×3 system of linear equations is

$$\begin{cases} a_{11}x_1+a_{12}x_2+a_{13}x_3=b_1,\\ a_{21}x_1+a_{22}x_2+a_{23}x_3=b_2,\\ a_{31}x_1+a_{32}x_2+a_{33}x_3=b_3.\end{cases}$$

The **solution** of system (1.2) is a set of numbers that are simultaneously the solutions of each one of the equations.

Our goal is to solve the system of linear equations made up of two or multiple linear equations. Let us start with three simple examples:

知量的**线性方程**是指具有如下形式的方程：

$$a_1x_1+a_2x_2+\cdots+a_nx_n=b, \tag{1.1}$$

其中系数 $a_1,a_2,\cdots,a_n$ 以及常数项 b 是已知的，$x_1,x_2,\cdots,x_n$ 表示**未知量**. 方程(1.1)的一个**解**，是指任意这样的一组数 $c_1,c_2,\cdots,c_n$，当 $x_1=c_1,x_2=c_2,x_3=c_3,\cdots,x_n=c_n$ 时，可以使方程(1.1)成为恒等式.

方程(1.1)被称为线性的，是因为它的每一项关于未知量 $x_1,x_2,\cdots,x_n$ 都是一次的.

例 1 判断下列哪些方程是线性的：

(1) $3x_1x_2+2x_1=3$;

(2) $3x_1+\cos x_2=0$;

(3) $x_1+2x_2^{1/3}=3$;

(4) $x_1+3x_2=1$.

解 只有方程(4)是线性方程，其他方程中 x_1x_2，$\cos x_2$ 及 $x_2^{1/3}$ 这几项都不是一次的.

一般地，一个 $m\times n$ **线性方程组**是指如下形式的一组方程：

$$\begin{cases} a_{11}x_1+a_{12}x_2+\cdots+a_{1n}x_n=b_1,\\ a_{21}x_1+a_{22}x_2+\cdots+a_{2n}x_n=b_2,\\ \cdots\cdots\\ a_{m1}x_1+a_{m2}x_2+\cdots+a_{mn}x_n=b_m,\end{cases} \tag{1.2}$$

其中 $a_{ij}(i=1,2,\cdots,m;j=1,2,\cdots,n)$ 称为该方程组的**系数**，$b_i(i=1,2,\cdots,m)$ 称为该方程组的**常数项**或**右端项**，$x_j(j=1,2,\cdots,n)$ 称为该方程组的**未知量**. 例如，3×3 线性方程组的一般形式为

$$\begin{cases} a_{11}x_1+a_{12}x_2+a_{13}x_3=b_1,\\ a_{21}x_1+a_{22}x_2+a_{23}x_3=b_2,\\ a_{31}x_1+a_{32}x_2+a_{33}x_3=b_3.\end{cases}$$

方程组(1.2)的一个**解**，是指同时为该方程组中每个方程的解的一组数.

我们的目标是求由两个或多个线性方程构成的方程组的解. 下面先看三个简单的例子：

(1) $\begin{cases} x_1 - x_2 = 4, \\ x_1 + x_2 = 6; \end{cases}$

(2) $\begin{cases} x_1 + x_2 - 3x_3 = -10, \\ x_1 - x_2 + x_3 = 4; \end{cases}$

(3) $\begin{cases} 4x_1 - 3x_2 = 1, \\ 8x_1 - 6x_2 = 8. \end{cases}$

For system (1), it is not difficult to verify that $x_1 = -5$, $x_2 = 1$ is one of the solutions. In fact, it could also be verified that this is the only solution of system (1).

For system (2), it is easy to know $x_1 = -2, x_2 = -5, x_3 = 1$ and $x_1 = 0, x_2 = -1, x_3 = 3$ are both its solutions. In fact, we can prove this by simply substituting the unknown variables. Arbitrarily pick a number for x_3, let $x_1 = x_3 - 3, x_2 = 2x_3 - 7$, we can get a solution of system (2). Hence system (2) has infinite solutions.

Note that in system (3), equations represent two parallel straight lines in a plane. Therefore, the solution of system (3) does not exist. Another method is that let each side of the second equation divided by 2 simultaneously such that the form will be simplified into $4x_1 - 3x_2 = 4$ while the first equation demand $4x_1 - 3x_2 = 1$, so x_1 and x_2 do not exist.

Example 2 Suppose a system of linear equations

$$\begin{cases} x_1 - 2x_2 + x_3 = 2, \\ 2x_1 + x_2 - x_3 = -1, \\ -3x_1 + x_2 - 2x_3 = -11. \end{cases}$$

(1) Give the coefficients a_{11}, a_{21}, a_{31} of x_1.

(2) Verify $x_1 = 1, x_2 = 2, x_3 = 5$ is a solution of the system.

Solution (1) The coefficients of x_1 are

$$a_{11} = 1, \quad a_{21} = 2, \quad a_{31} = -3.$$

(2) Substitute $x_1 = 1, x_2 = 2, x_3 = 5$, we get

left side $= 1 - 2 \times 2 + 5 = 2 =$ right side,

left side $= 2 \times 1 + 2 - 5 = -1 =$ right side,

left side $= -3 \times 1 + 2 - 2 \times 5 = -11 =$ right side.

So $x_1 = 1, x_2 = 2, x_3 = 5$ is a solution of the system.

(1) $\begin{cases} x_1 - x_2 = 4, \\ x_1 + x_2 = 6; \end{cases}$

(2) $\begin{cases} x_1 + x_2 - 3x_3 = -10, \\ x_1 - x_2 + x_3 = 4; \end{cases}$

(3) $\begin{cases} 4x_1 - 3x_2 = 1, \\ 8x_1 - 6x_2 = 8. \end{cases}$

对于方程组(1),不难验证 $x_1 = 5, x_2 = 1$ 是它的一个解. 实际上,也可证明这是方程组(1)的唯一解.

对于方程组(2),易知 $x_1 = -2, x_2 = -5, x_3 = 1$ 及 $x_1 = 0, x_2 = -1, x_3 = 3$ 都是它的解. 实际上,通过直接代入可以证明,任选一个 x_3,令 $x_1 = x_3 - 3, x_2 = 2x_3 - 7$,都可以得到方程组(2)的一个解. 所以,方程组(2)有无穷多个解.

注意到方程组(3)中的方程表示平面上的两条平行直线. 因此,方程组(3)无解. 可以判定方程组(3)无解的另一种方法是:将方程组(3)中的第二个方程两边同时除以 2,化简成 $4x_1 - 3x_2 = 4$,而第一个方程要求 $4x_1 - 3x_2 = 1$,故不存在同时满足这两个方程的 x_1 和 x_2.

例 2 设线性方程组

$$\begin{cases} x_1 - 2x_2 + x_3 = 2, \\ 2x_1 + x_2 - x_3 = -1, \\ -3x_1 + x_2 - 2x_3 = -11. \end{cases}$$

(1) 写 x_1 的系数 a_{11}, a_{21}, a_{31};

(2) 验证 $x_1 = 1, x_2 = 2, x_3 = 5$ 是该方程组的一个解.

解 (1) x_1 的系数为

$$a_{11} = 1, \quad a_{21} = 2, \quad a_{31} = -3.$$

(2) 代入 $x_1 = 1, x_2 = 2, x_3 = 5$,得到

左边 $= 1 - 2 \times 2 + 5 = 2 =$ 右边,

左边 $= 2 \times 1 + 2 - 5 = -1 =$ 右边,

左边 $= -3 \times 1 + 2 - 2 \times 5 = -11 =$ 右边,

所以 $x_1 = 1, x_2 = 2, x_3 = 5$ 是该方程组的一个解.

2. Geometric Interpretation of Solution Sets of Systems of Linear Equations

Using geometric intuition, we can get a first impression about the properties of solution sets of systems of linear equations.

First, consider a general 2×2 system of linear equations

$$\begin{cases} a_{11}x_1+a_{12}x_2=b_1, \\ a_{21}x_1+a_{22}x_2=b_2. \end{cases}$$

From geometric point of view, the solution set of each equation can be represented by a straight line in a plane. Therefore, a solution of the system corresponds to the intersection (x_1,x_2) of two straight lines. According to this geometric interpretation, we are sure of three possibilities:

(1) Two straight lines coincide to one straight line, so there would be infinite solutions.

(2) Two straight lines are parallel such that they never intersect, so the solution does not exist.

(3) Two straight lines intersect at a point, so there is a unique solution.

Then we consider a general 2×3 system of linear equations

$$\begin{cases} a_{11}x_1+a_{12}x_2+a_{13}x_3=b_1, \\ a_{21}x_1+a_{22}x_2+a_{23}x_3=b_2. \end{cases}$$

The solution set of each equation can be regarded as a plane, so we have two following possibilities:

(1) Two planes coincide or intersect in a straight line. The system has infinite solutions in this situation.

(2) Two planes are parallel. The solution of the system does not exist in this situation.

Remark For a general 2×3 system of linear equations, the possibility of a unique solution has been ruled out.

We consider a general 3×3 system of linear equations

$$\begin{cases} a_{11}x_1+a_{12}x_2+a_{13}x_3=b_1, \\ a_{21}x_1+a_{22}x_2+a_{23}x_3=b_2, \\ a_{31}x_1+a_{32}x_2+a_{33}x_3=b_3 \end{cases}$$

at last. If we take the three equations as three planes, from geometric point of view, the solutions of the system have three possibilities: infinite solutions, no solution and a unique solution. The geometric interpretation is in Figure 1.1.

2. 线性方程组解集的几何解释

利用几何直观,我们可以得到关于线性方程组解集性质的一个初始印象.

首先,考虑一般的 2×2 线性方程组

$$\begin{cases} a_{11}x_1+a_{12}x_2=b_1, \\ a_{21}x_1+a_{22}x_2=b_2. \end{cases}$$

从几何上看,该方程组中每个方程的解集都可以用平面上的一条直线来表示. 因此,该方程组的一个解对应于两条直线的一个交点(x_1,x_2). 根据这一几何解释,可确定有三种可能性:

(1) 两条直线重合(同一条直线),所以有无穷多个解;

(2) 两条直线平行(永不相交),所以没有解;

(3) 两条直线相交于一点,所以有唯一解.

我们再来考虑一般的 2×3 线性方程组

$$\begin{cases} a_{11}x_1+a_{12}x_2+a_{13}x_3=b_1, \\ a_{21}x_1+a_{22}x_2+a_{23}x_3=b_2. \end{cases}$$

因为该方程组中每个方程的解集都可以用一个平面表示,所以有以下两种可能性:

(1) 两个平面重合或者交于一条直线. 这种情况下,该方程组有无穷多个解.

(2) 两个平面平行. 这种情况下,该方程组无解.

注 对于一般的 2×3 线性方程组来说,唯一解的可能性已经被排除.

最后,我们考虑一般的 3×3 线性方程组

$$\begin{cases} a_{11}x_1+a_{12}x_2+a_{13}x_3=b_1, \\ a_{21}x_1+a_{22}x_2+a_{23}x_3=b_2, \\ a_{31}x_1+a_{32}x_2+a_{33}x_3=b_3. \end{cases}$$

如果我们把这三个方程看作三个平面,从几何的角度很容易看出,该方程组的解有三种可能性:无穷多个解、无解、唯一解,其几何解释见图 1.1. 注意,如果三个平面中有两个平

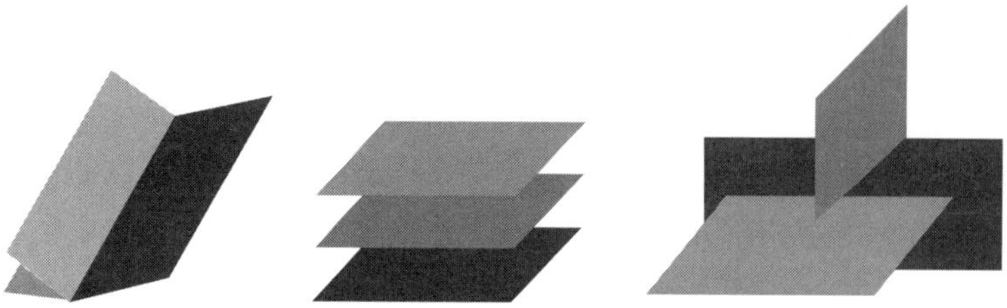

（a）无穷多个解　　　（b）无解　　　　（c）唯一解
（a）Infinite solutions　（b）No solution　　（c）A unique solution

Figure 1.1

图 1.1

Note that if two of the three planes are parallel to each other，the system has no solution even if the third plane has intersection with both of the two planes.

　Normally，an $m \times n$ system of linear equations has a unique solution，infinite solutions or no solution.

　If a system of equations has at least one solution，we call it a **consistent** system of equations. If a system of equations has no solution，we call it an **inconsistent** system of equations. So a consistent system of linear equations has either a unique solution or infinite solutions.

3. Basic Concepts of Matrices

Matrix theory provides a convenient and natural symbolic language for discussing the existence of solutions of systems of linear equations and solving systems of linear equations. It is also an important tool in many application fields.

　An $m \times n$ **matrix** is a rectangular number table with m rows and n columns，which is made up of $m \times n$ numbers. It looks like

$$\begin{pmatrix} a_{11} & a_{12} & \cdots & a_{1n} \\ a_{21} & a_{22} & \cdots & a_{2n} \\ \vdots & \vdots & & \vdots \\ a_{m1} & a_{m2} & \cdots & a_{mn} \end{pmatrix},$$

where $a_{ij}(i=1,2,\cdots,m;j=1,2,\cdots,n)$ are called **entries** of the matrix, written as $(\boldsymbol{A})_{ij}$. The subscripts indicate this entry is located at the ith row and the jth column. For example，$a_{12}=(\boldsymbol{A})_{12}$ is an entry located at the first row and the second column. Usually，an $m \times n$ matrix with

行，那么即使第三个平面跟这两个平行平面都相交，该方程组仍然无解.

　一般地，一个 $m \times n$ 线性方程组有唯一解、无穷多个解，或者无解.

　如果一个方程组至少有一个解，则称它为**相容的**；如果一个方程组无解，则称它为**不相容的**. 所以，相容的线性方程组有唯一解或者无穷多个解.

3. 矩阵的基本概念

矩阵理论为讨论线性方程组解的存在性及求解线性方程组提供了一套方便且自然的符号语言，同时它也是诸多应用领域的重要工具.

　一个 $m \times n$ **矩阵**，是指由 $m \times n$ 个数构成的一个 m 行、n 列矩形数表，形如

$$\begin{pmatrix} a_{11} & a_{12} & \cdots & a_{1n} \\ a_{21} & a_{22} & \cdots & a_{2n} \\ \vdots & \vdots & & \vdots \\ a_{m1} & a_{m2} & \cdots & a_{mn} \end{pmatrix},$$

其中 $a_{ij}(i=1,2,\cdots,m;j=1,2,\cdots,n)$ 称为该矩阵的**元素**，记为 $(\boldsymbol{A})_{ij}$，其下标表示此元素位于该矩阵的第 i 行、第 j 列. 例如，$a_{12}=(\boldsymbol{A})_{12}$ 是位于该矩阵第 1 行、第 2 列的元素. 我们经常使用记号 $\boldsymbol{A}_{m \times n}$ 或 $(a_{ij})_{m \times n}$ 来表示元素为 $a_{ij}(i=1,2,\cdots,m;j=1,2,\cdots,n)$ 的 $m \times n$

entries a_{ij} $(i=1,2,\cdots,m;j=1,2,\cdots,n)$ is described as $\boldsymbol{A}_{m\times n}$ or $(a_{ij})_{m\times n}$, sometimes it is simplified as $\boldsymbol{A}$ or (a_{ij}).

The matrix with only one row is called a **row matrix.** The matrix with only one column is called a **column matrix.**

For example,

$$\boldsymbol{A}=(1\quad 4\quad 5\quad 2)$$

is a row matrix, and

$$\boldsymbol{B}=\begin{pmatrix}2\\1\end{pmatrix}$$

is a column matrix.

If the number of columns of $m\times n$ matrix $\boldsymbol{A}$ is equal to its number of rows, that is, $m=n$, then we call $\boldsymbol{A}$ an **n-order matrix** or **n-order square matrix**, written as $\boldsymbol{A}_n$, that is,

$$\boldsymbol{A}_n=\begin{pmatrix}a_{11} & a_{12} & \cdots & a_{1n}\\ a_{21} & a_{22} & \cdots & a_{2n}\\ \vdots & \vdots & & \vdots\\ a_{n1} & a_{n2} & \cdots & a_{nn}\end{pmatrix}.$$

In n-order matrix $\boldsymbol{A}_n$, from top left to bottom right, n entries

$$a_{11},\ a_{22},\ \cdots,\ a_{nn}$$

are called **diagonal entries** of $\boldsymbol{A}_n$. An n-order matrix with all the diagonal entries being 1 and all other entries being 0 is called an **n-order identity matrix**, written as $\boldsymbol{I}_n$ or $\boldsymbol{I}$, that is,

$$\boldsymbol{I}_n=\begin{pmatrix}1 & 0 & \cdots & 0\\ 0 & 1 & \cdots & 0\\ \vdots & \vdots & & \vdots\\ 0 & 0 & \cdots & 1\end{pmatrix}.$$

A matrix with all the entries being 0 is called a **zero matrix**, written as $\boldsymbol{O}$. When $\boldsymbol{O}$ is a row matrix or column matrix, it could also be written as $\boldsymbol{0}$.

A matrix with entries below (or above) the diagonal entries being 0 is called an **upper triangular matrix** (or **lower triangular matrix**). For example,

$$\boldsymbol{A}=\begin{pmatrix}2 & 1 & -2\\ 0 & 1 & 0\\ 0 & 0 & 3\end{pmatrix},\quad \boldsymbol{B}=\begin{pmatrix}1 & 0 & 0\\ -1 & 2 & 0\\ 3 & 2 & 1\end{pmatrix}$$

矩阵,有时也简记为 $\boldsymbol{A}$ 或(a_{ij}).

只有一行的矩阵称为**行矩阵**. 只有一列的矩阵称为**列矩阵**.

例如,

$$\boldsymbol{A}=(1\quad 4\quad 5\quad 2)$$

是行矩阵,

$$\boldsymbol{B}=\begin{pmatrix}2\\1\end{pmatrix}$$

是列矩阵.

若 $m\times n$ 矩阵 $\boldsymbol{A}$ 的行数与列数相等,即 $m=n$,则称 $\boldsymbol{A}$ 为 n **阶矩阵**或 n **阶方阵**,记作 $\boldsymbol{A}_n$,即

$$\boldsymbol{A}_n=\begin{pmatrix}a_{11} & a_{12} & \cdots & a_{1n}\\ a_{21} & a_{22} & \cdots & a_{2n}\\ \vdots & \vdots & & \vdots\\ a_{n1} & a_{n2} & \cdots & a_{nn}\end{pmatrix}.$$

在 n 阶矩阵 $\boldsymbol{A}_n$ 中,从左上角到右下角的 n 个元素

$$a_{11},\ a_{22},\ \cdots,\ a_{nn}$$

称为 $\boldsymbol{A}_n$ 的**对角线元素**. 对角线元素全为 1,其余元素全为 0 的 n 阶矩阵称为 n **阶单位矩阵**,记作 $\boldsymbol{I}_n$ 或 $\boldsymbol{I}$,即

$$\boldsymbol{I}_n=\begin{pmatrix}1 & 0 & \cdots & 0\\ 0 & 1 & \cdots & 0\\ \vdots & \vdots & & \vdots\\ 0 & 0 & \cdots & 1\end{pmatrix}.$$

元素全为 0 的矩阵称为**零矩阵**,记作 $\boldsymbol{O}$. 当 $\boldsymbol{O}$ 为行矩阵或列矩阵时,也将 $\boldsymbol{O}$ 记为 $\boldsymbol{0}$.

对角线元素下方(或上方)的元素全为 0 的矩阵,称为**上三角形矩阵**(或**下三角形矩阵**). 例如,

$$\boldsymbol{A}=\begin{pmatrix}2 & 1 & -2\\ 0 & 1 & 0\\ 0 & 0 & 3\end{pmatrix},\quad \boldsymbol{B}=\begin{pmatrix}1 & 0 & 0\\ -1 & 2 & 0\\ 3 & 2 & 1\end{pmatrix}$$

are upper triangular matrix and lower triangular matrix respectively.

A matrix with all entries besides diagonal entries being 0 is called a **diagonal matrix**. For example,

$$C=\begin{pmatrix}3&0&0\\0&1&0\\0&0&-1\end{pmatrix}$$

is a diagonal matrix. Normally, we use notation

$$\mathrm{diag}(a_1,a_2,\cdots,a_n)$$

to describe an n-order diagonal matrix with diagonal entries $a_1,a_2\cdots,a_n$, that is,

$$\mathrm{diag}(a_1,a_2,\cdots,a_n)=\begin{pmatrix}a_1&0&\cdots&0\\0&a_2&\cdots&0\\\vdots&\vdots&&\vdots\\0&0&\cdots&a_n\end{pmatrix}.$$

We will discuss matrix operations in Section 1.4.

4. Matrix Interpretations of Systems of Linear Equations

To illustrate how to use a matrix to interpret a system of linear equations, we consider a 3×3 system of linear equations

$$\begin{cases}2x_1-x_2+x_3=3,\\4x_1+x_2-2x_3=2,\\x_1+x_2+3x_3=6.\end{cases}$$

If the coefficients and constant terms of the system are sorted according to their positions in the system, we can get a 3×4 matrix

$$B=\begin{pmatrix}2&-1&1&3\\4&1&-2&2\\1&1&3&6\end{pmatrix}.$$

This matrix has successfully displayed all the important information of the system. We call matrix $\boldsymbol{B}$ the augmented matrix of the system.

Normally, for an $m\times n$ system of linear equations

$$\begin{cases}a_{11}x_1+a_{12}x_2+\cdots+a_{1n}x_n=b_1,\\a_{21}x_1+a_{22}x_2+\cdots+a_{2n}x_n=b_2,\\\cdots\cdots\\a_{m1}x_1+a_{m2}x_2+\cdots+a_{mn}x_n=b_m,\end{cases}\tag{1.3}$$

分别为上三角形矩阵和下三角形矩阵.

对角线元素以外的元素全为 0 的矩阵，称为**对角矩阵**. 例如，

$$C=\begin{pmatrix}3&0&0\\0&1&0\\0&0&-1\end{pmatrix}$$

为对角矩阵. 通常用符号

$$\mathrm{diag}(a_1,a_2,\cdots,a_n)$$

来表示对角线元素为 $a_1,a_2\cdots,a_n$ 的 n 阶对角矩阵，即

$$\mathrm{diag}(a_1,a_2,\cdots,a_n)=\begin{pmatrix}a_1&0&\cdots&0\\0&a_2&\cdots&0\\\vdots&\vdots&&\vdots\\0&0&\cdots&a_n\end{pmatrix}.$$

我们将在 1.4 节中介绍矩阵的运算.

4. 线性方程组的矩阵表示

为了说明如何用矩阵来表示线性方程组，考虑 3×3 线性方程组

$$\begin{cases}2x_1-x_2+x_3=3,\\4x_1+x_2-2x_3=2,\\x_1+x_2+3x_3=6.\end{cases}$$

如果把这个方程组的系数和常数项按其在方程组中的位置排序，可得到一个 3×4 矩阵

$$B=\begin{pmatrix}2&-1&1&3\\4&1&-2&2\\1&1&3&6\end{pmatrix}.$$

这个矩阵已经把该方程组的所有重要信息都完整地表示出来了. 通常称矩阵 $\boldsymbol{B}$ 为该方程组的增广矩阵.

一般地，对于 $m\times n$ 线性方程组

$$\begin{cases}a_{11}x_1+a_{12}x_2+\cdots+a_{1n}x_n=b_1,\\a_{21}x_1+a_{22}x_2+\cdots+a_{2n}x_n=b_2,\\\cdots\cdots\\a_{m1}x_1+a_{m2}x_2+\cdots+a_{mn}x_n=b_m,\end{cases}\tag{1.3}$$

we care about two matrices: One is an $m\times n$ matrix that is made up of coefficients that are sorted according to their positions in the equations:

$$A=\begin{pmatrix} a_{11} & a_{12} & \cdots & a_{1n} \\ a_{21} & a_{22} & \cdots & a_{2n} \\ \vdots & \vdots & & \vdots \\ a_{m1} & a_{m2} & \cdots & a_{mn} \end{pmatrix}.$$

We call it the **coefficient matrix** of system (1.3). Another matrix is an $m\times(n+1)$ matrix that is made up of coefficients and constant terms of these equations that are sorted according to their positions in the equations:

$$B=\begin{pmatrix} a_{11} & a_{12} & \cdots & a_{1n} & b_1 \\ a_{21} & a_{22} & \cdots & a_{2n} & b_2 \\ \vdots & \vdots & & \vdots & \vdots \\ a_{m1} & a_{m2} & \cdots & a_{mn} & b_m \end{pmatrix}.$$

We call it the **augmented matrix** of system (1.3). Note that augmented matrix $\boldsymbol{B}$ is an augmented form of matrix $\boldsymbol{A}$ with an extra column. This extra column is the constant terms of system (1.3). Therefore, augmented matrix $\boldsymbol{B}$ is usually written as $(\boldsymbol{A}\,|\,\boldsymbol{b})$, where $\boldsymbol{A}$ is coefficient matrix and

$$\boldsymbol{b}=\begin{pmatrix} b_1 \\ b_2 \\ \vdots \\ b_m \end{pmatrix}.$$

Apparently, there is a one-to-one correspondence between a system of linear equations and its augmented matrix. So it is possible to describe a system of linear equations with the augmented matrix.

Example 3 Suppose the coefficient matrix and the augmented matrix of a system of linear equations are

$$A=\begin{pmatrix} 2 & 3 & -1 \\ 4 & 2 & 6 \\ -1 & 3 & 2 \end{pmatrix},$$

$$B=\begin{pmatrix} 2 & 3 & -1 & 5 \\ 4 & 2 & 6 & 26 \\ -1 & 3 & 2 & 7 \end{pmatrix}$$

respectively. Write the system.

Solution From coefficient matrix $\boldsymbol{A}$ and augmented

我们关心两个矩阵：一个是由其所有系数按原先位置排序得到的 $m\times n$ 矩阵

$$A=\begin{pmatrix} a_{11} & a_{12} & \cdots & a_{1n} \\ a_{21} & a_{22} & \cdots & a_{2n} \\ \vdots & \vdots & & \vdots \\ a_{m1} & a_{m2} & \cdots & a_{mn} \end{pmatrix},$$

称之为方程组(1.3)的**系数矩阵**；另一个是由所有系数及常数项按原先位置排序得到的 $m\times(n+1)$矩阵

$$B=\begin{pmatrix} a_{11} & a_{12} & \cdots & a_{1n} & b_1 \\ a_{21} & a_{22} & \cdots & a_{2n} & b_2 \\ \vdots & \vdots & & \vdots & \vdots \\ a_{m1} & a_{m2} & \cdots & a_{mn} & b_m \end{pmatrix},$$

称之为方程组(1.3)的**增广矩阵**. 注意到增广矩阵 $\boldsymbol{B}$ 是系数矩阵 $\boldsymbol{A}$ 增加一列得到，这多出来的一列正是方程组(1.3)的常数项. 因此，增广矩阵 $\boldsymbol{B}$ 通常记为$(\boldsymbol{A}\,|\,\boldsymbol{b})$，其中 $\boldsymbol{A}$ 是系数矩阵，而

$$\boldsymbol{b}=\begin{pmatrix} b_1 \\ b_2 \\ \vdots \\ b_m \end{pmatrix}.$$

显然，线性方程组与它的增广矩阵是一一对应的，所以可用增广矩阵来表示线性方程组.

例 3 设一个线性方程组的系数矩阵和增广矩阵分别为

$$A=\begin{pmatrix} 2 & 3 & -1 \\ 4 & 2 & 6 \\ -1 & 3 & 2 \end{pmatrix},$$

$$B=\begin{pmatrix} 2 & 3 & -1 & 5 \\ 4 & 2 & 6 & 26 \\ -1 & 3 & 2 & 7 \end{pmatrix},$$

写出该线性方程组.

解 由系数矩阵 $\boldsymbol{A}$ 和增广矩阵 $\boldsymbol{B}=$

matrix $\boldsymbol{B}=(\boldsymbol{A}\mid\boldsymbol{b})$, we know that the system is

$$\begin{cases}2x_1+3x_2-x_3=5,\\4x_1+2x_2+6x_3=26,\\-x_1+3x_3+2x_3=7.\end{cases}$$

$(\boldsymbol{A}\mid\boldsymbol{b})$知，该线性方程组为

$$\begin{cases}2x_1+3x_2-x_3=5,\\4x_1+2x_2+6x_3=26,\\-x_1+3x_3+2x_3=7.\end{cases}$$

5. Elementary Transformations

Similar to elimination method to systems of linear equations with two or three unknown variables (2×2 or 3×3 systems of linear equations) we have learned in middle school, it mainly takes two steps to solve an $m\times n$ system of linear equations:

Step 1 Simplification of the system of linear equations (eliminating unknown variables).

Step 2 Description of solution set.

The purpose of simplification of the system of linear equations is to solve the given system by eliminating unknown variables. Certainly, it is very essential that the solution set of the simplified system is identical to the original system.

Definition 1.1 If two systems of linear equations with n unknown variables have an identical solution set, we say that they are **equivalent system.**

The simplification process of a system of linear equations requires that the resulting system must have the same solution set. The following Theorem 1.1 provides three transformations that can be used to simplify a system of linear equations.

Theorem 1.1 If we apply one of the following transformations to a system of linear equations, the transformed system is equivalent to the original system:

(1) Exchange the position of two equations.

(2) Multiply one equation by a non-zero constant.

(3) Add a constant multiple of one equation to another equation.

Usually, the three transformations in Theorem 1.1 are called **elementary transformations.** To make it easier to use elementary transformations, we adopt the following notations:

$e_i\leftrightarrow e_j$: Exchange the position of the ith and the jth equations.

5. 初等变换

与在中学数学中用消元法解二元或三元一次方程组(2×2 或 3×3 线性方程组)一样，求解 $m\times n$ 线性方程组主要分为两步：

步骤 1 线性方程组的化简(消去未知量)；

步骤 2 解集的描述.

线性方程组化简的目的是通过消去未知量来求解给定的线性方程组. 当然，化简后的方程组要与原方程组有相同的解集，这一点很重要.

定义 1.1 如果包含 n 个未知量的两个线性方程组有相同的解集，那么称它们是**同解方程组.**

线性方程组的化简过程要求得到同解的线性方程组. 下面的定理 1.1 提供了三种变换，可以用于线性方程组的化简.

定理 1.1 如果对一个线性方程组施行下列变换之一，那么得到的方程组与原方程组同解：

(1) 互换两个方程的位置；

(2) 用非零常数乘以其中一个方程；

(3) 把某个方程的常数倍加到另一个方程上.

通常将定理 1.1 中给出的三种变换称为**初等变换**. 为了方便使用初等变换，我们采用如下记号：

$e_i\leftrightarrow e_j$: 互换第 i 个方程和第 j 个方程的位置；

ke_i: Multiply the ith equation by non-zero constant k.

e_i+ke_j: Multiply the jth equation by k and add to the ith equation.

Here we have an easy example to illustrate how to solve a 2×2 system of linear equations with elementary transformations.

Example 4 Solve system of linear equations

$$\begin{cases} x_1+3x_2=12, \\ 3x_1-x_2=2 \end{cases}$$

with elementary transformations.

Solution Applying transformation e_1+3e_2, we get the equivalent system of equations as

$$\begin{cases} 10x_1 \qquad =18, \\ 3x_1-x_2=2. \end{cases}$$

Then applying transformation $\frac{1}{10}e_1$, we get

$$\begin{cases} x_1 \qquad =\frac{9}{5}, \\ 3x_1-x_2=2. \end{cases}$$

Finally, applying transformation e_2-3e_1, we get

$$\begin{cases} x_1=\frac{9}{5}, \\ x_2=\frac{17}{5}. \end{cases}$$

According to Theorem 1.1, the last system is equivalent to the original system. Therefore, the solution of the original system is

$$x_1=\frac{9}{5},\quad x_2=\frac{17}{5}.$$

Remark Example 4 displays one method to solve a system of linear equations, which simplifies the system with elementary transformations and further deduce the solution. This method is called **Gauss-Jordan elimination**.

6. Elementary Transformations of Matrix

As mentioned above, we want to use the augmented matrix as a shorthand description to study the system of linear equations. Thus, an equation in the system of linear

ke_i：用非零常数 k 乘以第 i 个方程；

e_i+ke_j：第 j 个方程的 k 倍加到第 i 个方程上.

下面举个简单的例子来说明如何用初等变换求解一个 2×2 线性方程组.

例 4 利用初等变换，求解方程组

$$\begin{cases} x_1+3x_2=12, \\ 3x_1-x_2=2. \end{cases}$$

解 做初等变换 e_1+3e_2，得如下同解的方程组：

$$\begin{cases} 10x_1 \qquad =18, \\ 3x_1-x_2=2. \end{cases}$$

再做初等变换 $\frac{1}{10}e_1$，可得

$$\begin{cases} x_1 \qquad =\frac{9}{5}, \\ 3x_1-x_2=2. \end{cases}$$

最后，做初等变换 e_2-3e_1，可得

$$\begin{cases} x_1=\frac{9}{5}, \\ x_2=\frac{17}{5}. \end{cases}$$

由定理 1.1 知，最后得到的这个方程组与原方程组同解. 故原方程组的解是

$$x_1=\frac{9}{5},\quad x_2=\frac{17}{5}.$$

注 例 4 给出了求解线性方程组的一种方法，即利用初等变换化简线性方程组，进而求得其解. 这种方法称为**高斯-若尔当消元法**.

6. 矩阵的初等变换

如前所述，我们想用增广矩阵作为线性方程组的一个简略表示，以便对线性方程组进行研究. 这样线性方程组中的一个方程变

equations can be represented as a row of numbers in the augmented matrix. In this case, a transformation to the system of linear equations is equivalent to a corresponding transformation to the augmented matrix. With regard to this, we introduce the following definitions:

成增广矩阵中的一行，所以对线性方程组做初等变换就相当于对增广矩阵的行施行相应的变换. 为此，我们引入如下定义：

Definition 1.2 The following transformations to a matrix are called the **elementary row transformations** (or **elementary column transformations**) of matrix:

(1) Exchange the position of two rows (or columns).

(2) Multiply the entries of one row (or column) by a non-zero constant.

(3) Add a constant multiple of the entries of one row (or column) to another row (or column) at the corresponding location.

定义 1.2 对一个矩阵施行的如下变换称为矩阵的**初等行变换**(或**初等列变换**)：

(1) 互换两行(或列)的位置；

(2) 用非零常数乘以某一行(或列)各元素；

(3) 把某一行(或列)各元素的常数倍加到另一行(或列)对应的元素上.

The elementary row transformations and elementary column transformations are called the **elementary transformations** of matrix collectively. For the elementary transformations, we adopt the following notations:

$r_i \leftrightarrow r_j$ (or $c_i \leftrightarrow c_j$): Exchange the position of the ith row (or column) and the jth row (or column).

kr_i (or kc_i): Multiply the ith row (or column) entries by non-zero constant k.

$r_i + kr_j$ (or $c_i + kc_j$): Multiply the jth row (or colum) entries by constant k and add to the ith row (or column).

We say that two $m \times n$ matrices $\boldsymbol{B}$ and $\boldsymbol{C}$ are **row equivalent** (or **column equivalent**), if one can be achieved by implementing a series of elementary row (or column) transformations on the other.

矩阵的初等行变换和初等列变换统称为矩阵的**初等变换**. 对于矩阵的初等变换，我们采用下面的记号：

$r_i \leftrightarrow r_j$(或 $c_i \leftrightarrow c_j$)：互换第 i 行(或列)和第 j 行(或列)的位置；

kr_i(或 kc_i)：用非零常数 k 乘以第 i 行(或列)各元素；

$r_i + kr_j$(或 $c_i + kc_j$)：把第 j 行(或列)各元素乘以常数 k 后加到第 i 行(或列)对应的元素上.

我们称两个 $m \times n$ 矩阵 $\boldsymbol{B}$ 和 $\boldsymbol{C}$ 是**行等价(或列等价)的**，如果其中一个可以通过对另一个做一系列初等行(或列)变换得到.

Now suppose that $\boldsymbol{B}$ is the augmented matrix of a system of linear equations. If matrix $\boldsymbol{C}$ and $\boldsymbol{B}$ are row equivalent, then $\boldsymbol{C}$ is the augmented matrix of the same solution system of linear equations. This conclusion is established because a elementary transformation of the system of linear equations is equivalent to the corresponding elementary row transformation of the augmented matrix of the system. Thus, we can solve a system of linear equations by the following steps:

现在假设 $\boldsymbol{B}$ 是一个线性方程组的增广矩阵. 如果矩阵 $\boldsymbol{C}$ 与 $\boldsymbol{B}$ 是行等价的，那么 $\boldsymbol{C}$ 是一个同解线性方程组的增广矩阵. 这一结论之所以成立，是因为对线性方程组做初等变换相当于对线性方程组的增广矩阵做相应的初等行变换. 因此，我们可以通过如下步骤求解一个线性方程组：

步骤 1 写出该方程组的增广矩阵 $\boldsymbol{B}$；

步骤 2 用初等行变换把 $\boldsymbol{B}$ 变成矩阵 $\boldsymbol{C}$，

Step 1 Write the augmented matrix $\boldsymbol{B}$ of the system.

Step 2 Transform $\boldsymbol{B}$ into a matrix $\boldsymbol{C}$ such that $\boldsymbol{C}$ is the augmented matrix of an "easier" system of linear equations by implementing elementary row transformations.

Step 3 Solve the "easier" system of linear equations represented by $\boldsymbol{C}$.

We will illustrate that simplifying augmented matrices with elementary row transformations is equivalent to simplifying the corresponding system of linear equations with elementary transformations by the following example.

Example 5 Consider a 3×3 system of linear equations

$$\begin{cases}2x_1+3x_2-x_3=3,\\ x_1+2x_2+x_3=5,\\ 3x_1+x_2+2x_3=8.\end{cases}$$

Simplify the system with elementary transformations and simplify its augmented matrix with elementary row transformations to solve the system.

Solution In the left column, we will use elementary transformations to simplify the given system. In the right column, we will use the corresponding elementary row transformations to simplify the augmented matrix of the system.

使得 $\boldsymbol{C}$ 是一个"更简单"的线性方程组的增广矩阵；

步骤 3 求解 $\boldsymbol{C}$ 所表示的"更简单"的线性方程组.

我们通过下面的例子来说明用初等行变换化简增广矩阵与用初等变换化简对应的线性方程组是完全对应的.

例 5 考虑 3×3 线性方程组

$$\begin{cases}2x_1+3x_2-x_3=3,\\ x_1+2x_2+x_3=5,\\ 3x_1+x_2+2x_3=8.\end{cases}$$

用初等变换化简该方程组，同时用初等行变换化简该方程组的增广矩阵，进而求出其解.

解 在左栏，我们用初等变换化简给定的线性方程组；在右栏，我们对线性方程组的增广矩阵施以对应的初等行变换：

The system of linear equations 线性方程组	The augmented matrix 增广矩阵
$\begin{cases}2x_1+3x_2-x_3=3,\\ x_1+2x_2+x_3=5,\\ 3x_1+x_2+2x_3=8\end{cases}$	$\begin{pmatrix}2&3&-1&3\\1&2&1&5\\3&1&2&8\end{pmatrix}$
$\xrightarrow{e_1-e_2}\begin{cases}x_1+x_2-2x_3=-2,\\ x_1+2x_2+x_3=5,\\ 3x_1+x_2+2x_3=8\end{cases}$	$\xrightarrow{r_1-r_2}\begin{pmatrix}1&1&-2&-2\\1&2&1&5\\3&1&2&8\end{pmatrix}$
$\xrightarrow{e_2-e_1}\begin{cases}x_1+x_2-2x_3=-2,\\ x_2+3x_3=7,\\ 3x_1+x_2+2x_3=8\end{cases}$	$\xrightarrow{r_2-r_1}\begin{pmatrix}1&1&-2&-2\\0&1&3&7\\3&1&2&8\end{pmatrix}$
$\xrightarrow{e_3-3e_1}\begin{cases}x_1+x_2-2x_3=-2,\\ x_2+3x_3=7,\\ -2x_2+8x_3=14\end{cases}$	$\xrightarrow{r_3-3r_1}\begin{pmatrix}1&1&-2&-2\\0&1&3&7\\0&-2&8&14\end{pmatrix}$

$$\xrightarrow{e_1-e_2}\begin{cases}x_1 \quad -5x_3=-9,\\ x_2+3x_3=7,\\ -2x_2+8x_3=14\end{cases}$$

$$\xrightarrow{e_3+2e_2}\begin{cases}x_1 \quad -5x_3=-9,\\ x_2+3x_3=7,\\ 14x_3=28\end{cases}$$

$$\xrightarrow{\frac{1}{14}e_3}\begin{cases}x_1 \quad -5x_3=-9,\\ x_2+3x_3=7,\\ x_3=2\end{cases}$$

$$\xrightarrow{e_1+5e_3}\begin{cases}x_1 \quad =1,\\ x_2+3x_3=7,\\ x_3=2\end{cases}$$

$$\xrightarrow{e_2-3e_3}\begin{cases}x_1 \quad =1,\\ x_2 \quad =1,\\ x_3=2.\end{cases}$$

The last system has a unique solution

$$x_1=1,\quad x_2=1,\quad x_3=2.$$

Because the last system is equivalent to the original system, they have the same solution.

$$\xrightarrow{r_1-r_2}\begin{pmatrix}1&0&-5&-9\\0&1&3&7\\0&-2&8&14\end{pmatrix}$$

$$\xrightarrow{r_3+2r_2}\begin{pmatrix}1&0&-5&-9\\0&1&3&7\\0&0&14&28\end{pmatrix}$$

$$\xrightarrow{\frac{1}{14}r_3}\begin{pmatrix}1&0&-5&-9\\0&1&3&7\\0&0&1&2\end{pmatrix}$$

$$\xrightarrow{r_1+5r_3}\begin{pmatrix}1&0&0&1\\0&1&3&7\\0&0&1&2\end{pmatrix}$$

$$\xrightarrow{r_2-3r_3}\begin{pmatrix}1&0&0&1\\0&1&0&1\\0&0&1&2\end{pmatrix}.$$

上面最后一个方程组存在唯一解

$$x_1=1,\quad x_2=1,\quad x_3=2.$$

因为最后的方程组与原方程组是同解的,所以它们有相同的解.

1.2 Echelon Matrices and Consistent Systems of Linear Equations
1.2 阶梯形矩阵和相容线性方程组

In Section 1.1, the general method to solve a system of linear equations is as the following: Using elementary row transformations to simplify the augmented matrix of the system and solve the simplified equivalent system of linear equations described by the simplified augmented matrix, then get the solution of the original system.

在 1.1 节中,求解线性方程组的一般方法是:利用初等行变换化简该线性方程组的增广矩阵,然后求解化简后的增广矩阵所表示的更为简单的同解方程组,得到原方程组的解.

1. Echelon Matrices

When the augmented matrix is simplified in an echelon form, it would be much easier to solve the corresponding system of linear equations.

Definition 1.3 An $m\times n$ matrix $\boldsymbol{A}$ is called an **echelon**

1. 阶梯形矩阵

当增广矩阵被化简为一种阶梯的形式时,求解化简后的矩阵所表示的线性方程组就会变得很简单.

定义 1.3 一个 $m\times n$ 矩阵 $\boldsymbol{A}$ 称为**阶梯**

matrix if it satisfies the following conditions:

(1) the rows that only contain 0 (zero rows) are at the bottom of the matrix;

(2) if the $(i+1)$th row has non-zero entries, the first non-zero entry is at the right side of the first non-zero entry of the ith row.

For example, matrices

$$A=\begin{pmatrix}4&2&-3&1&0&3&0\\0&0&1&5&-2&1&2\\0&0&0&2&-3&2&6\\0&0&0&0&0&3&-1\\0&0&0&0&0&0&0\end{pmatrix},$$

$$B=\begin{pmatrix}0&1&2&3&-4\\0&0&1&5&-2\\0&0&0&0&2\end{pmatrix}$$

are both echelon matrices.

We will point out that every matrix can be transformed into an echelon matrix with elementary row transformations. However, after transforming to the echelon matrix, it is not unique. To ensure uniqueness, we need to add two more restrictions. Thus we will introduce the definition of reduced echelon matrices.

Definition 1.4 An echelon matrix is called a **reduced echelon matrix** if the first non-zero entry (the leading non-zero entry) in each non-zero row of the matrix is equal to 1 and it is the only non-zero entry in its column.

Here are two examples of reduced echelon matrices:

$$A=\begin{pmatrix}1&0&0&1\\0&1&0&2\\0&0&1&3\end{pmatrix},\quad B=\begin{pmatrix}1&3&0&2&0\\0&0&1&2&0\\0&0&0&0&1\end{pmatrix}.$$

Observing these two matrices, we will find that the main differences between reduced echelon matrices and echelon matrices are as follows: For a reduced echelon matrix, the leading non-zero entry in each non-zero row of the matrix is equal to 1 and the entries above and below are 0.

Example 1 Judge whether the following matrices are

形矩阵,如果满足以下条件:

(1) 完全由 0 组成的行(零行)集中在矩阵最下方;

(2) 如果第 $i+1$ 行有非零元素,那么第一个非零元素所在的列位于第 i 行第一个非零元素的右侧.

例如,矩阵

$$A=\begin{pmatrix}4&2&-3&1&0&3&0\\0&0&1&5&-2&1&2\\0&0&0&2&-3&2&6\\0&0&0&0&0&3&-1\\0&0&0&0&0&0&0\end{pmatrix},$$

$$B=\begin{pmatrix}0&1&2&3&-4\\0&0&1&5&-2\\0&0&0&0&2\end{pmatrix}$$

都是阶梯形矩阵.

我们稍后将会指出,每个矩阵都可以通过初等行变换化为阶梯形矩阵. 但是,一个矩阵化为阶梯形矩阵时,这个阶梯形矩阵不是唯一的. 为了保证唯一性,我们需再加两条限制. 由此,引入简化阶梯形矩阵的定义.

定义 1.4 一个阶梯形矩阵,如果其每一非零行的第一个非零元素(非零首元)都是 1,且非零首元 1 都是它所在列的唯一非零元素,则称该矩阵为**简化阶梯形矩阵**.

下面是简化阶梯形矩阵的两个例子:

$$A=\begin{pmatrix}1&0&0&1\\0&1&0&2\\0&0&1&3\end{pmatrix},\quad B=\begin{pmatrix}1&3&0&2&0\\0&0&1&2&0\\0&0&0&0&1\end{pmatrix}.$$

观察这两个矩阵我们可以发现,简化阶梯形矩阵与阶梯形矩阵的主要区别在于:简化阶梯形矩阵每一非零行的非零首元均是 1,且其上方和下方的元素都是 0.

例 1 判断下列矩阵是否为阶梯形矩阵

echelon matrices and reduced echelon matrices or not:

$$\boldsymbol{A}=\begin{pmatrix}1&0&3\\0&3&1\\3&2&1\end{pmatrix},\quad \boldsymbol{B}=\begin{pmatrix}1&-1&2\\0&-1&3\\0&0&-1\end{pmatrix},$$

$$\boldsymbol{C}=\begin{pmatrix}1&0&0\\0&1&0\\0&0&1\end{pmatrix},\quad \boldsymbol{D}=\begin{pmatrix}1&-1&2&3\\0&1&0&2\\0&0&1&3\\0&0&0&1\end{pmatrix},$$

$$\boldsymbol{E}=\begin{pmatrix}1\\0\\0\end{pmatrix},\quad \boldsymbol{F}=(0\quad 0\quad 1).$$

Solution According to the definition, we can easily know that $\boldsymbol{A}$ is not an echelon matrix. And $\boldsymbol{B}$, $\boldsymbol{D}$ are both echelon matrices but not reduced echelon matrices. $\boldsymbol{C}$, $\boldsymbol{E}$, $\boldsymbol{F}$ are all echelon matrices and reduced echelon matrices.

和简化阶梯形矩阵:

$$\boldsymbol{A}=\begin{pmatrix}1&0&3\\0&3&1\\3&2&1\end{pmatrix},\quad \boldsymbol{B}=\begin{pmatrix}1&-1&2\\0&-1&3\\0&0&-1\end{pmatrix},$$

$$\boldsymbol{C}=\begin{pmatrix}1&0&0\\0&1&0\\0&0&1\end{pmatrix},\quad \boldsymbol{D}=\begin{pmatrix}1&-1&2&3\\0&1&0&2\\0&0&1&3\\0&0&0&1\end{pmatrix},$$

$$\boldsymbol{E}=\begin{pmatrix}1\\0\\0\end{pmatrix},\quad \boldsymbol{F}=(0\quad 0\quad 1).$$

解 根据定义容易看出,$\boldsymbol{A}$ 不是阶梯形矩阵;$\boldsymbol{B}$,$\boldsymbol{D}$ 均是阶梯形矩阵,但均不是简化阶梯形矩阵;$\boldsymbol{C}$,$\boldsymbol{E}$,$\boldsymbol{F}$ 都是阶梯形矩阵,并且都是简化阶梯形矩阵.

2. Solve Systems of Linear Equations Whose Augmented Matrices Are Reduced Echelon Matrices

Here we will solve systems of linear equations whose augmented matrices are reduced echelon matrices.

Example 2 Each of the following matrices is a reduced echelon matrix, and they are also the augmented matrices of the corresponding systems of linear equations:

$$\boldsymbol{A}=\begin{pmatrix}1&0&2\\0&1&1\end{pmatrix},\quad \boldsymbol{B}=\begin{pmatrix}1&2&0&4&-3\\0&0&1&1&2\\0&0&0&0&0\end{pmatrix},$$

$$\boldsymbol{C}=\begin{pmatrix}1&0&2&-1\\0&1&3&2\\0&0&0&1\end{pmatrix},\quad \boldsymbol{D}=\begin{pmatrix}1&1&0&2\\0&0&1&0\\0&0&0&0\end{pmatrix}.$$

Write the corresponding systems of linear equations and solve them.

Solution Matrix $\boldsymbol{A}$ is the augmented matrix of system of linear equations

$$\begin{cases}x_1 \qquad =2,\\ \qquad x_2=1.\end{cases}$$

Apparently, the system is consistent and has a unique solution $x_1=2, x_2=1$.

Matrix $\boldsymbol{B}$ is the augmented matrix of system of linear

2. 求解增广矩阵为简化阶梯形矩阵的线性方程组

下面我们来求解增广矩阵为简化阶梯形矩阵的线性方程组.

例 2 下列每个矩阵都是简化阶梯形矩阵,且它们分别是某个线性方程组的增广矩阵:

$$\boldsymbol{A}=\begin{pmatrix}1&0&2\\0&1&1\end{pmatrix},\quad \boldsymbol{B}=\begin{pmatrix}1&2&0&4&-3\\0&0&1&1&2\\0&0&0&0&0\end{pmatrix},$$

$$\boldsymbol{C}=\begin{pmatrix}1&0&2&-1\\0&1&3&2\\0&0&0&1\end{pmatrix},\quad \boldsymbol{D}=\begin{pmatrix}1&1&0&2\\0&0&1&0\\0&0&0&0\end{pmatrix}.$$

对每个矩阵写出相应的线性方程组,并求出其解.

解 矩阵 $\boldsymbol{A}$ 是线性方程组

$$\begin{cases}x_1 \qquad =2,\\ \qquad x_2=1\end{cases}$$

的增广矩阵. 显然,该方程组是相容的,且有唯一解 $x_1=2, x_2=1$.

矩阵 $\boldsymbol{B}$ 是线性方程组

equations

$$\begin{cases} x_1 + 2x_2 \quad + 4x_4 = -3, \\ \qquad\qquad x_3 + x_4 = 2. \end{cases}$$

We calculate the two unknown variables x_1, x_3 that are related to the leading entry 1 and get

$$\begin{cases} x_1 = -3 - 2x_2 - 4x_4, \\ x_3 = 2 - x_4. \end{cases} \tag{1.4}$$

In this case, we can regard x_1, x_3 as dependent variables and x_2, x_4 as independent variables. If only x_2, x_4 take a set of values, we can get the corresponding values of x_1, x_3. Accordingly, we can get a solution of the original system. For example, if $x_2 = 1, x_4 = 1$, we can get the solution $x_1 = -9, x_2 = 1, x_3 = 1, x_4 = 1$. So this system is consistent and has infinite solutions. Normally, we call (1.4) the **general formal solution** of the system, where x_2, x_4 are called **free unknown variables** and can be arbitrary constants. A solution of the system is correspondingly called a **special solution.** The special solution is obtained by assigning values to x_2 and x_4.

Matrix $\boldsymbol{C}$ is the augmented matrix of system of linear equations

$$\begin{cases} x_1 \quad + 2x_3 = -1, \\ \quad x_2 + 3x_3 = 2, \\ \qquad\qquad 0 = 1. \end{cases}$$

Any values of x_1, x_2, x_3 could not fulfill the third equation simultaneously. So the system is inconsistent.

Matrix $\boldsymbol{D}$ is the augmented matrix of system of linear equations

$$\begin{cases} x_1 + x_2 \quad = 2, \\ \qquad\quad x_3 = 0. \end{cases}$$

Obviously, the system is consistent and have infinite solutions. The general formal solution is described as

$$\begin{cases} x_1 = 2 - x_2, \\ x_3 = 0, \end{cases}$$

where x_2 is a free unknown variable.

Remark f the augmented matrix has a row that only contains 0, Iwe might misunderstand that the corresponding system of linear equations is inconsistent. The augmented matrix

$$\begin{cases} x_1 + 2x_2 \quad + 4x_4 = -3, \\ \qquad\qquad x_3 + x_4 = 2 \end{cases}$$

的增广矩阵. 我们求该方程组中两个方程所在行的首元 1 对应的未知量 x_1, x_3,得到

$$\begin{cases} x_1 = -3 - 2x_2 - 4x_4, \\ x_3 = 2 - x_4. \end{cases} \tag{1.4}$$

在这种情形下,可将 x_1, x_3 看作因变量,而将 x_2, x_4 看作自变量. 只要 x_2, x_4 取定一组值,相应可得到 x_1, x_3 的值,从而得原方程组的一个解. 例如,令 $x_2 = 1, x_4 = 1$,可得到解 $x_1 = -9, x_2 = 1, x_3 = 1, x_4 = 1$. 所以,该方程组是相容的,且有无穷多个解. 通常将(1.4)式称为该方程组的**一般解**,其中 x_2, x_4 称为**自由未知量**,它们可以取任意常数. 相应地,称该方程组的一个解为**特解**,其特解可以通过给 x_2 和 x_4 赋值得到.

矩阵 $\boldsymbol{C}$ 是线性方程组

$$\begin{cases} x_1 \quad + 2x_3 = -1, \\ \quad x_2 + 3x_3 = 2, \\ \qquad\qquad 0 = 1. \end{cases}$$

的增广矩阵. 因为 x_1, x_2, x_3 取任何值都不能满足第 3 个方程,所以该方程组是不相容的.

矩阵 $\boldsymbol{D}$ 是线性方程组

$$\begin{cases} x_1 + x_2 \quad = 2, \\ \qquad\quad x_3 = 0 \end{cases}$$

的增广矩阵.易见,该方程组是相容的,且有无穷多个解,其一般解可表示为

$$\begin{cases} x_1 = 2 - x_2, \\ x_3 = 0, \end{cases}$$

其中 x_2 为自由未知量.

注 如果增广矩阵有一行元素全为 0,我们会误认为对应的线性方程组不相容. 当增广矩阵有一列元素全为 0 时,也容易出错.

has a column that only contains 0 is a similar case. For example, the system of linear equations represented by matrix

$$E=\begin{pmatrix}1&0&0&-1&0&2\\0&0&1&2&0&3\\0&0&0&0&1&-2\end{pmatrix}$$

is

$$\begin{cases}x_1 \quad - x_4 = 2,\\ x_3 + 2x_4 = 3,\\ x_5 = -2.\end{cases}$$

Obviously, the system is consistent and its general formal solution is

$$\begin{cases}x_1 = 2 + x_4,\\ x_3 = 3 - 2x_4,\\ x_5 = -2,\end{cases}$$

where x_2, x_4 are free unknown variables. Note that the equations do not give any restrictions to x_2 that does not means x_2 must be 0. It means x_2 is also free.

例如,矩阵

$$E=\begin{pmatrix}1&0&0&-1&0&2\\0&0&1&2&0&3\\0&0&0&0&1&-2\end{pmatrix}$$

表示的线性方程组为

$$\begin{cases}x_1 \quad - x_4 = 2,\\ x_3 + 2x_4 = 3,\\ x_5 = -2.\end{cases}$$

易知,该方程组是相容的,其一般解为

$$\begin{cases}x_1 = 2 + x_4,\\ x_3 = 3 - 2x_4,\\ x_5 = -2,\end{cases}$$

其中 x_2,x_4 是自由未知量. 注意,该方程组对未知量 x_2 没有任何限制,并不意味着 x_2 必须为 0,而是说明 x_2 也是自由的.

3. Simplify Matrices to Reduced Echelon Matrices

The following theorem ensures that every matrix can be transformed into a unique reduced echelon matrix through a series of elementary row transformations.

Theorem 1.2 Suppose A is an $m\times n$ matrix, then there exists a unique reduced echelon matrix B such that B and A are row equivalent.

Suppose A is the augmented matrix of an $m\times n$ system of linear equations. According to Theorem 1.2, we can always transform A into a reduced echelon matrix B through a series of elementary row transformations, then solve the equivalent system of linear equations indicated by B and get the solution of the original system.

The following steps illustrate how to use elementary row transformations to transform A into a reduced echelon matrix B (suppose A has at least one non-zero entry because zero matrix is already a reduced echelon matrix):

Step 1 Find the first column that contains a non-zero entry.

Step 2 If necessary, interchange the first row with another row to ensure the first non-zero entry of the first

3. 化矩阵为简化阶梯形矩阵

下面的定理保证了每个矩阵都可以通过一系列初等行变换化为唯一的简化阶梯形矩阵.

定理 1.2 设 A 为一个 $m\times n$ 矩阵,则存在唯一的简化阶梯形矩阵 B,使得 B 与 A 是行等价的.

假设 A 是一个 $m\times n$ 线性方程组的增广矩阵. 由定理 1.2 知,总可以通过一系列初等行变换把 A 化为简化阶梯形矩阵 B,进而可通过求解 B 所表示的同解线性方程组得到原方程组的解.

下面的步骤阐明了怎样利用初等行变换将给定的矩阵 A 转化为简化阶梯形矩阵 B(假设 A 至少有一个非零元素,因为零矩阵已经是简化阶梯形矩阵了):

步骤 1 找到包含非零元素的第 1 列.

步骤 2 如有必要,互换第 1 行与其他行的位置,使得第 1 列非零列的第 1 个非零

non-zero column is at the first row.

Step 3 If a represents the leading non-zero entry of the first row, let each entry of the first row is multiplied by $1/a$ (such that the leading non-zero entry of the first row is 1).

Step 4 Add suitable times of the entries in the first row to every other rows to ensure that all the entries below the leading entry 1 in the first row are 0.

Step 5 Ignore the first row, repeat step 1 to step 4 to the rest rows until the matrix is in the form of an echelon matrix.

Step 6 After we get an echelon matrix, we apply the transformation from bottom to top. Add suitable times of the entries in the lower non-zero rows to every other row to ensure that all the entries above the leading entry 1 in the lower rows are 0.

Certainly, we may change the above processes in actual operation: It is not necessary to transform into a reduced echelon matrix (from bottom to top) after it is completely simplified to an echelon matrix (from left to right). The entries above and below the leading 1 can be changed into 0 when we get the echelon matrix. This can be understood in Example 3.

Example 3 Use elementary row transformations to transform

$$\boldsymbol{A}=\begin{pmatrix}0&0&0&0&2&8&4\\0&0&0&1&3&11&9\\0&2&-6&-2&-6&-20&-32\\0&-2&6&1&8&21&33\end{pmatrix}$$

into a reduced echelon matrix.

Solution

元素在第 1 行.

步骤 3 如果 a 表示第 1 行的非零首元,用 $1/a$ 乘以第 1 行各元素(这样第 1 行的非零首元就为 1).

步骤 4 把第 1 行各元素的适当倍数加到其他每一行对应的元素上,使得第 1 行的首元 1 下方的元素都为 0.

步骤 5 暂时忽略矩阵的第 1 行,对剩余部分构成的矩阵重复步骤 1～4. 当得到的矩阵为阶梯形矩阵时,停止该过程.

步骤 6 在得到阶梯形矩阵以后,由下向上进行变换,把每一行非零行各元素的适当倍数加到其上面行对应的元素上,使得首元 1 上方的元素也都变为 0.

当然,在实际操作时通常会稍稍改变一下上述步骤:不需要完全化成阶梯形矩阵后(从左向右进行)再化为简化阶梯形矩阵(从下向上进行),在化为阶梯形矩阵的同时,就可以把首元 1 的上方和下方都化为 0. 从例 3 中可以理解这种变动.

例 3 利用初等行变换,把

$$\boldsymbol{A}=\begin{pmatrix}0&0&0&0&2&8&4\\0&0&0&1&3&11&9\\0&2&-6&-2&-6&-20&-32\\0&-2&6&1&8&21&33\end{pmatrix}$$

化成简化阶梯形矩阵.

解

$$\boldsymbol{A}\xrightarrow[\frac{1}{2}r_1]{r_1\leftrightarrow r_3}\begin{pmatrix}0&1&-3&-1&-3&-10&-16\\0&0&0&1&3&11&9\\0&0&0&0&2&8&4\\0&-2&6&1&8&21&33\end{pmatrix}\xrightarrow{r_4+2r_1}\begin{pmatrix}0&1&-3&-1&-3&-10&-16\\0&0&0&1&3&11&9\\0&0&0&0&2&8&4\\0&0&0&-1&2&1&1\end{pmatrix}$$

$$\xrightarrow[r_4+r_2]{r_1+r_2}\begin{pmatrix}0&1&-3&0&0&1&-7\\0&0&0&1&3&11&9\\0&0&0&0&2&8&4\\0&0&0&0&5&12&10\end{pmatrix}\xrightarrow{\frac{1}{2}r_3}\begin{pmatrix}0&1&-3&0&0&1&-7\\0&0&0&1&3&11&9\\0&0&0&0&1&4&2\\0&0&0&0&5&12&10\end{pmatrix}$$

$$\xrightarrow[r_4-5r_3]{r_2-3r_3}\begin{pmatrix}0&1&-3&0&0&1&-7\\0&0&0&1&0&-1&3\\0&0&0&0&1&4&2\\0&0&0&0&0&-8&0\end{pmatrix}\xrightarrow{-\frac{1}{8}r_4}\begin{pmatrix}0&1&-3&0&0&1&-7\\0&0&0&1&0&-1&3\\0&0&0&0&1&4&2\\0&0&0&0&0&1&0\end{pmatrix}$$

$$\xrightarrow[r_3-4r_4]{\substack{r_1-r_4\\r_2+r_4}}\begin{pmatrix}0&1&-3&0&0&0&-7\\0&0&0&1&0&0&3\\0&0&0&0&1&0&2\\0&0&0&0&0&1&0\end{pmatrix}.$$

Using the reduced echelon matrix, the process of solving a system of linear equations can be more specific. The steps are as follows:

Step 1 Write the augmented matrix of the system of linear equations.

Step 2 Simplify the augmented matrix to a reduced echelon matrix.

Step 3 Write the system of linear equations represented by the reduced echelon matrix.

Step 4 Solve the simplified system of linear equations and get the solution of the original system.

利用简化阶梯形矩阵,求解线性方程组的步骤可以更加具体一些,如下:

步骤 1 写出线性方程组的增广矩阵;

步骤 2 将增广矩阵化为简化阶梯形矩阵;

步骤 3 写出简化阶梯形矩阵所表示的线性方程组;

步骤 4 求解简化阶梯形矩阵所表示的线性方程组,得到原方程组的解.

Example 4 Solve system of linear equations

$$\begin{cases}2x_1+x_2-x_3+x_4=1,\\x_1+2x_2+x_3-x_4=2,\\x_1+x_2+2x_3+x_4=3.\end{cases}$$

Solution The augmented matrix of the given system is

$$\boldsymbol{B}=\begin{pmatrix}2&1&-1&1&1\\1&2&1&-1&2\\1&1&2&1&3\end{pmatrix}.$$

Transform $\boldsymbol{B}$ into a reduced echelon matrix through elementary row transformations:

例 4 求解线性方程组

$$\begin{cases}2x_1+x_2-x_3+x_4=1,\\x_1+2x_2+x_3-x_4=2,\\x_1+x_2+2x_3+x_4=3.\end{cases}$$

解 该方程组的增广矩阵为

$$\boldsymbol{B}=\begin{pmatrix}2&1&-1&1&1\\1&2&1&-1&2\\1&1&2&1&3\end{pmatrix}.$$

对 $\boldsymbol{B}$ 做初等行变换,将其化为简化阶梯形矩阵:

$$\boldsymbol{B}\xrightarrow{r_1\leftrightarrow r_2}\begin{pmatrix}1&2&1&-1&2\\2&1&-1&1&1\\1&1&2&1&3\end{pmatrix}\xrightarrow[r_3-r_1]{r_2-2r_1}\begin{pmatrix}1&2&1&-1&2\\0&-3&-3&3&-3\\0&-1&1&2&1\end{pmatrix}$$

$$\xrightarrow[r_1-2r_2]{\substack{-\frac{1}{3}r_2\\r_3+r_2}}\begin{pmatrix}1&0&-1&1&0\\0&1&1&-1&1\\0&0&2&1&2\end{pmatrix}\xrightarrow[r_1+r_3]{\substack{\frac{1}{2}r_3\\r_2-r_3}}\begin{pmatrix}1&0&0&3/2&1\\0&1&0&-3/2&0\\0&0&1&1/2&1\end{pmatrix}.$$

The system of linear equations represented by the last reduce echelon matrix is

最后的简化阶梯形矩阵所表示的线性方程组为

$$\begin{cases} x_1 \quad\quad + \dfrac{3}{2}x_4 = 1, \\ \quad x_2 \quad - \dfrac{3}{2}x_4 = 0, \\ \quad\quad x_3 + \dfrac{1}{2}x_4 = 1. \end{cases}$$

Solving this system, we get

$$\begin{cases} x_1 = 1 - \dfrac{3}{2}x_4, \\ x_2 = \dfrac{3}{2}x_4, \\ x_3 = 1 - \dfrac{1}{2}x_4. \end{cases}$$

This is the general formal solution of the original system, where x_4 is a free unknown variable.

$$\begin{cases} x_1 \quad\quad + \dfrac{3}{2}x_4 = 1, \\ \quad x_2 \quad - \dfrac{3}{2}x_4 = 0, \\ \quad\quad x_3 + \dfrac{1}{2}x_4 = 1. \end{cases}$$

求解此方程组,我们可以得到

$$\begin{cases} x_1 = 1 - \dfrac{3}{2}x_4, \\ x_2 = \dfrac{3}{2}x_4, \\ x_3 = 1 - \dfrac{1}{2}x_4. \end{cases}$$

它也就是原方程组的一般解,其中 x_4 为自由未知量.

1.3 Consistent Systems of Linear Equations and Possible Types of Their Solutions

1.3 相容线性方程组及其解的可能类型

According to Section 1.1, we know that a system of linear equations has a unique solution, infinite solutions or no solution. In this section, we will see that we can rule out one of the three possibilities, and even know the exact conclusion, without solving the system of linear equations. This is important because in some cases we do not really care about the exact value of the solution. We only need to know how many solutions the system of linear equations have.

Consider an $m \times n$ system of linear equations

$$\begin{cases} a_{11}x_1 + a_{12}x_2 + \cdots + a_{1n}x_n = b_1, \\ a_{21}x_1 + a_{22}x_2 + \cdots + a_{2n}x_n = b_2, \\ \cdots\cdots \\ a_{m1}x_1 + a_{m2}x_2 + \cdots + a_{mn}x_n = b_m. \end{cases} \tag{1.5}$$

Our purpose is to derive as much solution information as possible without actually solving system (1.5).

For doing this, we let $(\boldsymbol{A} \mid \boldsymbol{b})$ be the augmented matrix of system (1.5) and transform it into a reduced echelon

由 1.1 节我们知道,一个线性方程组有唯一解、无穷多个解,或者无解. 这一节会表明,可以在不求解线性方程组的情况下,排除三种可能结果中的一种,甚至明确地知道结果是什么. 这是非常有必要的,因为有时我们对线性方程组具体的解不感兴趣,而只需知道有多少个解即可.

考虑 $m \times n$ 线性方程组

$$\begin{cases} a_{11}x_1 + a_{12}x_2 + \cdots + a_{1n}x_n = b_1, \\ a_{21}x_1 + a_{22}x_2 + \cdots + a_{2n}x_n = b_2, \\ \cdots\cdots \\ a_{m1}x_1 + a_{m2}x_2 + \cdots + a_{mn}x_n = b_m. \end{cases} \tag{1.5}$$

我们的目标是,在不求解方程组的情况下,尽可能多地导出方程组(1.5)的解的信息.

为此,令$(\boldsymbol{A} \mid \boldsymbol{b})$为方程组(1.5)的增广矩阵,并用初等行变换把增广矩阵$(\boldsymbol{A} \mid \boldsymbol{b})$化为

matrix $(\boldsymbol{B}\,|\,\boldsymbol{d})$ with elementary row transformations. Since the system of linear equations represented by $(\boldsymbol{B}\,|\,\boldsymbol{d})$ has the same solution to the original system, we only need to derive the solution information of the system represented by $(\boldsymbol{B}\,|\,\boldsymbol{d})$.

First of all, there are four conclusions about the reduced echelon matrix $(\boldsymbol{B}\,|\,\boldsymbol{d})$. The first of these conclusions is based on the observations made in Section 1.1.

Conclusion 1 The system of linear equations represented by reduced echelon matrix $(\boldsymbol{B}\,|\,\boldsymbol{d})$ is inconsistent if and only if $(\boldsymbol{B}\,|\,\boldsymbol{d})$ has a row whose form is $(0,0,0,\cdots,0,1)$.

We know that each non-zero row of $(\boldsymbol{B}\,|\,\boldsymbol{d})$ has a leading entry 1 and the column containing the leading entry 1 does not contain other non-zero entries. Therefore, if x_k is an unknown variable related to a leading entry 1, x_k can be represented by unknown variables that are not related to any leading entry 1. So we get Conclusion 2 as follows:

Conclusion 2 Every unknown variable related to the leading entry 1 (leading-1-unknowns) of reduced echelon matrix $(\boldsymbol{B}\,|\,\boldsymbol{d})$ can be represented by non-leading-1-unknowns.

Example 1 Consider a given matrix

$$(\boldsymbol{B}\,|\,\boldsymbol{d})=\begin{pmatrix} 1 & 5 & 0 & 2 & 0 & 3 & 1 \\ 0 & 0 & 1 & 4 & 0 & 1 & 3 \\ 0 & 0 & 0 & 0 & 1 & 1 & 2 \\ 0 & 0 & 0 & 0 & 0 & 0 & 0 \\ 0 & 0 & 0 & 0 & 0 & 0 & 0 \end{pmatrix}.$$

$(\boldsymbol{B}\,|\,\boldsymbol{d})$ is a reduced echelon matrix and represents a consistent system of linear equations

$$\begin{cases} x_1 +5x_2 \quad +2x_4 \quad +3x_6 =1, \\ \qquad\quad x_3 +4x_4 \quad + x_6 =3, \\ \qquad\qquad\qquad\quad x_5 + x_6 =2. \end{cases}$$

We can see that leading-1-unknowns are x_1, x_3, x_5 and they can be represented by other unknown variables as

$$\begin{cases} x_1 =1-5x_2 -2x_4 -3x_6, \\ x_3 =3-4x_4 - x_6, \\ x_5 =2- x_6. \end{cases}$$

简化阶梯形矩阵 $(\boldsymbol{B}\,|\,\boldsymbol{d})$. 由于 $(\boldsymbol{B}\,|\,\boldsymbol{d})$ 所表示的线性方程组与原方程组同解,只要导出 $(\boldsymbol{B}\,|\,\boldsymbol{d})$ 所表示的线性方程组解的信息即可.

首先,关于简化阶梯形矩阵 $(\boldsymbol{B}\,|\,\boldsymbol{d})$,有四个结论,其中第一个结论基于1.1节所做的观察.

结论 1 简化阶梯形矩阵 $(\boldsymbol{B}\,|\,\boldsymbol{d})$ 所表示的线性方程组是不相容的,当且仅当 $(\boldsymbol{B}\,|\,\boldsymbol{d})$ 中有一行,其形式为 $(0,0,0,\cdots,0,1)$.

我们知道,$(\boldsymbol{B}\,|\,\boldsymbol{d})$ 的每一非零行都有一个首元1,且含有首元1的列没有其他的非零元素. 因此,如果 x_k 是对应于某个首元1的未知量,那么 x_k 可以被其他不对应任何首元1的未知量表示出来. 于是,我们得到如下结论2:

结论 2 每个对应于简化阶梯形矩阵 $(\boldsymbol{B}\,|\,\boldsymbol{d})$ 的首元1的未知量(首1未知量)都可以用非首1未知量表示出来.

例 1 考虑给定的矩阵

$$(\boldsymbol{B}\,|\,\boldsymbol{d})=\begin{pmatrix} 1 & 5 & 0 & 2 & 0 & 3 & 1 \\ 0 & 0 & 1 & 4 & 0 & 1 & 3 \\ 0 & 0 & 0 & 0 & 1 & 1 & 2 \\ 0 & 0 & 0 & 0 & 0 & 0 & 0 \\ 0 & 0 & 0 & 0 & 0 & 0 & 0 \end{pmatrix}.$$

$(\boldsymbol{B}\,|\,\boldsymbol{d})$ 为简化阶梯形矩阵,并且表示相容的线性方程组

$$\begin{cases} x_1 +5x_2 \quad +2x_4 \quad +3x_6 =1, \\ \qquad\quad x_3 +4x_4 \quad + x_6 =3, \\ \qquad\qquad\qquad\quad x_5 + x_6 =2. \end{cases}$$

可见,首1未知量是 x_1, x_3, x_5,它们可以用其他未知量表示为

$$\begin{cases} x_1 =1-5x_2 -2x_4 -3x_6, \\ x_3 =3-4x_4 - x_6, \\ x_5 =2- x_6. \end{cases}$$

The third conclusion sets an upper limit to the number of non-zero rows. Suppose r represents the number of non-zero rows in $(\boldsymbol{B}|\boldsymbol{d})$. Since each non-zero row has a leading entry 1, r should be equal to the number of leading entries 1. Because $(\boldsymbol{B}|\boldsymbol{d})$ is a reduced echelon matrix, the number of its leading entries 1 would not be more than the number of columns. As matrix $(\boldsymbol{B}|\boldsymbol{d})$ has $n+1$ columns, we can draw the following conclusion:

Conclusion 3 $r \leqslant n+1$.

If $r=n+1$, the reduced echelon matrix $(\boldsymbol{B}|\boldsymbol{d})$ will have a row in the form of $(0,0,\cdots,0,1)$. Thus the system of linear equations represented by $(\boldsymbol{B}|\boldsymbol{d})$ is inconsistent. Therefore, if the system of linear equations represented by $(\boldsymbol{B}|\boldsymbol{d})$ is consistent, we must have $r<n+1$. It leads to the next conclusion:

Conclusion 4 If the system of linear equations represented by $(\boldsymbol{B}|\boldsymbol{d})$ is consistent, we have $r \leqslant n$.

According to Conclusion 2 and Conclusion 4, we can easily get Theorem 1.3.

Theorem 1.3 Suppose $(\boldsymbol{B}|\boldsymbol{d})$ is an $m\times(n+1)$ reduced echelon matrix and the system of linear equations represented by $(\boldsymbol{B}|\boldsymbol{d})$ is consistent, then $r\leqslant n$ and there would be $n-r$ free unknown variables in the general formal solution of the system.

Example 2 In Example 1, $(\boldsymbol{B}|\boldsymbol{d})$ is a $5\times(6+1)$ reduced echelon matrix and represents a consistent system of linear equations. Matrix $(\boldsymbol{B}|\boldsymbol{d})$ has $r=3$ non-zero rows, so the general formal solution of the system of linear equations represented by $(\boldsymbol{B}|\boldsymbol{d})$ must have $n-r=6-3=3$ free unknown variables. Example 1 has displayed this result.

The conclusion "a system of linear equations has a unique solution, infinite solutions or no solution" in Section 1.1 is actually a direct deduction of Theorem 1.3. In fact, suppose $(\boldsymbol{A}|\boldsymbol{b})$ is the augmented matrix of an $m\times n$ system of linear equations and it is row equivalent to echelon matrix $(\boldsymbol{B}|\boldsymbol{d})$, then the system represented by $(\boldsymbol{A}|\boldsymbol{b})$ is equivalent to the system represented by $(\boldsymbol{B}|\boldsymbol{d})$. According to Theorem 1.3, the system represented by $(\boldsymbol{B}|\boldsymbol{d})$

第三个结论将给出简化阶梯形矩阵$(\boldsymbol{B}|\boldsymbol{d})$中非零行数的一个上界. 设 r 表示$(\boldsymbol{B}|\boldsymbol{d})$中的非零行数. 既然每一非零行都含有首元 1，$r$ 就应等于首元 1 的个数. 因为$(\boldsymbol{B}|\boldsymbol{d})$是简化阶梯形矩阵，所以它的首元 1 不可能比列数多. 又知矩阵$(\boldsymbol{B}|\boldsymbol{d})$有 $n+1$ 列，我们得到如下结论：

结论 3 $r\leqslant n+1$.

如果 $r=n+1$，那么简化阶梯形矩阵$(\boldsymbol{B}|\boldsymbol{d})$有一行，其形式为$(0,0,\cdots,0,1)$. 故$(\boldsymbol{B}|\boldsymbol{d})$所表示的线性方程组一定是不相容的. 因此，如果矩阵$(\boldsymbol{B}|\boldsymbol{d})$所表示的线性方程组是相容的，必有 $r<n+1$. 于是得到下一个结论：

结论 4 如果$(\boldsymbol{B}|\boldsymbol{d})$所表示的线性方程组是相容的，那么 $r\leqslant n$.

根据结论 2 和结论 4，容易得到下面的定理 1.3.

定理 1.3 设$(\boldsymbol{B}|\boldsymbol{d})$为 $m\times(n+1)$简化阶梯形矩阵，且所表示的线性方程组相容，则有 $r\leqslant n$，且在该线性方程组的一般解中有 $n-r$ 个自由未知量.

例 2 例 1 中的矩阵$(\boldsymbol{B}|\boldsymbol{d})$是 $5\times(6+1)$简化阶梯形矩阵，且表示一个相容的线性方程组. 矩阵$(\boldsymbol{B}|\boldsymbol{d})$有 $r=3$ 行非零行，因此它所表示的线性方程组的一般解中一定有 $n-r=6-3=3$ 个自由未知量. 例 1 中显示了这个结果.

1.1 节给出的结论"线性方程组有唯一解、无穷多个解，或者无解"实际上是定理 1.3 的一个直接推论. 事实上，设$(\boldsymbol{A}|\boldsymbol{b})$为一个 $m\times n$ 线性方程组的增广矩阵，且与简化阶梯形矩阵$(\boldsymbol{B}|\boldsymbol{d})$行等价，则$(\boldsymbol{A}|\boldsymbol{b})$所表示的线性方程组与$(\boldsymbol{B}|\boldsymbol{d})$所表示的线性方程组有相同的解. 根据定理 1.3，$(\boldsymbol{B}|\boldsymbol{d})$所表示的线性方程组(从而$(\boldsymbol{A}|\boldsymbol{b})$所表示的线性方程组)只

(then the system represented by $(\boldsymbol{A}|\boldsymbol{b})$) only has the following possibilities:

(1) The system is inconsistent.

(2) The system is consistent and $r<n$. In this case, the general formal solution of the system has $n-r$ free unknown variables. So the system has infinite solutions.

(3) The system is consistent and $r=n$. In this case, the system has no free unknown variable, so it has a unique solution.

有如下可能性:

(1) 该方程组是不相容的.

(2) 该方程组是相容的,且 $r<n$. 在这种情形下,该方程组的一般解中有 $n-r$ 个自由未知量,故该方程组有无穷多个解.

(3) 该方程组是相容的,且 $r=n$. 在这种情形下,没有自由未知量,故该方程组有唯一解.

Corollary 1 For an $m\times n$ system of linear equations, if $m<n$, then the system is inconsistent, or it has infinite solutions.

Proof We only need to prove "if the system is consistent, it must have infinite solutions". Suppose the system is consistent and its augmented matrix $(\boldsymbol{A}|\boldsymbol{b})$ is row equivalent to a reduced echelon matrix $(\boldsymbol{B}|\boldsymbol{d})$ that has r non-zero rows. Obviously, $r\leqslant m$, but $m<n$. So we get $r<n$. According to Theorem 1.3, there are $n-r$ free unknown variables in the general formal solution of the system. Since $n-r>0$, the system has infinite solutions.

推论 1 对于一个 $m\times n$ 线性方程组,如果 $m<n$,那么该方程组或者是不相容的,或者有无穷多个解.

证明 只需证明"如果该方程组是相容的,那么它必有无穷多个解"即可. 假设该方程组相容,且其增广矩阵$(\boldsymbol{A}|\boldsymbol{b})$与一个有 r 行非零行的简化阶梯形矩阵$(\boldsymbol{B}|\boldsymbol{d})$行等价. 显然 $r\leqslant m$,但是 $m<n$,故得到 $r<n$. 根据定理 1.3,该方程组的一般解中有 $n-r$ 个自由未知量. 因 $n-r>0$,故该方程组有无穷多个解.

Example 3 How many possibilities does the solution of a 3×4 system of linear equations have? If the system is consistent, what are the possibilities of number of free unknown variables in the general formal solution?

Solution According to Corollary 1, the system has either no solution or infinite solutions. After the augmented matrix of the system is simplified to a reduced echelon matrix, if it only contains r non-zero rows, then $r\leqslant 3$. So r is equal to 1,2 or 3 ($r=0$ only occurs when the system of linear equations is an ordinary system of equations, that is, all the coefficients and the constants are zeros). If the system is consistent, the number of free unknown variables in the general formal solution is $4-r$, which could be 3,2 or 1.

例 3 一个 3×4 线性方程组的解有哪些可能情况? 如果该方程组是相容的,其一般解中自由未知量的个数又有哪些可能性?

解 根据推论 1,此方程组或者无解,或者有无穷多个解. 如果该方程组的增广矩阵化为简化阶梯形矩阵时,只有 r 行非零行,那么 $r\leqslant 3$. 因此,r 为 1,2 或 3($r=0$ 的情况只能出现在线性方程组为平凡方程组的情形,即所有系数和常数都为零). 如果此方程组是相容的,则其一般解中自由未知量的个数为 $4-r$,即自由未知量的个数可能为 3,2 或 1.

Example 4 How many possible solutions does the following 3×4 system of linear equations have?

$$\begin{cases}3x_1-2x_2+x_3-3x_4=0,\\2x_1+x_2-2x_3+x_4=0,\\-x_1-2x_2+3x_3-x_4=0.\end{cases}$$

Solution Note that $x_1=x_2=x_3=x_4=0$ is a solution

例 4 下列 3×4 线性方程组有多少个解?

$$\begin{cases}3x_1-2x_2+x_3-3x_4=0,\\2x_1+x_2-2x_3+x_4=0,\\-x_1-2x_2+3x_3-x_4=0.\end{cases}$$

解 注意到 $x_1=x_2=x_3=x_4=0$ 是该

of the system, so the system is consistent. Here $m=3$, $n=4$, that is, $m<n$. According to Corollary 1, the system has infinite solutions.

In Example 4, the system is a specific type of system of equations—the system of homogeneous linear equations. Normally, $m\times n$ system of linear equations

$$\begin{cases} a_{11}x_1+a_{12}x_2+\cdots+a_{1n}x_n=0, \\ a_{21}x_1+a_{22}x_2+\cdots+a_{2n}x_n=0, \\ \cdots\cdots \\ a_{m1}x_1+a_{m2}x_2+\cdots+a_{mn}x_n=0 \end{cases} \tag{1.6}$$

is called a **system of homogeneous linear equations.** Apparently, system (1.6) is the specific case of system(1.5) at $b_1=b_2=\cdots=b_m=0$. Similarly, when $b_1,b_2,\cdots,b_m$ do not equal zeros simultaneously, we call system (1.5) a **system of non-homogeneous linear equations.**

System of homogeneous linear equations (1.6) is always consistent because $x_1=x_2=\cdots=x_n=0$ must be one of the solutions. This solution is called a **zero solution** or **trivial solution**. All the other solutions are called the **non-zero solution** or **non-trivial solution.** Thus, a system of homogeneous linear equations has either a unique zero solution or a zero solution and infinite non-zero solutions. According to the result of this observation and Corollary 1, we get the following important theorem:

Theorem 1.4 For an $m\times n$ system of homogeneous linear equations, when $m<n$, it has infinite non-zero solutions.

Example 5 Consider a system of linear equations

$$\begin{cases} 3x_1+3x_2+3x_3 \qquad =0, \\ x_1+x_2+3x_3+x_4=0, \\ x_1+x_2+x_3+3x_4=0. \end{cases}$$

What are the possibilities of the solution of the system? Solve the system.

Solution This is a 3×4 system of homogeneous linear equations, $m=3$, $n=4$, so $m<n$. According to Theorem 1.4, the system has a zero solution and infinite non-zero solutions.

We will solve the system by simplifying its augmented

方程组的一个解,故该方程组是相容的.这里$m=3$,$n=4$,即$m<n$.根据推论1,此方程组有无穷多个解.

例4中的方程组是一个特殊的线性方程组——齐次线性方程组.一般地,称$m\times n$线性方程组

$$\begin{cases} a_{11}x_1+a_{12}x_2+\cdots+a_{1n}x_n=0, \\ a_{21}x_1+a_{22}x_2+\cdots+a_{2n}x_n=0, \\ \cdots\cdots \\ a_{m1}x_1+a_{m2}x_2+\cdots+a_{mn}x_n=0 \end{cases} \tag{1.6}$$

为**齐次线性方程组**.显然,方程组(1.6)是方程组(1.5)在$b_1=b_2=\cdots=b_m=0$时的特殊情形.相应地,当$b_1,b_2,\cdots,b_m$不同时为零时,称方程组(1.5)为**非齐次线性方程组**.

齐次线性方程组(1.6)总是相容的,因为$x_1=x_2=\cdots=x_n=0$一定是它的一个解.这个解称为**零解**或**平凡解**,任何其他解都称为**非零解**或**非平凡解**.所以,一个齐次线性方程组或者有唯一的零解,或者有零解和无穷多个非零解.根据这些观察结果及推论1,可得到下面的重要定理:

定理1.4 一个$m\times n$齐次线性方程组,当$m<n$时,有无穷多个非零解.

例5 考虑线性方程组

$$\begin{cases} 3x_1+3x_2+3x_3 \qquad =0, \\ x_1+x_2+3x_3+x_4=0, \\ x_1+x_2+x_3+3x_4=0. \end{cases}$$

它可能有哪些解?求解该方程组.

解 这是3×4齐次线性方程组,$m=3$,$n=4$,所以$m<n$.根据定理1.4,此方程组有零解和无穷多个非零解.

我们通过化简增广矩阵求解该方程组.

matrix. The augmented matrix of the system is

$$B=\begin{pmatrix}3&3&3&0&0\\1&1&3&1&0\\1&1&1&3&0\end{pmatrix}.$$

Apply elementary row transformations to B:

$$B\xrightarrow{\frac{1}{3}r_1}\begin{pmatrix}1&1&1&0&0\\1&1&3&1&0\\1&1&1&3&0\end{pmatrix}\xrightarrow[r_3-r_1]{r_2-r_1}\begin{pmatrix}1&1&1&0&0\\0&0&2&1&0\\0&0&0&3&0\end{pmatrix}\xrightarrow[\frac{1}{3}r_3]{\frac{1}{2}r_2}\begin{pmatrix}1&1&1&0&0\\0&0&1&1/2&0\\0&0&0&1&0\end{pmatrix}\xrightarrow[r_1-r_2]{r_2-\frac{1}{2}r_3}\begin{pmatrix}1&1&0&0&0\\0&0&1&0&0\\0&0&0&1&0\end{pmatrix}.$$

So, the given system is equivalent to system of homogeneous linear equations

$$\begin{cases}x_1+x_2=0,\\x_3=0,\\x_4=0.\end{cases}$$

Thus, we get

$$\begin{cases}x_1=-x_2,\\x_3=0,\\x_4=0.\end{cases}$$

It is the general formal solution of the original system, where x_2 is a free unknown variable.

Example 6 Consider a system of linear equations

$$\begin{cases}2x_1+6x_2+4x_3=0,\\2x_1+8x_2+2x_3=0,\\2x_1-x_2+8x_3=0.\end{cases}$$

What solutions might it have? Solve the system.

Solution This is a 3×3 system of homogeneous linear equations. Because $m=n=3$, Theorem 1.4 could no longer be applied. However, the system is still homogeneous. So, there exist either a unique zero solution or a zero solution and infinite non-zero solutions.

We will solve the system by simplifying its augmented matrix B:

$$B=\begin{pmatrix}2&6&4&0\\2&8&2&0\\2&-1&8&0\end{pmatrix}\xrightarrow[r_3-2r_1]{\frac{1}{2}r_1,\ r_2-2r_1}\begin{pmatrix}1&3&2&0\\0&2&-2&0\\0&-7&4&0\end{pmatrix}\xrightarrow[r_3+7r_2]{\frac{1}{2}r_2,\ r_1-3r_2}\begin{pmatrix}1&0&5&0\\0&1&-1&0\\0&0&-3&0\end{pmatrix}\xrightarrow[r_2+r_3]{-\frac{1}{3}r_3,\ r_1-5r_3}\begin{pmatrix}1&0&0&0\\0&1&0&0\\0&0&1&0\end{pmatrix}.$$

Thus, we get $x_1=0, x_2=0, x_3=0$. This is the unique solution of the system.

该方程组的增广矩阵为

$$B=\begin{pmatrix}3&3&3&0&0\\1&1&3&1&0\\1&1&1&3&0\end{pmatrix}.$$

对 B 做初等行变换：

所以，所给方程组同解于齐次线性方程组

$$\begin{cases}x_1+x_2=0,\\x_3=0,\\x_4=0.\end{cases}$$

因此，我们得到

$$\begin{cases}x_1=-x_2,\\x_3=0,\\x_4=0.\end{cases}$$

它即为所给方程组的一般解，其中 x_2 为自由未知量.

例 6 考虑线性方程组

$$\begin{cases}2x_1+6x_2+4x_3=0,\\2x_1+8x_2+2x_3=0,\\2x_1-x_2+8x_3=0.\end{cases}$$

它可能有哪些解？求解该方程组.

解 这是 3×3 齐次线性方程组，定理 1.4 不再适用，因为 $m=n=3$. 但是，因为该方程组是齐次的，所以要么存在唯一的零解，要么存在零解和无穷多个非零解.

我们通过化简该方程组的增广矩阵 B 来求解该方程组：

因此，我们求得 $x_1=0, x_2=0, x_3=0$. 这就是该方程组的唯一解.

Example 7 Consider system of linear equations

$$\begin{cases} x_1+3x_2-x_3=b_1, \\ x_1+2x_2+x_3=b_2, \\ 3x_1+9x_2-3x_3=b_3. \end{cases}$$

Determine the necessary and sufficient condition of b_1, b_2, b_3 to make the system consistent.

Solution The augmented matrix of the system is

$$\begin{pmatrix} 1 & 3 & -1 & b_1 \\ 1 & 2 & 1 & b_2 \\ 3 & 9 & -3 & b_3 \end{pmatrix}.$$

By applying elementary row transformations, it is transformed into

$$\begin{pmatrix} 1 & 0 & 5 & 3b_2-2b_1 \\ 0 & 1 & -2 & b_1-b_2 \\ 0 & 0 & 0 & b_3-3b_1 \end{pmatrix}.$$

So, if $b_3-3b_1\neq 0$, the system is inconsistent. If $b_3-3b_1=0$, the general formal solution of the system is

$$\begin{cases} x_1=3b_1-2b_2-5x_3, \\ x_2=b_1-b_2+2x_3. \end{cases}$$

Thus, the system is consistent if and only if $b_3-3b_1=0$.

例 7 考虑线性方程组

$$\begin{cases} x_1+3x_2-x_3=b_1, \\ x_1+2x_2+x_3=b_2, \\ 3x_1+9x_2-3x_3=b_3. \end{cases}$$

确定 b_1, b_2, b_3 满足的充要条件,使得该方程组是相容的.

解 该方程组的增广矩阵为

$$\begin{pmatrix} 1 & 3 & -1 & b_1 \\ 1 & 2 & 1 & b_2 \\ 3 & 9 & -3 & b_3 \end{pmatrix},$$

它可通过初等行变换化为

$$\begin{pmatrix} 1 & 0 & 5 & 3b_2-2b_1 \\ 0 & 1 & -2 & b_1-b_2 \\ 0 & 0 & 0 & b_3-3b_1 \end{pmatrix}.$$

所以,如果 $b_3-3b_1\neq 0$,那么该方程组是不相容的;如果 $b_3-3b_1=0$,那么该方程组的一般解为

$$\begin{cases} x_1=3b_1-2b_2-5x_3, \\ x_2=b_1-b_2+2x_3. \end{cases}$$

因此,该方程组是相容的,当且仅当 $b_3-3b_1=0$.

1.4 Matrix Operations
1.4 矩阵的运算

In the previous sections, the matrix is regarded as a short-hand representation of the system of linear equations. As a matter of fact, the matrix itself is very important. It is also an essential tool in calculation and theory.

First, we give the definition of equivalent matrices.

Definition 1.5 Suppose $\boldsymbol{A}=(a_{ij})$ is an $m\times n$ matrix, $\boldsymbol{B}=(b_{ij})$ is an $r\times s$ matrix. We call $\boldsymbol{A}$ and $\boldsymbol{B}$ are **equivalent**, written as $\boldsymbol{A}=\boldsymbol{B}$, if $m=r, n=s$, and $a_{ij}=b_{ij}$ $(i=1,2,\cdots,m; j=1,2,\cdots,n)$.

That is to say, two matrices are equivalent if the matrix scales are identical and all the corresponding entries are identical.

在前面几节中,矩阵被用作表示线性方程组的一种简便方法. 其实,矩阵本身就非常重要,它是非常有用的计算和理论工具.

先给出两个矩阵相等的定义.

定义 1.5 设 $\boldsymbol{A}=(a_{ij})$是一个 $m\times n$ 矩阵,$\boldsymbol{B}=(b_{ij})$是一个 $r\times s$ 矩阵. 如果 $m=r, n=s$,且 $a_{ij}=b_{ij}$ $(i=1,2,\cdots,m; j=1,2,\cdots,n)$,那么称 $\boldsymbol{A}$ 和 $\boldsymbol{B}$ 是**相等的**,记为 $\boldsymbol{A}=\boldsymbol{B}$.

也就是说,当两个矩阵的规模相同(行数和列数都相同),并且它们所有对应的元素都相等时,这两个矩阵才是相等的.

Now we introduce three basic operations of matrices—addition, scalar multiplication and multiplication.

下面介绍矩阵的三种最基本的运算——加法、数量乘法和乘法.

1. Matrix Addition and Scalar Multiplication

Definition 1.6 Suppose $\boldsymbol{A}=(a_{ij})$ and $\boldsymbol{B}=(b_{ij})$ are both $m\times n$ matrices, then their **sum** $\boldsymbol{A}+\boldsymbol{B}$ can be defined as the following $m\times n$ matrix:

$$(\boldsymbol{A}+\boldsymbol{B})_{ij}=a_{ij}+b_{ij}$$
$$(i=1,2,\cdots,m;j=1,2,\cdots,n).$$

In other words, adding two matrices, only need to add all corresponding entries. For example, suppose matrices

$$\boldsymbol{A}=\begin{pmatrix}1 & 1 & -1\\ 1 & -3 & 0\end{pmatrix},\quad \boldsymbol{B}=\begin{pmatrix}-2 & 1 & 3\\ 0 & 2 & -4\end{pmatrix},$$

then

$$\boldsymbol{A}+\boldsymbol{B}=\begin{pmatrix}1-2 & 1+1 & -1+3\\ 1+0 & -3+2 & 0-4\end{pmatrix}=\begin{pmatrix}-1 & 2 & 2\\ 1 & -1 & -4\end{pmatrix},$$

Remark Adding two matrices, the two matrices must have the same scale.

For matrix $\boldsymbol{A}=(a_{ij})$, we normally call $(-a_{ij})$ the **negative matrix** of $\boldsymbol{A}$, written as $-\boldsymbol{A}$, that is, $-\boldsymbol{A}=(-a_{ij})$. So we can define matrix subtraction with matrix addition: Suppose $\boldsymbol{A}$, $\boldsymbol{B}$ are both $m\times n$ matrices, then $\boldsymbol{A}$ minus $\boldsymbol{B}$ is defined as $\boldsymbol{A}$ add $-\boldsymbol{B}$, that is, $\boldsymbol{A}-\boldsymbol{B}=\boldsymbol{A}+(-\boldsymbol{B})$.

Definition 1.7 Suppose $\boldsymbol{A}=(a_{ij})$ is an $m\times n$ matrix, r is a constant. Define multiplication of constant r and matrix $\boldsymbol{A}$ as $r\boldsymbol{A}$. $r\boldsymbol{A}$ is the following $m\times n$ matrix:

$$(r\boldsymbol{A})_{ij}=ra_{ij}$$
$$(i=1,2,\cdots,m;j=1,2,\cdots,n).$$

This operation is called the **scalar multiplication** of matrices.

For example, we have

$$3\begin{pmatrix}2 & 3\\ -1 & 3\end{pmatrix}=\begin{pmatrix}3\times 2 & 3\times 3\\ 3\times(-1) & 3\times 3\end{pmatrix}=\begin{pmatrix}6 & 9\\ -3 & 9\end{pmatrix}.$$

From Definition 1.6 and Definition 1.7, it is easy to get that the addition and the scalar multiplication of matrices satisfy the following operation rules (assume the

1. 矩阵的加法和数量乘法

定义 1.6 设 $\boldsymbol{A}=(a_{ij})$ 和 $\boldsymbol{B}=(b_{ij})$ 都是 $m\times n$ 矩阵,则它们的和 $\boldsymbol{A}+\boldsymbol{B}$ 定义为如下 $m\times n$ 矩阵:

$$(\boldsymbol{A}+\boldsymbol{B})_{ij}=a_{ij}+b_{ij}$$
$$(i=1,2,\cdots,m;j=1,2,\cdots,n).$$

也就是说,两个矩阵相加,只要把两个矩阵对应的元素相加即可. 例如,设矩阵

$$\boldsymbol{A}=\begin{pmatrix}1 & 1 & -1\\ 1 & -3 & 0\end{pmatrix},\quad \boldsymbol{B}=\begin{pmatrix}-2 & 1 & 3\\ 0 & 2 & -4\end{pmatrix},$$

则

$$\boldsymbol{A}+\boldsymbol{B}=\begin{pmatrix}1-2 & 1+1 & -1+3\\ 1+0 & -3+2 & 0-4\end{pmatrix}=\begin{pmatrix}-1 & 2 & 2\\ 1 & -1 & -4\end{pmatrix},$$

注 两个矩阵的规模相同时才能求和.

对于矩阵 $\boldsymbol{A}=(a_{ij})$,通常称矩阵 $(-a_{ij})$ 为它的**负矩阵**,记作 $-\boldsymbol{A}$,即 $-\boldsymbol{A}=(-a_{ij})$. 于是,可以用矩阵的加法来定义矩阵的减法:设 $\boldsymbol{A}$,$\boldsymbol{B}$ 均为 $m\times n$ 矩阵,则 $\boldsymbol{A}$ 减去 $\boldsymbol{B}$ 定义为 $\boldsymbol{A}$ 与 $-\boldsymbol{B}$ 相加,即 $\boldsymbol{A}-\boldsymbol{B}=\boldsymbol{A}+(-\boldsymbol{B})$.

定义 1.7 设 $\boldsymbol{A}=(a_{ij})$ 为一个 $m\times n$ 矩阵,r 为一个常数. 定义常数 r 与矩阵 $\boldsymbol{A}$ 的乘积 $r\boldsymbol{A}$ 为如下 $m\times n$ 矩阵:

$$(r\boldsymbol{A})_{ij}=ra_{ij}$$
$$(i=1,2,\cdots,m;j=1,2,\cdots,n).$$

这种运算称为矩阵的**数量乘法**.

例如,有

$$3\begin{pmatrix}2 & 3\\ -1 & 3\end{pmatrix}=\begin{pmatrix}3\times 2 & 3\times 3\\ 3\times(-1) & 3\times 3\end{pmatrix}=\begin{pmatrix}6 & 9\\ -3 & 9\end{pmatrix}.$$

由定义 1.6 和定义 1.7,容易得到矩阵的加法和数量乘法满足以下运算规律(假设运算可以进行,k,l 为常数):

operations are possible and k, l are constants):

(1) $\boldsymbol{A}+\boldsymbol{B}=\boldsymbol{B}+\boldsymbol{A}$;

(2) $(\boldsymbol{A}+\boldsymbol{B})+\boldsymbol{C}=\boldsymbol{A}+(\boldsymbol{B}+\boldsymbol{C})$;

(3) $\boldsymbol{A}+\boldsymbol{O}=\boldsymbol{A}$;

(4) $k(\boldsymbol{A}+\boldsymbol{B})=k\boldsymbol{A}+k\boldsymbol{B}$;

(5) $(k+l)\boldsymbol{A}=k\boldsymbol{A}+l\boldsymbol{A}$;

(6) $k(l\boldsymbol{A})=l(k\boldsymbol{A})=(kl)\boldsymbol{A}$;

(7) $1(\boldsymbol{A})=\boldsymbol{A}, 0\boldsymbol{A}=\boldsymbol{O}$.

(1) $\boldsymbol{A}+\boldsymbol{B}=\boldsymbol{B}+\boldsymbol{A}$;

(2) $(\boldsymbol{A}+\boldsymbol{B})+\boldsymbol{C}=\boldsymbol{A}+(\boldsymbol{B}+\boldsymbol{C})$;

(3) $\boldsymbol{A}+\boldsymbol{O}=\boldsymbol{A}$;

(4) $k(\boldsymbol{A}+\boldsymbol{B})=k\boldsymbol{A}+k\boldsymbol{B}$;

(5) $(k+l)\boldsymbol{A}=k\boldsymbol{A}+l\boldsymbol{A}$;

(6) $k(l\boldsymbol{A})=l(k\boldsymbol{A})=(kl)\boldsymbol{A}$;

(7) $1(\boldsymbol{A})=\boldsymbol{A}, 0\boldsymbol{A}=\boldsymbol{O}$.

2. Matrix Multiplication

Definition 1.8 Suppose $\boldsymbol{A}=(a_{ij})$ is an $m\times n$ matrix and $\boldsymbol{B}=(b_{ij})$ is an $r\times s$ matrix. If $n=r$, then **product** $\boldsymbol{AB}$ is defined as the following $m\times s$ matrix:

$$(\boldsymbol{AB})_{ij}=\sum_{k=1}^{n}a_{ik}b_{kj}.$$

Remark If and only if the column number of left-hand side matrix $\boldsymbol{A}$ is equal to the row number of right-hand side matrix $\boldsymbol{B}$, product $\boldsymbol{AB}$ is well-defined. In this case, the row number of left-hand side matrix $\boldsymbol{A}$ and the column number of right-hand side matrix $\boldsymbol{B}$ provide the scale of $\boldsymbol{AB}$. Entry $(\boldsymbol{AB})_{ij}$ at the ith row and the jth column of matrix $\boldsymbol{AB}$ is the sum of products of entries of the ith row in matrix $\boldsymbol{A}$ and corresponding entries of the jth column in matrix $\boldsymbol{B}$.

Apparently, for any $m\times n$ matrix $\boldsymbol{A}$, we have

$$\boldsymbol{AI}_n=\boldsymbol{A},\quad \boldsymbol{I}_m\boldsymbol{A}=\boldsymbol{A}.$$

Example 1 Suppose matrices

$$\boldsymbol{A}=\begin{pmatrix}1&2\\3&4\end{pmatrix},\qquad \boldsymbol{B}=\begin{pmatrix}2&3\\4&1\end{pmatrix},$$

$$\boldsymbol{C}=\begin{pmatrix}2&-1&3\\1&-4&6\end{pmatrix},\quad \boldsymbol{D}=\begin{pmatrix}2&3\\-1&0\\3&1\end{pmatrix}.$$

Calculate $\boldsymbol{AB}, \boldsymbol{BA}, \boldsymbol{CD}, \boldsymbol{DC}$.

Solution From the definition of matrix multiplication, we have

2. 矩阵的乘法

定义 1.8 设 $\boldsymbol{A}=(a_{ij})$为一个 $m\times n$ 矩阵,$\boldsymbol{B}=(b_{ij})$为一个 $r\times s$ 矩阵. 如果 $n=r$,那么定义**乘积** $\boldsymbol{AB}$ 是如下 $m\times s$ 矩阵:

$$(\boldsymbol{AB})_{ij}=\sum_{k=1}^{n}a_{ik}b_{kj}.$$

注 当且仅当左边矩阵 $\boldsymbol{A}$ 的列数和右边矩阵 $\boldsymbol{B}$ 的行数相等时,乘积 $\boldsymbol{AB}$ 才有定义. 在这种情况下,左边矩阵 $\boldsymbol{A}$ 的行数与右边矩阵 $\boldsymbol{B}$ 的列数给出了 $\boldsymbol{AB}$ 的规模;$\boldsymbol{AB}$ 的位于第 i 行、第 j 列的元素$(\boldsymbol{AB})_{ij}$是 $\boldsymbol{A}$ 的第 i 行各元素与 $\boldsymbol{B}$ 的第 j 列对应元素的乘积之和.

显然,对于任意 $m\times n$ 矩阵 $\boldsymbol{A}$,有

$$\boldsymbol{AI}_n=\boldsymbol{A},\quad \boldsymbol{I}_m\boldsymbol{A}=\boldsymbol{A}.$$

例 1 设矩阵

$$\boldsymbol{A}=\begin{pmatrix}1&2\\3&4\end{pmatrix},\qquad \boldsymbol{B}=\begin{pmatrix}2&3\\4&1\end{pmatrix},$$

$$\boldsymbol{C}=\begin{pmatrix}2&-1&3\\1&-4&6\end{pmatrix},\quad \boldsymbol{D}=\begin{pmatrix}2&3\\-1&0\\3&1\end{pmatrix}.$$

求 $\boldsymbol{AB}, \boldsymbol{BA}, \boldsymbol{CD}, \boldsymbol{DC}$.

解 由矩阵乘法的定义得

$$\boldsymbol{AB}=\begin{pmatrix}1&2\\3&4\end{pmatrix}\begin{pmatrix}2&3\\4&1\end{pmatrix}=\begin{pmatrix}1\times2+2\times4&1\times3+2\times1\\3\times2+4\times4&3\times3+4\times1\end{pmatrix}=\begin{pmatrix}10&5\\22&13\end{pmatrix},$$

$$BA=\begin{pmatrix}2&3\\4&1\end{pmatrix}\begin{pmatrix}1&2\\3&4\end{pmatrix}=\begin{pmatrix}2\times1+3\times3&2\times2+3\times4\\4\times1+1\times3&4\times2+1\times4\end{pmatrix}=\begin{pmatrix}11&16\\7&12\end{pmatrix},$$

$$\begin{aligned}CD&=\begin{pmatrix}2&-1&3\\1&-4&6\end{pmatrix}\begin{pmatrix}2&3\\-1&0\\3&1\end{pmatrix}\\&=\begin{pmatrix}2\times2+(-1)\times(-1)+3\times3&2\times3+(-1)\times0+3\times1\\1\times2+(-4)\times(-1)+6\times3&1\times3+(-4)\times0+6\times1\end{pmatrix}\\&=\begin{pmatrix}14&9\\24&9\end{pmatrix},\end{aligned}$$

$$\begin{aligned}DC&=\begin{pmatrix}2&3\\-1&0\\3&1\end{pmatrix}\begin{pmatrix}2&-1&3\\1&-4&6\end{pmatrix}\\&=\begin{pmatrix}2\times2+3\times1&2\times(-1)+3\times(-4)&2\times3+3\times6\\(-1)\times2+0\times1&(-1)\times(-1)+0\times(-4)&(-1)\times3+0\times6\\3\times2+1\times1&3\times(-1)+1\times(-4)&3\times3+1\times6\end{pmatrix}\\&=\begin{pmatrix}7&-14&24\\-2&1&-3\\7&-7&15\end{pmatrix}.\end{aligned}$$

From the above example, we know that the matrix multiplication is not exchangeable. In other words, $\boldsymbol{AB}$ and $\boldsymbol{BA}$ are normally different matrices. In fact, it is possible that $\boldsymbol{AB}$ exists but $\boldsymbol{BA}$ does not exist, or both of them are defined but they are not equal.

上例表明矩阵的乘法是不可交换的. 也就是说,通常 $\boldsymbol{AB}$ 和 $\boldsymbol{BA}$ 是不同的矩阵. 实际上,可能 $\boldsymbol{AB}$ 有定义,而 $\boldsymbol{BA}$ 没有定义,或者两者都有定义,但它们不相等.

From the definition above, it is easy to get that the matrix multiplication satisfy the following operation rules (suppose the operations are possible and k is a constant):

(1) $(\boldsymbol{AB})\boldsymbol{C}=\boldsymbol{A}(\boldsymbol{BC})$;

(2) $(\boldsymbol{A}+\boldsymbol{B})\boldsymbol{C}=\boldsymbol{AC}+\boldsymbol{BC}$,

$\boldsymbol{A}(\boldsymbol{B}+\boldsymbol{C})=\boldsymbol{AB}+\boldsymbol{AC}$;

(3) $k(\boldsymbol{AB})=(k\boldsymbol{A})\boldsymbol{B}=\boldsymbol{A}(k\boldsymbol{B})$.

由定义易知,矩阵的乘法满足下列运算规律(假设运算可以进行,k 为常数):

(1) $(\boldsymbol{AB})\boldsymbol{C}=\boldsymbol{A}(\boldsymbol{BC})$;

(2) $(\boldsymbol{A}+\boldsymbol{B})\boldsymbol{C}=\boldsymbol{AC}+\boldsymbol{BC}$,

$\boldsymbol{A}(\boldsymbol{B}+\boldsymbol{C})=\boldsymbol{AB}+\boldsymbol{AC}$;

(3) $k(\boldsymbol{AB})=(k\boldsymbol{A})\boldsymbol{B}=\boldsymbol{A}(k\boldsymbol{B})$.

For square matrix $\boldsymbol{A}$, it is obvious $\boldsymbol{AA}$ exists. So we can define n-order of square matrix $\boldsymbol{A}$:

$$\boldsymbol{A}^n=\underbrace{\boldsymbol{AA}\cdots\boldsymbol{A}}_{n}.$$

Set $\boldsymbol{A}^0=\boldsymbol{I}$. For any natural numbers k,l, it is obvious,

$$\boldsymbol{A}^k\boldsymbol{A}^l=\boldsymbol{A}^{k+l},\quad (\boldsymbol{A}^k)^l=\boldsymbol{A}^{kl}.$$

对于方阵 $\boldsymbol{A}$,显然 $\boldsymbol{AA}$ 有意义. 于是,我们可以定义方阵 $\boldsymbol{A}$ 的 n 次幂:

$$\boldsymbol{A}^n=\underbrace{\boldsymbol{AA}\cdots\boldsymbol{A}}_{n个}.$$

规定 $\boldsymbol{A}^0=\boldsymbol{I}$. 对于任意自然数 k,l,显然有

$$\boldsymbol{A}^k\boldsymbol{A}^l=\boldsymbol{A}^{k+l},\quad (\boldsymbol{A}^k)^l=\boldsymbol{A}^{kl}.$$

Remark The matrix multiplication does not satisfy the commutative law, so $\boldsymbol{A}^2-\boldsymbol{B}^2=(\boldsymbol{A}+\boldsymbol{B})(\boldsymbol{A}-\boldsymbol{B})$ is not

注 由于矩阵的乘法不满足交换律,所以 $\boldsymbol{A}^2-\boldsymbol{B}^2=(\boldsymbol{A}+\boldsymbol{B})(\boldsymbol{A}-\boldsymbol{B})$不一定成立.

necessarily fulfilled.

According to matrix multiplication, we can rewrite the system of linear equations in the form of matrix. Specifically, for $m\times n$ system of linear equations

$$\begin{cases} a_{11}x_1+a_{12}x_2+\cdots+a_{1n}x_n=b_1, \\ a_{21}x_1+a_{22}x_2+\cdots+a_{2n}x_n=b_2, \\ \cdots\cdots \\ a_{m1}x_1+a_{m2}x_2+\cdots+a_{mn}x_n=b_m, \end{cases} \tag{1.7}$$

if we denote

$$\boldsymbol{A}=\begin{pmatrix} a_{11} & a_{12} & \cdots & a_{1n} \\ a_{21} & a_{22} & \cdots & a_{2n} \\ \vdots & \vdots & & \vdots \\ a_{m1} & a_{m2} & \cdots & a_{mn} \end{pmatrix},$$

$$\boldsymbol{x}=\begin{pmatrix} x_1 \\ x_2 \\ \vdots \\ x_n \end{pmatrix},\quad \boldsymbol{b}=\begin{pmatrix} b_1 \\ b_2 \\ \vdots \\ b_m \end{pmatrix},$$

then system (1.7) can be rewrite in matrix equation

$$\boldsymbol{Ax}=\boldsymbol{b}, \tag{1.8}$$

where $\boldsymbol{A}$ is the coefficient matrix of system (1.7), $\boldsymbol{x}$ and $\boldsymbol{b}$ are called the **unknown variable matrix** and the **constant matrix** of system (1.7) respectively.

按照矩阵的乘法,可以将线性方程组写成矩阵方程的形式. 具体来说,对于 $m\times n$ 线性方程组

$$\begin{cases} a_{11}x_1+a_{12}x_2+\cdots+a_{1n}x_n=b_1, \\ a_{21}x_1+a_{22}x_2+\cdots+a_{2n}x_n=b_2, \\ \cdots\cdots \\ a_{m1}x_1+a_{m2}x_2+\cdots+a_{mn}x_n=b_m, \end{cases} \tag{1.7}$$

如果记

$$\boldsymbol{A}=\begin{pmatrix} a_{11} & a_{12} & \cdots & a_{1n} \\ a_{21} & a_{22} & \cdots & a_{2n} \\ \vdots & \vdots & & \vdots \\ a_{m1} & a_{m2} & \cdots & a_{mn} \end{pmatrix},$$

$$\boldsymbol{x}=\begin{pmatrix} x_1 \\ x_2 \\ \vdots \\ x_n \end{pmatrix},\quad \boldsymbol{b}=\begin{pmatrix} b_1 \\ b_2 \\ \vdots \\ b_m \end{pmatrix},$$

那么方程组(1.7)可写成矩阵方程

$$\boldsymbol{Ax}=\boldsymbol{b}, \tag{1.8}$$

其中 $\boldsymbol{A}$ 是方程组(1.7)的系数矩阵,而 $\boldsymbol{x}$ 和 $\boldsymbol{b}$ 分别称为方程组(1.7)的**未知量矩阵**和**常数项矩阵**.

3. Transposition of Matrices

The concept of transposition of matrices has important application value.

Definition 1.9 Suppose $\boldsymbol{A}=(a_{ij})$ is an $m\times n$ matrix. Denote the **transposed matrix** of matrix $\boldsymbol{A}$ as $\boldsymbol{A}^{\mathrm{T}}$. $\boldsymbol{A}^{\mathrm{T}}$ is defined as an $n\times m$ matrix:

$$\boldsymbol{A}^{\mathrm{T}}=(b_{ij}),$$

where $b_{ij}=a_{ji}(i=1,2,\cdots,n;j=1,2,\cdots,m)$.

It is evident that the $n\times m$ matrix obtained by transposing rows and columns of $m\times n$ matrix $\boldsymbol{A}$ is the transposed matrix $\boldsymbol{A}^{\mathrm{T}}$. For example, suppose a matrix

$$\boldsymbol{A}=\begin{pmatrix} 2 & 3 & 1 \\ 7 & 5 & 2 \end{pmatrix},$$

then

3. 矩阵的转置

矩阵转置的概念具有重要的应用价值.

定义 1.9 设 $\boldsymbol{A}=(a_{ij})$是一个 $m\times n$ 矩阵,记 $\boldsymbol{A}$ 的**转置矩阵**为 $\boldsymbol{A}^{\mathrm{T}}$,定义为一个 $n\times m$ 矩阵:

$$\boldsymbol{A}^{\mathrm{T}}=(b_{ij}),$$

其中 $b_{ij}=a_{ji}(i=1,2,\cdots,n;j=1,2,\cdots,m)$.

可见,将 $m\times n$ 矩阵 $\boldsymbol{A}$ 的行与列互换得到的 $n\times m$ 矩阵就是转置矩阵 $\boldsymbol{A}^{\mathrm{T}}$. 例如,设矩阵

$$\boldsymbol{A}=\begin{pmatrix} 2 & 3 & 1 \\ 7 & 5 & 2 \end{pmatrix},$$

则

$$A^{\mathrm{T}}=\begin{pmatrix}2&7\\3&5\\1&2\end{pmatrix}.$$

It is easy to get that the transposition of matrix satisfies the following operation rules (suppose k is a constant).

(1) $(\boldsymbol{A}^{\mathrm{T}})^{\mathrm{T}}=\boldsymbol{A}$;

(2) $(\boldsymbol{A}+\boldsymbol{B})^{\mathrm{T}}=\boldsymbol{A}^{\mathrm{T}}+\boldsymbol{B}^{\mathrm{T}}$;

(3) $(k\boldsymbol{A})^{\mathrm{T}}=k\boldsymbol{A}^{\mathrm{T}}$;

(4) $(\boldsymbol{AC})^{\mathrm{T}}=\boldsymbol{C}^{\mathrm{T}}\boldsymbol{A}^{\mathrm{T}}$.

The transposition operation can be used to define some important matrices such as symmetric matrix and normal matrix, etc. In this section, we only give the definition of symmetric matrix. For others, please refer to relevant books.

Definition 1.10 We call matrix $\boldsymbol{A}$ a **symmetric matrix** if $\boldsymbol{A}=\boldsymbol{A}^{\mathrm{T}}$.

If $\boldsymbol{A}$ is an $m\times n$ matrix, then $\boldsymbol{A}^{\mathrm{T}}$ is an $n\times m$ matrix. So, only if $m=n$, $\boldsymbol{A}=\boldsymbol{A}^{\mathrm{T}}$ is possible. Thus, if a matrix is symmetric matrix, it must be a square matrix. In addition, by definition, $\boldsymbol{A}=(a_{ij})$ is an n-order symmetric matrix if and only if

$$a_{ij}=a_{ji}\quad(i,j=1,2,\cdots,n).$$

For example, suppose matrices

$$\boldsymbol{A}=\begin{pmatrix}2&3&-1\\3&4&2\\-1&2&0\end{pmatrix},\quad \boldsymbol{B}=\begin{pmatrix}1&2&2\\-1&3&0\\5&2&6\end{pmatrix},$$

then $\boldsymbol{A}$ is a symmetric matrix and $\boldsymbol{B}$ is not a symmetric matrix.

$$A^{\mathrm{T}}=\begin{pmatrix}2&7\\3&5\\1&2\end{pmatrix}.$$

容易得到矩阵的转置满足下列运算规律（假设 k 为常数）：

(1) $(\boldsymbol{A}^{\mathrm{T}})^{\mathrm{T}}=\boldsymbol{A}$;

(2) $(\boldsymbol{A}+\boldsymbol{B})^{\mathrm{T}}=\boldsymbol{A}^{\mathrm{T}}+\boldsymbol{B}^{\mathrm{T}}$;

(3) $(k\boldsymbol{A})^{\mathrm{T}}=k\boldsymbol{A}^{\mathrm{T}}$;

(4) $(\boldsymbol{AC})^{\mathrm{T}}=\boldsymbol{C}^{\mathrm{T}}\boldsymbol{A}^{\mathrm{T}}$.

转置运算可以用来定义一些重要矩阵，例如对称矩阵、正规矩阵等. 这一节只给出对称矩阵的定义，其他可参看相关的书籍.

定义 1.10 若 $\boldsymbol{A}=\boldsymbol{A}^{\mathrm{T}}$，则称矩阵 $\boldsymbol{A}$ 是**对称矩阵**.

如果 $\boldsymbol{A}$ 是一个 $m\times n$ 矩阵，那么 $\boldsymbol{A}^{\mathrm{T}}$ 是一个 $n\times m$ 矩阵. 所以，当 $m=n$ 时，才可能有 $\boldsymbol{A}=\boldsymbol{A}^{\mathrm{T}}$. 因此，若一个矩阵是对称矩阵，它一定是方阵. 此外，由定义知，$\boldsymbol{A}=(a_{ij})$是 n 阶对称矩阵，当且仅当

$$a_{ij}=a_{ji}\quad(i,j=1,2,\cdots,n).$$

例如，若矩阵

$$\boldsymbol{A}=\begin{pmatrix}2&3&-1\\3&4&2\\-1&2&0\end{pmatrix},\quad \boldsymbol{B}=\begin{pmatrix}1&2&2\\-1&3&0\\5&2&6\end{pmatrix},$$

则 $\boldsymbol{A}$ 是对称矩阵，而 $\boldsymbol{B}$ 不是对称矩阵.

1.5 Partition Matrices
1.5 分块矩阵

When dealing with a large scale matrix, a common method is to divide it into several small matrices (submatrices), which means a matrix can be seen as consisting of submatrices. The matrix that takes small matrices as entries is called a **partition matrix**.

For example, consider a matrix

在处理规模较大的矩阵时，常用的方法是将其划分成若干小矩阵（子矩阵），即把一个矩阵看成由若干子矩阵组成. 这种以小矩阵为元素的矩阵就称为**分块矩阵**.

例如，考虑矩阵

$$A=\left(\begin{array}{cc:cc}1&0&0&0\\0&1&0&0\\ \hdashline -1&2&1&0\\1&1&0&1\end{array}\right).$$

We can draw a dashed line between the second and the third row, and between the second and the third column respectively to divide it into four submatrices:

$$A=\begin{pmatrix}I_2&O\\A_1&I_2\end{pmatrix},$$

where $I_2=\begin{pmatrix}1&0\\0&1\end{pmatrix}$ is a two-order identity matrix. $O=\begin{pmatrix}0&0\\0&0\end{pmatrix}$ is a two-order zero matrix and $A_1=\begin{pmatrix}-1&2\\1&1\end{pmatrix}$.

For another example, the augmented matrix of the system of linear equations $(A\mid b)$ can be seen as the partition matrix composed of coefficient matrix A and constant matrix b.

Particularly, for $m\times n$ matrix

$$A=\begin{pmatrix}a_{11}&a_{12}&\cdots&a_{1n}\\a_{21}&a_{22}&\cdots&a_{2n}\\ \vdots&\vdots&&\vdots\\a_{m1}&a_{m2}&\cdots&a_{mn}\end{pmatrix},$$

if it is divided by rows, we get

$$A=\begin{pmatrix}a_1\\a_2\\ \vdots\\a_m\end{pmatrix},$$

where $a_i=(a_{i1}\quad a_{i2}\quad\cdots\quad a_{in})(i=1,2,\cdots,m)$. If it is divided by columns, we get

$$A=(\tilde{a}_1\quad\tilde{a}_2\quad\cdots\quad\tilde{a}_n),$$

where

$$\tilde{a}_j=\begin{pmatrix}a_{1j}\\a_{2j}\\ \vdots\\a_{mj}\end{pmatrix}\quad(j=1,2,\cdots,n).$$

The operation rules of partition matrices are basically the same as those of matrices. We only need to see submatrices as entries. So, the operations of partition matrices

$$A=\left(\begin{array}{cc:cc}1&0&0&0\\0&1&0&0\\ \hdashline -1&2&1&0\\1&1&0&1\end{array}\right).$$

可以在第 2 行和第 3 行之间、第 2 列和第 3 列之间各画一条虚线,将它划分为四个子矩阵:

$$A=\begin{pmatrix}I_2&O\\A_1&I_2\end{pmatrix},$$

其中 $I_2=\begin{pmatrix}1&0\\0&1\end{pmatrix}$为二阶单位矩阵,$O=\begin{pmatrix}0&0\\0&0\end{pmatrix}$为二阶零矩阵,$A_1=\begin{pmatrix}-1&2\\1&1\end{pmatrix}$.

又如,线性方程组的增广矩阵$(A\mid b)$可以视为由系数矩阵 A 和常数项矩阵 b 构成的分块矩阵.

特别地,对于 $m\times n$ 矩阵

$$A=\begin{pmatrix}a_{11}&a_{12}&\cdots&a_{1n}\\a_{21}&a_{22}&\cdots&a_{2n}\\ \vdots&\vdots&&\vdots\\a_{m1}&a_{m2}&\cdots&a_{mn}\end{pmatrix},$$

若按行划分,可得到

$$A=\begin{pmatrix}a_1\\a_2\\ \vdots\\a_m\end{pmatrix},$$

其中 $a_i=(a_{i1}\quad a_{i2}\quad\cdots\quad a_{in})(i=1,2,\cdots,m)$;若按列划分,得到

$$A=(\tilde{a}_1\quad\tilde{a}_2\quad\cdots\quad\tilde{a}_n),$$

其中

$$\tilde{a}_j=\begin{pmatrix}a_{1j}\\a_{2j}\\ \vdots\\a_{mj}\end{pmatrix}\quad(j=1,2,\cdots,n).$$

分块矩阵的运算法则与矩阵的运算法则基本一样,只需将子矩阵视为元素即可. 所以,分块矩阵的运算分两步完成:

have two steps:

Step 1 Take submatrices as entries and calculate partition matrices by the way as ordinary matrices.

Step 2 Perform substantial matrix operations in the submatrix. It should be noted that when the matrices are partitioned, the preconditions of the corresponding operations must be observed to make the operations meaningful.

For example, suppose matrices $\boldsymbol{A}=(a_{ij})_{m\times n}$, $\boldsymbol{B}=(b_{ij})_{n\times s}=(\boldsymbol{b}_1\quad \boldsymbol{b}_2\quad \cdots\quad \boldsymbol{b}_s)$, then we have

$$\boldsymbol{AB}=(\boldsymbol{Ab}_1\quad \boldsymbol{Ab}_2\quad \cdots\quad \boldsymbol{Ab}_s).$$

Furthermore, if $\boldsymbol{A}$ is divided by rows, that is,

$$\boldsymbol{A}=\begin{pmatrix}\boldsymbol{a}_1\\ \boldsymbol{a}_2\\ \vdots\\ \boldsymbol{a}_m\end{pmatrix},$$

then

$$\boldsymbol{AB}=\begin{pmatrix}\boldsymbol{a}_1\\ \boldsymbol{a}_2\\ \vdots\\ \boldsymbol{a}_m\end{pmatrix}(\boldsymbol{b}_1\quad \boldsymbol{b}_2\quad \cdots\quad \boldsymbol{b}_s)=\begin{pmatrix}\boldsymbol{a}_1\boldsymbol{b}_1 & \boldsymbol{a}_1\boldsymbol{b}_2 & \cdots & \boldsymbol{a}_1\boldsymbol{b}_s\\ \boldsymbol{a}_2\boldsymbol{b}_1 & \boldsymbol{a}_2\boldsymbol{b}_2 & \cdots & \boldsymbol{a}_2\boldsymbol{b}_s\\ \vdots & \vdots & & \vdots\\ \boldsymbol{a}_m\boldsymbol{b}_1 & \boldsymbol{a}_m\boldsymbol{b}_2 & \cdots & \boldsymbol{a}_m\boldsymbol{b}_s\end{pmatrix}.$$

But if $\boldsymbol{A}$ is divided by columns and $\boldsymbol{B}$ is divided by rows, then the operation is not meaningful.

步骤 1 视子矩阵为元素,按矩阵的运算法则做运算.

步骤 2 在子矩阵的运算中进行实质的矩阵运算. 要注意的是,对矩阵进行分块时,必须遵守相应运算的前提条件,使得运算有意义.

例如,设矩阵 $\boldsymbol{A}=(a_{ij})_{m\times n}$,$\boldsymbol{B}=(b_{ij})_{n\times s}=(\boldsymbol{b}_1\quad \boldsymbol{b}_2\quad \cdots\quad \boldsymbol{b}_s)$,则有

$$\boldsymbol{AB}=(\boldsymbol{Ab}_1\quad \boldsymbol{Ab}_2\quad \cdots\quad \boldsymbol{Ab}_s).$$

进一步,如果 $\boldsymbol{A}$ 按行划分,即

$$\boldsymbol{A}=\begin{pmatrix}\boldsymbol{a}_1\\ \boldsymbol{a}_2\\ \vdots\\ \boldsymbol{a}_m\end{pmatrix},$$

那么

$$\boldsymbol{AB}=\begin{pmatrix}\boldsymbol{a}_1\\ \boldsymbol{a}_2\\ \vdots\\ \boldsymbol{a}_m\end{pmatrix}(\boldsymbol{b}_1\quad \boldsymbol{b}_2\quad \cdots\quad \boldsymbol{b}_s)=\begin{pmatrix}\boldsymbol{a}_1\boldsymbol{b}_1 & \boldsymbol{a}_1\boldsymbol{b}_2 & \cdots & \boldsymbol{a}_1\boldsymbol{b}_s\\ \boldsymbol{a}_2\boldsymbol{b}_1 & \boldsymbol{a}_2\boldsymbol{b}_2 & \cdots & \boldsymbol{a}_2\boldsymbol{b}_s\\ \vdots & \vdots & & \vdots\\ \boldsymbol{a}_m\boldsymbol{b}_1 & \boldsymbol{a}_m\boldsymbol{b}_2 & \cdots & \boldsymbol{a}_m\boldsymbol{b}_s\end{pmatrix}.$$

但是,若 $\boldsymbol{A}$ 按列划分,而 $\boldsymbol{B}$ 按行划分,则不能进行运算.

1.6 Invertible Matrices
1.6 可逆矩阵

For a non-zero real number a, there exists a unique real number a^{-1} such that

$$a^{-1}a=aa^{-1}=1.$$

Here 1 is the unit of real number multiplication. In matrix multiplication, there also exist a similar identity matrix $\boldsymbol{I}$. A question will naturally be raised: For matrix $\boldsymbol{A}$, can we find another matrix $\boldsymbol{B}$ such that

对于一个非零实数 a,存在唯一的实数 a^{-1},使得

$$a^{-1}a=aa^{-1}=1.$$

在上式中,1 是实数乘法的单位元. 在矩阵的乘法中,也有类似于 1 的单位矩阵 $\boldsymbol{I}$. 自然地会提出问题:对于矩阵 $\boldsymbol{A}$,能否找到一个矩阵 $\boldsymbol{B}$,使得

$$\boldsymbol{BA}=\boldsymbol{AB}=\boldsymbol{I}?$$

We will discuss the question in this section.

1. Concept of Invertible Matrices

Definition 1.11 For n-order matrix $\boldsymbol{A}$, if there is a n-order matrix $\boldsymbol{B}$ such that

$$\boldsymbol{BA}=\boldsymbol{AB}=\boldsymbol{I},$$

then we say that $\boldsymbol{A}$ is **invertible** and $\boldsymbol{B}$ is the **inverse matrix** of $\boldsymbol{A}$, written as $\boldsymbol{A}^{-1}$, that is, $\boldsymbol{B}=\boldsymbol{A}^{-1}$. Otherwise, we say that $\boldsymbol{A}$ is **irreversible.**

From Definition 1.11, we can easily get the following conclusions:

(1) $\boldsymbol{A}$ and $\boldsymbol{B}$ in Definition 1.11 are inverse matrices to each other.

(2) Identity matrix $\boldsymbol{I}$ is invertible.

(3) Zero matrix $\boldsymbol{O}$ is irreversible.

(4) If $\boldsymbol{A}$ is invertible, then $\boldsymbol{A}^{-1}$ is unique.

As a matter of fact, suppose $\boldsymbol{B}_1, \boldsymbol{B}_2$ are both invertible matrices of $\boldsymbol{A}$, we have

$$\begin{aligned}\boldsymbol{B}_2&=\boldsymbol{B}_2\boldsymbol{I}=\boldsymbol{B}_2(\boldsymbol{AB}_1)=(\boldsymbol{B}_2\boldsymbol{A})\boldsymbol{B}_1\\&=\boldsymbol{IB}_1=\boldsymbol{B}_1.\end{aligned}$$

2. Properties of Invertible Matrices

The invertible matrices have the following properties:

Property 1 Suppose $\boldsymbol{A}$ and $\boldsymbol{B}$ are both n-order invertible matrices, then:

(1) $\boldsymbol{A}^{-1}$ is invertible and $(\boldsymbol{A}^{-1})^{-1}=\boldsymbol{A}$;

(2) $\boldsymbol{AB}$ is invertible and $(\boldsymbol{AB})^{-1}=\boldsymbol{B}^{-1}\boldsymbol{A}^{-1}$;

(3) for non-zero constant k, $k\boldsymbol{A}$ is invertible and

$$(k\boldsymbol{A})^{-1}=\frac{1}{k}\boldsymbol{A}^{-1};$$

(4) $\boldsymbol{A}^{\mathrm{T}}$ is invertible and $(\boldsymbol{A}^{\mathrm{T}})^{-1}=(\boldsymbol{A}^{-1})^{\mathrm{T}}$.

Proof (1) Because $\boldsymbol{AA}^{-1}=\boldsymbol{A}^{-1}\boldsymbol{A}=\boldsymbol{I}$, the inverse matrix of $\boldsymbol{A}^{-1}$ is $\boldsymbol{A}$, that is, $(\boldsymbol{A}^{-1})^{-1}=\boldsymbol{A}$.

(2) Note that

$$\begin{aligned}(\boldsymbol{AB})(\boldsymbol{B}^{-1}\boldsymbol{A}^{-1})&=\boldsymbol{A}(\boldsymbol{BB}^{-1})\boldsymbol{A}^{-1}\\&=(\boldsymbol{AI})\boldsymbol{A}^{-1}\\&=\boldsymbol{AA}^{-1}=\boldsymbol{I}.\end{aligned}$$

$$\boldsymbol{BA}=\boldsymbol{AB}=\boldsymbol{I}?$$

本节就来讨论这个问题.

1. 可逆矩阵的概念

定义 1.11 对于 n 阶矩阵 $\boldsymbol{A}$,如果存在一个 n 阶矩阵 $\boldsymbol{B}$,使得

$$\boldsymbol{BA}=\boldsymbol{AB}=\boldsymbol{I},$$

则称 $\boldsymbol{A}$ 是**可逆的**,并称 $\boldsymbol{B}$ 为 $\boldsymbol{A}$ 的**逆矩阵**,记为 $\boldsymbol{A}^{-1}$,即 $\boldsymbol{B}=\boldsymbol{A}^{-1}$;否则,称 $\boldsymbol{A}$ 是**不可逆的**.

由定义 1.11 容易得到以下结论:

(1) 定义 1.11 中的 $\boldsymbol{A}$ 和 $\boldsymbol{B}$ 互为逆矩阵;

(2) 单位矩阵 $\boldsymbol{I}$ 可逆;

(3) 零矩阵 $\boldsymbol{O}$ 不可逆;

(4) 如果 $\boldsymbol{A}$ 可逆,那么 $\boldsymbol{A}^{-1}$ 是唯一的.

事实上,设 $\boldsymbol{B}_1, \boldsymbol{B}_2$ 均为 $\boldsymbol{A}$ 的逆矩阵,则有

$$\begin{aligned}\boldsymbol{B}_2&=\boldsymbol{B}_2\boldsymbol{I}=\boldsymbol{B}_2(\boldsymbol{AB}_1)=(\boldsymbol{B}_2\boldsymbol{A})\boldsymbol{B}_1\\&=\boldsymbol{IB}_1=\boldsymbol{B}_1.\end{aligned}$$

2. 可逆矩阵的性质

可逆矩阵具有以下性质:

性质 1 设 $\boldsymbol{A}$ 和 $\boldsymbol{B}$ 均为 n 阶可逆矩阵,则

(1) $\boldsymbol{A}^{-1}$ 可逆,且 $(\boldsymbol{A}^{-1})^{-1}=\boldsymbol{A}$;

(2) $\boldsymbol{AB}$ 可逆,且 $(\boldsymbol{AB})^{-1}=\boldsymbol{B}^{-1}\boldsymbol{A}^{-1}$;

(3) 对于 k 非零常数,$k\boldsymbol{A}$ 可逆,且

$$(k\boldsymbol{A})^{-1}=\frac{1}{k}\boldsymbol{A}^{-1};$$

(4) $\boldsymbol{A}^{\mathrm{T}}$ 可逆,且 $(\boldsymbol{A}^{\mathrm{T}})^{-1}=(\boldsymbol{A}^{-1})^{\mathrm{T}}$.

证明 (1) 因为 $\boldsymbol{AA}^{-1}=\boldsymbol{A}^{-1}\boldsymbol{A}=\boldsymbol{I}$,所以 $\boldsymbol{A}^{-1}$ 的逆矩阵为 $\boldsymbol{A}$,即 $(\boldsymbol{A}^{-1})^{-1}=\boldsymbol{A}$.

(2) 注意到

$$\begin{aligned}(\boldsymbol{AB})(\boldsymbol{B}^{-1}\boldsymbol{A}^{-1})&=\boldsymbol{A}(\boldsymbol{BB}^{-1})\boldsymbol{A}^{-1}\\&=(\boldsymbol{AI})\boldsymbol{A}^{-1}\\&=\boldsymbol{AA}^{-1}=\boldsymbol{I}.\end{aligned}$$

Similarly, we have $(B^{-1}A^{-1})(AB)=I$. So, $B^{-1}A^{-1}$ is the inverse matrix of AB, that is, $(AB)^{-1}=B^{-1}A^{-1}$.

(3) Because

$$(kA)\left(\frac{1}{k}A^{-1}\right)=\left(k\cdot\frac{1}{k}\right)(AA^{-1})=I$$
$$=\left(\frac{1}{k}\cdot k\right)(A^{-1}A)$$
$$=\left(\frac{1}{k}A^{-1}\right)(kA),$$

we have

$$(kA)^{-1}=\frac{1}{k}A^{-1}.$$

(4) From $(AC)^{\mathrm{T}}=C^{\mathrm{T}}A^{\mathrm{T}}$, we have

$$A^{\mathrm{T}}(A^{-1})^{\mathrm{T}}=(A^{-1}A)^{\mathrm{T}}=I^{\mathrm{T}}=I.$$

Similarly, we have $(A^{-1})^{\mathrm{T}}A^{\mathrm{T}}=I$. So, the inverse matrix of A^{T} is $(A^{-1})^{\mathrm{T}}$, that is, $(A^{\mathrm{T}})^{-1}=(A^{-1})^{\mathrm{T}}$.

We can prove the following theorem:

Theorem 1.5 For n-order matrices A, B, if $AB=I$, then A, B are both invertible and

$$A^{-1}=B,\quad B^{-1}=A.$$

Apparently, using Theorem 1.5 to justify the invertibility of matrix is simpler than Definition 1.11.

3. Calculate Inverse Matrices

For a general n-order matrix, it is not appropriate to decide whether or not it is invertible by Definition 1.11 and Theorem 1.5. For this, Theorem 1.6 presents a simple and feasible method.

Theorem 1.6 If A is an n-order matrix, A is invertible if and only if A is row equivalent to I.

From Theorem 1.6, we know that we can judge whether or not matrix A is invertible by applying elementary row transformations. If A can be transformed into identity matrix I, then A is invertible. Otherwise, A is irreversible. Furthermore, we can prove the following theorem:

Theorem 1.7 For n-order matrix A, if $(A|I)$ is row equivalent to $(I|B)$, then A is invertible and

$$A^{-1}=B.$$

Theorem 1.7 provides a method to calculate inverse

同样,有$(B^{-1}A^{-1})(AB)=I$. 所以,$B^{-1}A^{-1}$是AB的逆矩阵,即$(AB)^{-1}=B^{-1}A^{-1}$.

(3) 由于

$$(kA)\left(\frac{1}{k}A^{-1}\right)=\left(k\cdot\frac{1}{k}\right)(AA^{-1})=I$$
$$=\left(\frac{1}{k}\cdot k\right)(A^{-1}A)$$
$$=\left(\frac{1}{k}A^{-1}\right)(kA),$$

所以

$$(kA)^{-1}=\frac{1}{k}A^{-1}.$$

(4) 由$(AC)^{\mathrm{T}}=C^{\mathrm{T}}A^{\mathrm{T}}$可得

$$A^{\mathrm{T}}(A^{-1})^{\mathrm{T}}=(A^{-1}A)^{\mathrm{T}}=I^{\mathrm{T}}=I.$$

同样,有$(A^{-1})^{\mathrm{T}}A^{\mathrm{T}}=I$. 所以,$A^{\mathrm{T}}$的逆矩阵为$(A^{-1})^{\mathrm{T}}$,即$(A^{\mathrm{T}})^{-1}=(A^{-1})^{\mathrm{T}}$.

可以证明下面的定理成立:

定理 1.5 对于n阶矩阵A,B,若$AB=I$,则A,B均可逆,且

$$A^{-1}=B,\quad B^{-1}=A.$$

显然,用定理1.5判断矩阵可逆比用定义1.11来判断更简便.

3. 求逆矩阵

对于一般的n阶矩阵,用定义1.11和定理1.5来判断它是否可逆显然是不可取的. 对此,下面的定理1.6给出了一个简便、可行的方法.

定理 1.6 设A为n阶矩阵,则A可逆当且仅当A与I行等价.

由定理1.6知,通过对矩阵A做初等行变换可以判断其是否可逆:若A可化为单位矩阵I,则A可逆;否则,A不可逆. 进一步,还可证明如下定理成立:

定理 1.7 对于n阶矩阵A,若$(A|I)$与$(I|B)$行等价,则A可逆,且

$$A^{-1}=B.$$

定理1.7给出了一种求逆矩阵的方法——

matrix—**elementary row transformations method**: For invertible matrix $\boldsymbol{A}$, construct an $n\times 2n$ matrix $(\boldsymbol{A}|\boldsymbol{I})$ and transform $(\boldsymbol{A}|\boldsymbol{I})$ into $(\boldsymbol{I}|\boldsymbol{B})$ through elementary row transformations, where $\boldsymbol{A}^{-1}=\boldsymbol{B}$, that is,

$$(\boldsymbol{A}|\boldsymbol{I})\xrightarrow{\text{Elementary row transformations}}(\boldsymbol{I}|\boldsymbol{A}^{-1}).$$

The next example illustrates this process.

Example 1 Calculate the inverse matrix of

$$\boldsymbol{A}=\begin{pmatrix}1&1&-1\\0&1&2\\2&4&0\end{pmatrix}.$$

Solution Apply elementary row transformations to matrix $(\boldsymbol{A}|\boldsymbol{I})$:

$$(\boldsymbol{A}|\boldsymbol{I})=\begin{pmatrix}1&1&-1&1&0&0\\0&1&2&0&1&0\\2&4&0&0&0&1\end{pmatrix}\xrightarrow{r_3-2r_1}\begin{pmatrix}1&1&-1&1&0&0\\0&1&2&0&1&0\\0&2&2&-2&0&1\end{pmatrix}$$

$$\xrightarrow[r_1-r_2]{r_3-2r_2}\begin{pmatrix}1&0&-3&1&-1&0\\0&1&2&0&1&0\\0&0&-2&-2&-2&1\end{pmatrix}\xrightarrow[r_1+3r_3]{-\frac{1}{2}r_3,\ r_2-2r_3}\begin{pmatrix}1&0&0&4&2&-3/2\\0&1&0&-2&-1&1\\0&0&1&1&1&-1/2\end{pmatrix}.$$

It shows that $\boldsymbol{A}$ is invertible and

$$\boldsymbol{A}^{-1}=\begin{pmatrix}4&2&-3/2\\-2&-1&1\\1&1&-1/2\end{pmatrix}.$$

初等行变换法:对可逆矩阵 $\boldsymbol{A}$,构造 $n\times 2n$ 矩阵$(\boldsymbol{A}|\boldsymbol{I})$,然后利用初等行变换把$(\boldsymbol{A}|\boldsymbol{I})$变为形如$(\boldsymbol{I}|\boldsymbol{B})$的矩阵,这时 $\boldsymbol{A}^{-1}=\boldsymbol{B}$,即

$$(\boldsymbol{A}|\boldsymbol{I})\xrightarrow{\text{初等行变换}}(\boldsymbol{I}|\boldsymbol{A}^{-1}).$$

下面举例说明了这一过程.

例 1 求

$$\boldsymbol{A}=\begin{pmatrix}1&1&-1\\0&1&2\\2&4&0\end{pmatrix}$$

的逆矩阵.

解 对矩阵$(\boldsymbol{A}|\boldsymbol{I})$做初等行变换:

可见,$\boldsymbol{A}$ 可逆,且

$$\boldsymbol{A}^{-1}=\begin{pmatrix}4&2&-3/2\\-2&-1&1\\1&1&-1/2\end{pmatrix}.$$

4. Solve Systems of Linear Equations with Inverse Matrices

One main purpose of invertible matrices is to solve the systems of linear equations.

Consider a system of linear equations

$$\boldsymbol{Ax}=\boldsymbol{b},$$

where $\boldsymbol{A}$ is an n-order matrix and $\boldsymbol{A}^{-1}$ exists. We can multiply both sides of the equation by $\boldsymbol{A}^{-1}$ to solve $\boldsymbol{Ax}=\boldsymbol{b}$, that is,

$$\boldsymbol{A}^{-1}\boldsymbol{Ax}=\boldsymbol{A}^{-1}\boldsymbol{b},$$

then we get

$$\boldsymbol{x}=\boldsymbol{A}^{-1}\boldsymbol{b}.$$

So, we get the solution of the system.

4. 利用逆矩阵求解线性方程组

逆矩阵的一个主要用处就是求解线性方程组.

考虑线性方程组

$$\boldsymbol{Ax}=\boldsymbol{b},$$

其中 $\boldsymbol{A}$ 是 n 阶矩阵,且 $\boldsymbol{A}^{-1}$ 存在. 为了求解 $\boldsymbol{Ax}=\boldsymbol{b}$,我们可以用 $\boldsymbol{A}^{-1}$ 去乘方程组的两端,即

$$\boldsymbol{A}^{-1}\boldsymbol{Ax}=\boldsymbol{A}^{-1}\boldsymbol{b},$$

得

$$\boldsymbol{x}=\boldsymbol{A}^{-1}\boldsymbol{b}.$$

于是得到该方程组的解.

Example 2 Solve system of linear equations

$$\begin{cases} x_1 \quad\quad + x_3 = 0, \\ 2x_1 + x_2 \quad\quad = 1, \\ -3x_1 + 2x_2 - 5x_3 = 0. \end{cases}$$

Solution Rewrite the system in the form of matrix equation $\boldsymbol{Ax}=\boldsymbol{b}$, where

$$\boldsymbol{A}=\begin{pmatrix} 1 & 0 & 1 \\ 2 & 1 & 0 \\ -3 & 2 & -5 \end{pmatrix},$$

$$\boldsymbol{x}=\begin{pmatrix} x_1 \\ x_2 \\ x_3 \end{pmatrix}, \quad \boldsymbol{b}=\begin{pmatrix} 0 \\ 1 \\ 0 \end{pmatrix}.$$

Apply elementary row transformations to matrix $(\boldsymbol{A}\,|\,\boldsymbol{I})$:

$$(\boldsymbol{A}\,|\,\boldsymbol{I})=\begin{pmatrix} 1 & 0 & 1 & 1 & 0 & 0 \\ 2 & 1 & 0 & 0 & 1 & 0 \\ -3 & 2 & -5 & 0 & 0 & 1 \end{pmatrix} \longrightarrow \begin{pmatrix} 1 & 0 & 0 & -5/2 & 1 & -1/2 \\ 0 & 1 & 0 & 5 & -1 & 1 \\ 0 & 0 & 1 & 7/2 & -1 & 1/2 \end{pmatrix}.$$

So that

$$\boldsymbol{A}^{-1}=\begin{pmatrix} -5/2 & 1 & -1/2 \\ 5 & -1 & 1 \\ 7/2 & -1 & 1/2 \end{pmatrix}.$$

Then

$$\begin{aligned} \boldsymbol{x} &= \boldsymbol{A}^{-1}\boldsymbol{b} \\ &= \begin{pmatrix} -5/2 & 1 & -1/2 \\ 5 & -1 & 1 \\ 7/2 & -1 & 1/2 \end{pmatrix}\begin{pmatrix} 0 \\ 1 \\ 0 \end{pmatrix} \\ &= \begin{pmatrix} 1 \\ -1 \\ -1 \end{pmatrix}. \end{aligned}$$

This means the solution of the system is

$$x_1=1, \quad x_2=-1, \quad x_3=-1.$$

In Example 2, for convenience, we can directly call

$$\boldsymbol{x}=\begin{pmatrix} 1 \\ -1 \\ -1 \end{pmatrix}$$

the solution of the system.

We summarize some important properties of invertible matrices in the following theorem:

Theorem 1.8 Suppose $\boldsymbol{A}$ is an n-order matrix. The

例 2 求解线性方程组

$$\begin{cases} x_1 \quad\quad + x_3 = 0, \\ 2x_1 + x_2 \quad\quad = 1, \\ -3x_1 + 2x_2 - 5x_3 = 0. \end{cases}$$

解 该方程组可写成矩阵方程 $\boldsymbol{Ax}=\boldsymbol{b}$，其中

$$\boldsymbol{A}=\begin{pmatrix} 1 & 0 & 1 \\ 2 & 1 & 0 \\ -3 & 2 & -5 \end{pmatrix},$$

$$\boldsymbol{x}=\begin{pmatrix} x_1 \\ x_2 \\ x_3 \end{pmatrix}, \quad \boldsymbol{b}=\begin{pmatrix} 0 \\ 1 \\ 0 \end{pmatrix}.$$

对矩阵$(\boldsymbol{A}\,|\,\boldsymbol{I})$做初等行变换：

于是

$$\boldsymbol{A}^{-1}=\begin{pmatrix} -5/2 & 1 & -1/2 \\ 5 & -1 & 1 \\ 7/2 & -1 & 1/2 \end{pmatrix}.$$

所以

$$\begin{aligned} \boldsymbol{x} &= \boldsymbol{A}^{-1}\boldsymbol{b} \\ &= \begin{pmatrix} -5/2 & 1 & -1/2 \\ 5 & -1 & 1 \\ 7/2 & -1 & 1/2 \end{pmatrix}\begin{pmatrix} 0 \\ 1 \\ 0 \end{pmatrix} \\ &= \begin{pmatrix} 1 \\ -1 \\ -1 \end{pmatrix}, \end{aligned}$$

即该方程组的解为

$$x_1=1, \quad x_2=-1, \quad x_3=-1.$$

在例 2 中，为了方便，可以直接称

$$\boldsymbol{x}=\begin{pmatrix} 1 \\ -1 \\ -1 \end{pmatrix}$$

为该方程组的解.

下面的定理总结了可逆矩阵的一些重要性质：

定理 1.8 设 $\boldsymbol{A}$ 为 n 阶矩阵，下列结论

following conclusions are equivalent:

(1) $\boldsymbol{A}$ is invertible.

(2) $\boldsymbol{A}$ is row equivalent to $\boldsymbol{I}$.

(3) System of non-homogeneous linear equations $\boldsymbol{Ax}=\boldsymbol{b}$ has a unique solution.

(4) System of homogeneous linear equations $\boldsymbol{Ax}=\boldsymbol{0}$ has a unique solution $\boldsymbol{x}=\boldsymbol{0}$.

是等价的:

(1) $\boldsymbol{A}$ 可逆;

(2) $\boldsymbol{A}$ 行等价于 $\boldsymbol{I}$;

(3) 非齐次线性方程组 $\boldsymbol{Ax}=\boldsymbol{b}$ 有唯一解;

(4) 齐次线性方程组 $\boldsymbol{Ax}=\boldsymbol{0}$ 有唯一解 $\boldsymbol{x}=\boldsymbol{0}$.

Exercises 1

习题 1

1. Decide which equations are linear equations:

(1) $x_1+x_2+3x_3=5$;

(2) $3x_1^{-2}-\cos x_2=0$;

(3) $x_1x_2-x_3=1$;

(4) $x_2+2x_3=5$.

2. Write the coefficient matrix $\boldsymbol{A}$ and the augmented matrix $\boldsymbol{B}$ of the following systems of linear equations:

(1) $\begin{cases} x_1+2x_2=3, \\ 3x_1-x_2=2; \end{cases}$

(2) $\begin{cases} x_1+x_2+x_3=9, \\ 2x_1-x_2+4x_3=12, \\ 3x_1-x_2-x_3=-1; \end{cases}$

(3) $\begin{cases} x_1+4x_2+5x_3=-2, \\ 2x_1+x_2-2x_3=1, \\ 3x_1-2x_2+3x_3=4; \end{cases}$

(4) $\begin{cases} x_1+2x_2+x_3-x_4=1, \\ 3x_1+6x_2-x_3-3x_4=0, \\ 5x_1+10x_2+x_3-5x_4=2. \end{cases}$

3. Are the following matrices echelon matrices? If not, transform them into echelon matrices.

(1) $\begin{pmatrix} 2 & 1 \\ 0 & 2 \end{pmatrix}$; (2) $\begin{pmatrix} 1 & 3 & 1 \\ 0 & 1 & 2 \end{pmatrix}$;

(3) $\begin{pmatrix} 3 & 2 & 0 \\ 4 & 0 & 1 \end{pmatrix}$; (4) $\begin{pmatrix} 0 & 2 & 1 \\ 2 & 1 & 1 \end{pmatrix}$;

1. 判断哪些方程是线性方程:

(1) $x_1+x_2+3x_3=5$;

(2) $3x_1^{-2}-\cos x_2=0$;

(3) $x_1x_2-x_3=1$;

(4) $x_2+2x_3=5$.

2. 写出下列线性方程组的系数矩阵 $\boldsymbol{A}$ 和增广矩阵 $\boldsymbol{B}$:

(1) $\begin{cases} x_1+2x_2=3, \\ 3x_1-x_2=2; \end{cases}$

(2) $\begin{cases} x_1+x_2+x_3=9, \\ 2x_1-x_2+4x_3=12, \\ 3x_1-x_2-x_3=-1; \end{cases}$

(3) $\begin{cases} x_1+4x_2+5x_3=-2, \\ 2x_1+x_2-2x_3=1, \\ 3x_1-2x_2+3x_3=4; \end{cases}$

(4) $\begin{cases} x_1+2x_2+x_3-x_4=1, \\ 3x_1+6x_2-x_3-3x_4=0, \\ 5x_1+10x_2+x_3-5x_4=2. \end{cases}$

3. 下列矩阵是否为阶梯形矩阵? 如果不是阶梯形矩阵,把它们化为阶梯形矩阵.

(1) $\begin{pmatrix} 2 & 1 \\ 0 & 2 \end{pmatrix}$; (2) $\begin{pmatrix} 1 & 3 & 1 \\ 0 & 1 & 2 \end{pmatrix}$;

(3) $\begin{pmatrix} 3 & 2 & 0 \\ 4 & 0 & 1 \end{pmatrix}$; (4) $\begin{pmatrix} 0 & 2 & 1 \\ 2 & 1 & 1 \end{pmatrix}$;

(5) $\begin{pmatrix}1&3&3&2\\0&2&4&1\\0&0&3&6\end{pmatrix}$;

(6) $\begin{pmatrix}1&0&2&1\\0&0&2&2\end{pmatrix}$;

(7) $\begin{pmatrix}1&-1&1\\0&1&1\\0&0&-1\end{pmatrix}$;

(8) $\begin{pmatrix}1&2&1&3&1\\0&3&2&3&1\\0&0&0&2&4\end{pmatrix}$.

4. Each of the following matrices is the augmented matrix of a system of linear equations. Solve the corresponding systems, or illustrate that the systems are inconsistent.

(1) $\begin{pmatrix}2&2&1\\0&2&2\end{pmatrix}$;　　(2) $\begin{pmatrix}2&2&0\\0&0&2\end{pmatrix}$;

(3) $\begin{pmatrix}1&3&1&0\\0&2&4&2\end{pmatrix}$;　　(4) $\begin{pmatrix}1&1&1&0\\0&1&2&2\\0&0&2&1\end{pmatrix}$;

(5) $\begin{pmatrix}5&-1&1\\2&1&3\\1&4&-1\end{pmatrix}$;

(6) $\begin{pmatrix}2&1&-1&1&1\\1&2&1&-1&2\\1&1&2&1&3\end{pmatrix}$.

5. Solve the following systems of linear equations by simplifying the augmented matrices to reduced echelon matrices:

(1) $\begin{cases}2x_1-x_2=5,\\x_1+3x_2=6;\end{cases}$

(2) $\begin{cases}x_1-x_2+2x_3=3,\\x_1+2x_2+4x_3=5;\end{cases}$

(3) $\begin{cases}x_1+x_2+x_3=5,\\x_1-2x_2+x_3=-6,\\2x_1+x_2-3x_3=2;\end{cases}$

(5) $\begin{pmatrix}1&3&3&2\\0&2&4&1\\0&0&3&6\end{pmatrix}$;

(6) $\begin{pmatrix}1&0&2&1\\0&0&2&2\end{pmatrix}$;

(7) $\begin{pmatrix}1&-1&1\\0&1&1\\0&0&-1\end{pmatrix}$;

(8) $\begin{pmatrix}1&2&1&3&1\\0&3&2&3&1\\0&0&0&2&4\end{pmatrix}$.

4. 下列每个矩阵都是某个线性方程组的增广矩阵. 求对应的线性方程组的解，或者说明这些方程组是不相容的.

(1) $\begin{pmatrix}2&2&1\\0&2&2\end{pmatrix}$;　　(2) $\begin{pmatrix}2&2&0\\0&0&2\end{pmatrix}$;

(3) $\begin{pmatrix}1&3&1&0\\0&2&4&2\end{pmatrix}$;　　(4) $\begin{pmatrix}1&1&1&0\\0&1&2&2\\0&0&2&1\end{pmatrix}$;

(5) $\begin{pmatrix}5&-1&1\\2&1&3\\1&4&-1\end{pmatrix}$;

(6) $\begin{pmatrix}2&1&-1&1&1\\1&2&1&-1&2\\1&1&2&1&3\end{pmatrix}$.

5. 通过把增广矩阵化成简化阶梯形矩阵，求解下列线性方程组：

(1) $\begin{cases}2x_1-x_2=5,\\x_1+3x_2=6;\end{cases}$

(2) $\begin{cases}x_1-x_2+2x_3=3,\\x_1+2x_2+4x_3=5;\end{cases}$

(3) $\begin{cases}x_1+x_2+x_3=5,\\x_1-2x_2+x_3=-6,\\2x_1+x_2-3x_3=2;\end{cases}$

(4) $\begin{cases} x_1+x_2+2x_3+3x_4=1, \\ x_2+x_3-4x_4=1, \\ x_1+2x_2+3x_3-x_4=4, \\ 2x_1+3x_2-x_3-x_4=-6; \end{cases}$

(5) $\begin{cases} x_1+5x_2-x_3-x_4=-1, \\ x_1-2x_2+x_3+3x_4=3, \\ 3x_1+8x_2-x_3+x_4=1, \\ x_1-9x_2+3x_3+7x_4=7; \end{cases}$

(6) $\begin{cases} x_1+2x_2+2x_3+x_4=0, \\ 2x_1+x_2-2x_3-2x_4=0, \\ x_1-x_2-4x_3-3x_4=0. \end{cases}$

6. Find all the values of a that make the following equations inconsistent:

(1) $\begin{cases} x_1-3x_2=-1, \\ 2x_1+ax_2=5; \end{cases}$

(2) $\begin{cases} -x_1+2x_2=3, \\ ax_1+5x_2=9. \end{cases}$

7. For system of linear equations

$$\begin{cases} x_1-2x_2+3x_3=b_1, \\ 2x_1-3x_2+2x_3=b_2, \\ -x_1+x_2+5x_3=b_3, \end{cases}$$

determine the necessary and sufficient condition for b_1, b_2, b_3 to make the system consistent.

8. Find three numbers such that their sum is 35, the difference between the first number and the second number is 2 and the difference between the second number and the third number is 7.

9. What value of λ will make system of homogeneous linear equations

$$\begin{cases} \lambda x_1+x_2+x_3=1, \\ x_1+\lambda x_2+x_3=\lambda, \\ x_1+x_2+\lambda x_3=\lambda^2 \end{cases}$$

has a unique solution, infinite solutions and no solution?

10. Suppose a matrix $\boldsymbol{A}=\begin{pmatrix} 1 & d \\ c & b \end{pmatrix}$. Verify: if $b-cd\neq 0$, then $\boldsymbol{A}$ and $\boldsymbol{I}$ are row equivalent.

(4) $\begin{cases} x_1+x_2+2x_3+3x_4=1, \\ x_2+x_3-4x_4=1, \\ x_1+2x_2+3x_3-x_4=4, \\ 2x_1+3x_2-x_3-x_4=-6; \end{cases}$

(5) $\begin{cases} x_1+5x_2-x_3-x_4=-1, \\ x_1-2x_2+x_3+3x_4=3, \\ 3x_1+8x_2-x_3+x_4=1, \\ x_1-9x_2+3x_3+7x_4=7; \end{cases}$

(6) $\begin{cases} x_1+2x_2+2x_3+x_4=0, \\ 2x_1+x_2-2x_3-2x_4=0, \\ x_1-x_2-4x_3-3x_4=0. \end{cases}$

6. 找到所有使下列线性方程组不相容的 a 值：

(1) $\begin{cases} x_1-3x_2=-1, \\ 2x_1+ax_2=5; \end{cases}$

(2) $\begin{cases} -x_1+2x_2=3, \\ ax_1+5x_2=9. \end{cases}$

7. 对于线性方程组

$$\begin{cases} x_1-2x_2+3x_3=b_1, \\ 2x_1-3x_2+2x_3=b_2, \\ -x_1+x_2+5x_3=b_3, \end{cases}$$

确定 b_1, b_2, b_3 的充要条件，使得该方程组是相容的.

8. 找出三个数，使得它们的和为 35，而第一个数与第二个数的差为 2，第二个数与第三个数的差为 7.

9. λ 取何值时，线性方程组

$$\begin{cases} \lambda x_1+x_2+x_3=1, \\ x_1+\lambda x_2+x_3=\lambda, \\ x_1+x_2+\lambda x_3=\lambda^2 \end{cases}$$

有唯一解，有无穷多个解，无解？

10. 设矩阵 $\boldsymbol{A}=\begin{pmatrix} 1 & d \\ c & b \end{pmatrix}$，证明：如果 $b-cd\neq 0$，那么 $\boldsymbol{A}$ 和 $\boldsymbol{I}$ 是行等价的.

11. Suppose matrices

$$A=\begin{pmatrix}3 & -1 & 2\\0 & 4 & 1\end{pmatrix},\quad B=\begin{pmatrix}3 & 0 & 2\\-3 & -4 & 0\end{pmatrix}.$$

Calculate $3A-2B$.

12. Suppose matrices

$$A=\begin{pmatrix}1 & 2 & 2\\2 & 0 & 1\end{pmatrix},\quad B=\begin{pmatrix}-2 & 1\\1 & 0\\0 & 2\end{pmatrix}.$$

Calculate AB.

13. Suppose matrices

$$A=\begin{pmatrix}2 & 0 & -1\\1 & 2 & 3\end{pmatrix},\quad B=\begin{pmatrix}1 & 4 & -1\\0 & 2 & 3\\2 & 0 & 1\end{pmatrix}.$$

Calculate $(AB)^{\mathrm{T}}$.

14. Justify whether the following matrices are invertible or not:

(1) $\begin{pmatrix}1 & 2\\1 & 2\end{pmatrix}$; (2) $\begin{pmatrix}-1 & 3\\3 & -1\end{pmatrix}$;

(3) $\begin{pmatrix}1 & 3 & 4\\2 & 4 & 3\\3 & -1 & 5\end{pmatrix}$; (4) $\begin{pmatrix}1 & 2 & -5\\2 & 4 & 1\\-5 & 1 & 2\end{pmatrix}$.

15. Find two-order matrices A and B such that they are both symmetric matrices, but AB is asymmetric.

16. If A and B are both n-order matrices. Give the necessary and sufficient condition that AB is a symmetric matrix.

17. If

$$AB=BA,\quad AC=CA,$$

verify:

$$A(B+C)=(B+C)A,$$
$$A(BC)=(BC)A.$$

18. Calculate the inverse matrices of the following matrices:

(1) $\begin{pmatrix}1 & 1\\2 & 3\end{pmatrix}$; (2) $\begin{pmatrix}2 & 3\\6 & 7\end{pmatrix}$;

(3) $\begin{pmatrix}1 & 2\\2 & 1\end{pmatrix}$; (4) $\begin{pmatrix}1 & 3 & 5\\0 & 1 & 4\\0 & 2 & 7\end{pmatrix}$;

11. 设矩阵

$$A=\begin{pmatrix}3 & -1 & 2\\0 & 4 & 1\end{pmatrix},\quad B=\begin{pmatrix}3 & 0 & 2\\-3 & -4 & 0\end{pmatrix},$$

求 $3A-2B$.

12. 设矩阵

$$A=\begin{pmatrix}1 & 2 & 2\\2 & 0 & 1\end{pmatrix},\quad B=\begin{pmatrix}-2 & 1\\1 & 0\\0 & 2\end{pmatrix},$$

求 AB.

13. 设矩阵

$$A=\begin{pmatrix}2 & 0 & -1\\1 & 2 & 3\end{pmatrix},\quad B=\begin{pmatrix}1 & 4 & -1\\0 & 2 & 3\\2 & 0 & 1\end{pmatrix},$$

求$(AB)^{\mathrm{T}}$.

14. 判断下列矩阵是否可逆：

(1) $\begin{pmatrix}1 & 2\\1 & 2\end{pmatrix}$; (2) $\begin{pmatrix}-1 & 3\\3 & -1\end{pmatrix}$;

(3) $\begin{pmatrix}1 & 3 & 4\\2 & 4 & 3\\3 & -1 & 5\end{pmatrix}$; (4) $\begin{pmatrix}1 & 2 & -5\\2 & 4 & 1\\-5 & 1 & 2\end{pmatrix}$.

15. 找到二阶矩阵 A 和 B，使得 A 和 B 均是对称矩阵，但是 AB 不是对称矩阵.

16. 设 A 和 B 均为 n 阶对称矩阵，给出为 AB 对称矩阵的充要条件.

17. 如果

$$AB=BA,\quad AC=CA,$$

证明：

$$A(B+C)=(B+C)A,$$
$$A(BC)=(BC)A.$$

18. 求下列矩阵的逆矩阵：

(1) $\begin{pmatrix}1 & 1\\2 & 3\end{pmatrix}$; (2) $\begin{pmatrix}2 & 3\\6 & 7\end{pmatrix}$;

(3) $\begin{pmatrix}1 & 2\\2 & 1\end{pmatrix}$; (4) $\begin{pmatrix}1 & 3 & 5\\0 & 1 & 4\\0 & 2 & 7\end{pmatrix}$;

(5) $\begin{pmatrix}1&4&2\\0&2&1\\3&5&3\end{pmatrix}$; (6) $\begin{pmatrix}1&0&0\\2&1&0\\3&5&3\end{pmatrix}$;

(7) $\begin{pmatrix}1&-2&2&1\\1&-1&5&0\\2&-2&11&2\\0&2&8&1\end{pmatrix}$;

(8) $\begin{pmatrix}1&2&3&1\\-1&0&2&1\\2&1&-3&0\\1&1&2&1\end{pmatrix}$.

19. Given that

$$A^{-1}=\begin{pmatrix}1&2&5\\3&1&6\\2&8&1\end{pmatrix},$$

$$B^{-1}=\begin{pmatrix}3&-3&4\\5&1&3\\7&6&-1\end{pmatrix}.$$

Calculate $(\boldsymbol{AB})^{-1}$, $(3\boldsymbol{A})^{-1}$, $(\boldsymbol{A}^{\mathrm{T}})^{-1}$.

20. Solve system of linear equations $\boldsymbol{Ax}=\boldsymbol{b}$, where

$$\boldsymbol{A}=\begin{pmatrix}1&2\\2&1\end{pmatrix},\quad \boldsymbol{b}=\begin{pmatrix}4\\3\end{pmatrix}.$$

21. Solve the following systems of linear equations:

(1) $\begin{cases}x_1+2x_2-4x_3=-1,\\2x_1+5x_2+x_3=12,\\-x_1-3x_2+2x_3=-4;\end{cases}$

(2) $\begin{cases}-x_1+3x_2+x_3=0,\\2x_1+4x_2-x_3=0,\\x_1+2x_2-4x_3=0;\end{cases}$

(3) $\begin{cases}2x_1-3x_2+3x_3+2x_4=6,\\3x_1-3x_2+3x_3+2x_4=5,\\3x_1-x_2-x_3+2x_4=3,\\3x_1-x_2+3x_3-x_4=4;\end{cases}$

(4) $\begin{cases}2x_1+x_2-x_3+x_4=1,\\3x_1-2x_2+2x_3-3x_4=2,\\5x_1+x_2-x_3+2x_4=-1,\\2x_1-x_2+x_3-3x_4=4.\end{cases}$

(5) $\begin{pmatrix}1&4&2\\0&2&1\\3&5&3\end{pmatrix}$; (6) $\begin{pmatrix}1&0&0\\2&1&0\\3&5&3\end{pmatrix}$;

(7) $\begin{pmatrix}1&-2&2&1\\1&-1&5&0\\2&-2&11&2\\0&2&8&1\end{pmatrix}$;

(8) $\begin{pmatrix}1&2&3&1\\-1&0&2&1\\2&1&-3&0\\1&1&2&1\end{pmatrix}$.

19. 给定矩阵

$$A^{-1}=\begin{pmatrix}1&2&5\\3&1&6\\2&8&1\end{pmatrix},$$

$$B^{-1}=\begin{pmatrix}3&-3&4\\5&1&3\\7&6&-1\end{pmatrix},$$

求$(\boldsymbol{AB})^{-1}$,$(3\boldsymbol{A})^{-1}$,$(\boldsymbol{A}^{\mathrm{T}})^{-1}$.

20. 求解线性方程组 $\boldsymbol{Ax}=\boldsymbol{b}$,其中

$$\boldsymbol{A}=\begin{pmatrix}1&2\\2&1\end{pmatrix},\quad \boldsymbol{b}=\begin{pmatrix}4\\3\end{pmatrix}.$$

21. 求解下列线性方程组:

(1) $\begin{cases}x_1+2x_2-4x_3=-1,\\2x_1+5x_2+x_3=12,\\-x_1-3x_2+2x_3=-4;\end{cases}$

(2) $\begin{cases}-x_1+3x_2+x_3=0,\\2x_1+4x_2-x_3=0,\\x_1+2x_2-4x_3=0;\end{cases}$

(3) $\begin{cases}2x_1-3x_2+3x_3+2x_4=6,\\3x_1-3x_2+3x_3+2x_4=5,\\3x_1-x_2-x_3+2x_4=3,\\3x_1-x_2+3x_3-x_4=4;\end{cases}$

(4) $\begin{cases}2x_1+x_2-x_3+x_4=1,\\3x_1-2x_2+2x_3-3x_4=2,\\5x_1+x_2-x_3+2x_4=-1,\\2x_1-x_2+x_3-3x_4=4.\end{cases}$

Chapter 2 Determinants

第 2 章 行列式

The determinant is an important concept in linear algebra. This chapter starts from the analysis of the composition of two-order determinants and three-order determinants, and generalizes to n-order determinants, then exports some basic properties of determinants. Finally, Cramer rule for solving $n\times n$ systems of linear equations using determinants is introduced.

行列式是线性代数中的一个重要概念.本章从分析二阶行列式和三阶行列式的构成出发,推广到 n 阶行列式,然后导出行列式的一些基本性质,最后介绍用行列式来求解 $n\times n$ 线性方程组的克拉默法则.

2.1 Basic Concepts of Determinants

2.1 行列式的基本概念

1. Two-Order Determinants and Three-Order Determinants

For 2×2 system of linear equations

$$\begin{cases} a_{11}x_1+a_{12}x_2=b_1, \\ a_{21}x_1+a_{22}x_2=b_2, \end{cases} \tag{2.1}$$

when $a_{11}a_{22}-a_{12}a_{21}\neq 0$, we can get the unique solution of the system

$$x_1=\frac{b_1a_{22}-a_{12}b_2}{a_{11}a_{22}-a_{12}a_{21}}, \quad x_2=\frac{a_{11}b_2-b_1a_{21}}{a_{11}a_{22}-a_{12}a_{21}}.$$

For convenience, we introduce the following definition:

Definition 2.1 Using notation $\begin{vmatrix} a_{11} & a_{12} \\ a_{21} & a_{22} \end{vmatrix}$ to represent algebraic expression $a_{11}a_{22}-a_{12}a_{21}$. It is called a **two-order determinant**, that is,

$$\begin{vmatrix} a_{11} & a_{12} \\ a_{21} & a_{22} \end{vmatrix}=a_{11}a_{22}-a_{12}a_{21}, \tag{2.2}$$

where a_{ij} $(i,j=1,2)$ are called the **entries** of the determinant. The first subscript i of entry a_{ij} is a row marker indicating that the entry is in the ith row. The second subscript j is

1. 二阶行列式与三阶行列式

对于 2×2 线性方程组

$$\begin{cases} a_{11}x_1+a_{12}x_2=b_1, \\ a_{21}x_1+a_{22}x_2=b_2, \end{cases} \tag{2.1}$$

当 $a_{11}a_{22}-a_{12}a_{21}\neq 0$ 时,我们可得到此方程组的唯一解

$$x_1=\frac{b_1a_{22}-a_{12}b_2}{a_{11}a_{22}-a_{12}a_{21}}, \quad x_2=\frac{a_{11}b_2-b_1a_{21}}{a_{11}a_{22}-a_{12}a_{21}}.$$

为了方便起见,我们引入下面的定义:

定义 2.1 用记号 $\begin{vmatrix} a_{11} & a_{12} \\ a_{21} & a_{22} \end{vmatrix}$ 表示代数式 $a_{11}a_{22}-a_{12}a_{21}$,称之为**二阶行列式**,即

$$\begin{vmatrix} a_{11} & a_{12} \\ a_{21} & a_{22} \end{vmatrix}=a_{11}a_{22}-a_{12}a_{21}, \tag{2.2}$$

其中数 a_{ij} $(i,j=1,2)$ 称为该行列式的**元素**.元素 a_{ij} 的第一个下标 i 为行标,表明该元素位于第 i 行;第二个下标 j 为列标,表明该元素位于第 j 列.

a column marker indicating that the entry is in the j th column.

The calculation method of the two-order determinant given by (2.2) can be remembered as shown in Figure 2.1 such that the value of the two-order determinant is equal to the algebraic summation of product of connected entries. The entries on the solid line are multiplied to get "+", and the entries on the dashed line are multiplied to get "−". This method of calculating two-order determinants is called the **diagonal method**.

(2.2)式给出的二阶行列式计算方法可借助图 2.1 来记忆,即二阶行列式的值是连线上元素乘积的代数和,其中实线上的元素相乘取"+",虚线上的元素相乘取"−". 这种计算二阶行列式的方法称为**对角线法**.

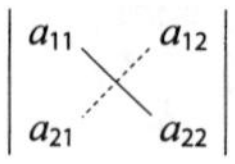

Figure 2.1

图 2.1

The coefficients of system (2.1) can form a two-order determinant

$$D=\begin{vmatrix} a_{11} & a_{12} \\ a_{21} & a_{22} \end{vmatrix}=a_{11}a_{22}-a_{12}a_{21},$$

which is called the **coefficient determinant** of system (2.1). Let

$$D_1=\begin{vmatrix} b_1 & a_{12} \\ b_2 & a_{22} \end{vmatrix}, \quad D_2=\begin{vmatrix} a_{11} & b_1 \\ a_{21} & b_2 \end{vmatrix}.$$

When $D\neq 0$, the unique solution of system (2.1) can be written as

$$x_1=\frac{D_1}{D}, \quad x_2=\frac{D_2}{D}.$$

方程组(2.1)的系数按其所在位置排列可构成二阶行列式

$$D=\begin{vmatrix} a_{11} & a_{12} \\ a_{21} & a_{22} \end{vmatrix}=a_{11}a_{22}-a_{12}a_{21},$$

称之为方程组(2.1)的**系数行列式**. 记

$$D_1=\begin{vmatrix} b_1 & a_{12} \\ b_2 & a_{22} \end{vmatrix}, \quad D_2=\begin{vmatrix} a_{11} & b_1 \\ a_{21} & b_2 \end{vmatrix},$$

则当 $D\neq 0$ 时,方程组(2.1)的唯一解可表示为

$$x_1=\frac{D_1}{D}, \quad x_2=\frac{D_2}{D}.$$

Example 1 Solve 2×2 system of linear equations

$$\begin{cases} 2x_1+3x_2=1, \\ 3x_1-2x_2=2. \end{cases}$$

Solution The coefficient determinant of the system is

$$D=\begin{vmatrix} 2 & 3 \\ 3 & -2 \end{vmatrix}=2\times(-2)-3\times 3 =-13\neq 0,$$

and

$$D_1=\begin{vmatrix} b_1 & a_{12} \\ b_2 & a_{22} \end{vmatrix}=\begin{vmatrix} 1 & 3 \\ 2 & -2 \end{vmatrix} =1\times(-2)-3\times 2=-8,$$

例 1 求解 2×2 线性方程组

$$\begin{cases} 2x_1+3x_2=1, \\ 3x_1-2x_2=2. \end{cases}$$

解 该方程组的系数行列式为

$$D=\begin{vmatrix} 2 & 3 \\ 3 & -2 \end{vmatrix}=2\times(-2)-3\times 3 =-13\neq 0,$$

又

$$D_1=\begin{vmatrix} b_1 & a_{12} \\ b_2 & a_{22} \end{vmatrix}=\begin{vmatrix} 1 & 3 \\ 2 & -2 \end{vmatrix} =1\times(-2)-3\times 2=-8,$$

$$D_2=\begin{vmatrix} a_{11} & b_1 \\ a_{21} & b_2 \end{vmatrix}=\begin{vmatrix} 2 & 1 \\ 3 & 2 \end{vmatrix}$$
$$=2\times 2-1\times 3=1,$$

then the solution of the system is

$$x_1=\frac{D_1}{D}=\frac{8}{13},\quad x_2=\frac{D_2}{D}=-\frac{1}{13}.$$

Definition 2.2 Using notation $\begin{vmatrix} a_{11} & a_{12} & a_{13} \\ a_{21} & a_{22} & a_{23} \\ a_{31} & a_{32} & a_{33} \end{vmatrix}$ to represent algebraic expression

$$a_{11}a_{22}a_{33}+a_{12}a_{23}a_{31}+a_{13}a_{21}a_{32}$$
$$-a_{13}a_{22}a_{31}-a_{12}a_{21}a_{33}-a_{11}a_{23}a_{32}.$$

This is called a **three-order determinant**, that is,

Similar to two-order determinants, the calculation method of the three-order determinant given by (2.3) can be remembered as shown in Figure 2.2. That is to say the value of the three-determinant is equal to the algebraic summation of product of connected entries. The entries on the solid line are multiplied to get "+", and the entries on the dashed line are multiplied to get "−". Similarly, this method of calculating three-order determinants is called the **diagonal method.**

$$D_2=\begin{vmatrix} a_{11} & b_1 \\ a_{21} & b_2 \end{vmatrix}=\begin{vmatrix} 2 & 1 \\ 3 & 2 \end{vmatrix}$$
$$=2\times 2-1\times 3=1,$$

于是该方程组的解为

$$x_1=\frac{D_1}{D}=\frac{8}{13},\quad x_2=\frac{D_2}{D}=-\frac{1}{13}.$$

定义 2.2 用记号$\begin{vmatrix} a_{11} & a_{12} & a_{13} \\ a_{21} & a_{22} & a_{23} \\ a_{31} & a_{32} & a_{33} \end{vmatrix}$表示代数式

$$a_{11}a_{22}a_{33}+a_{12}a_{23}a_{31}+a_{13}a_{21}a_{32}$$
$$-a_{13}a_{22}a_{31}-a_{12}a_{21}a_{33}-a_{11}a_{23}a_{32},$$

称之为**三阶行列式**,即

$$\begin{vmatrix} a_{11} & a_{12} & a_{13} \\ a_{21} & a_{22} & a_{23} \\ a_{31} & a_{32} & a_{33} \end{vmatrix}=a_{11}a_{22}a_{33}+a_{12}a_{23}a_{31}+a_{13}a_{21}a_{32}-a_{13}a_{22}a_{31}-a_{12}a_{21}a_{33}-a_{11}a_{23}a_{32}. \quad (2.3)$$

类似于二阶行列式,由(2.3)式定义的三阶行列式可用图 2.2 来帮助记忆,即三阶行列式的值是连线上元素乘积的代数和,其中实线上的元素相乘取"+",虚线上的元素相乘取"−". 同样,称这种计算三阶行列式的方法为**对角线法**.

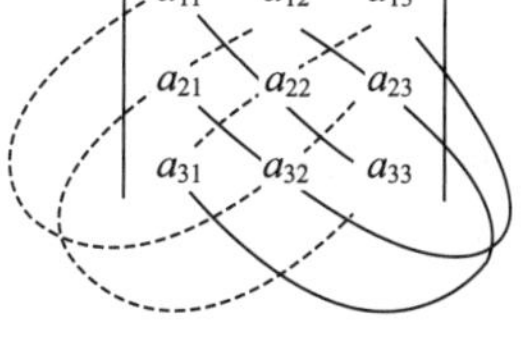

Figure 2.2
图 2.2

Example 2 Calculate three-order determinant

$$D=\begin{vmatrix} 1 & 2 & 3 \\ 3 & 2 & 1 \\ -1 & 2 & 5 \end{vmatrix}.$$

Solution According to (2.3), we have

例 2 计算三阶行列式

$$D=\begin{vmatrix} 1 & 2 & 3 \\ 3 & 2 & 1 \\ -1 & 2 & 5 \end{vmatrix}.$$

解 根据(2.3)式,有

$$D=1\times2\times5+2\times1\times(-1)+3\times3\times2-3\times2\times(-1)-2\times3\times5-1\times1\times2=0.$$

2. *n*-Order Determinants

The n-order determinant is the generalization of the two-order determinant and the three-order determinant. We use notation

$$\begin{vmatrix} a_{11} & a_{12} & \cdots & a_{1n} \\ a_{21} & a_{22} & \cdots & a_{2n} \\ \vdots & \vdots & & \vdots \\ a_{n1} & a_{n2} & \cdots & a_{nn} \end{vmatrix} \tag{2.4}$$

to describe an ***n*-order determinant**. This is a value decided by entries $a_{ij}(i,j=1,2,\cdots,n)$. In short,

$$D=|a_{ij}|_n.$$

Particularly, when $n=1$, a one-order determinant is defined as

$$|a_{11}|=a_{11}.$$

Note, do not confuse the notation of one-order determinants with the absolute value notation.

To give the values of n-order determinants, we first introduce the concepts of cofactors and algebraic cofactors.

Definition 2.3 In n-order determinant (2.4), if we substrate the ith row and the jth column, we get an $(n-1)$-order determinant M_{ij} that is made up of the remaining entries that are sorted according to the original positions. M_{ij} is called the **cofactor** of entry a_{ij}, and $A_{ij}=(-1)^{i+j}M_{ij}$ is called the **algebraic cofactor** of entry a_{ij}.

For example, in three-order determinant

$$D=\begin{vmatrix} 1 & 2 & 3 \\ 4 & 5 & 6 \\ 7 & 8 & 9 \end{vmatrix},$$

the cofactor and the algebraic cofactor of entry $a_{23}=6$ are

$$M_{23}=\begin{vmatrix} 1 & 2 \\ 7 & 8 \end{vmatrix}=8-14=-6,$$

$$A_{23}=(-1)^{2+3}M_{23}=6.$$

With the help of the notation of cofactors and algebraic cofactors, we can rewrite three-order determinant

$$D=1\times2\times5+2\times1\times(-1)+3\times3\times2-3\times2\times(-1)-2\times3\times5-1\times1\times2=0.$$

2. n 阶行列式

n 阶行列式是二阶行列式和三阶行列式的推广. 我们用记号

$$\begin{vmatrix} a_{11} & a_{12} & \cdots & a_{1n} \\ a_{21} & a_{22} & \cdots & a_{2n} \\ \vdots & \vdots & & \vdots \\ a_{n1} & a_{n2} & \cdots & a_{nn} \end{vmatrix} \tag{2.4}$$

来表示一个 n **阶行列式**,它是由元素 $a_{ij}(i,j=1,2,\cdots,n)$确定的一个数值,简记为

$$D=|a_{ij}|_n.$$

特别地,当 $n=1$ 时,一阶行列式定义为

$$|a_{11}|=a_{11}.$$

注意,不要把一阶行列式与绝对值记号相混淆.

为了给出 n 阶行列式的值,我们先引入余子式和代数余子式的概念.

定义 2.3 在 n 阶行列式(2.4)中,用 M_{ij} 表示划去行列式 D 的第 i 行和第 j 列后余下元素按照原来的位置排列构成的 $n-1$ 阶行列式,称之为元素 a_{ij} 的**余子式**,并称 $A_{ij}=(-1)^{i+j}M_{ij}$ 为元素 a_{ij} 的**代数余子式**.

例如,在三阶行列式

$$D=\begin{vmatrix} 1 & 2 & 3 \\ 4 & 5 & 6 \\ 7 & 8 & 9 \end{vmatrix}$$

中,元素 $a_{23}=6$ 的余子式和代数余子式分别是

$$M_{23}=\begin{vmatrix} 1 & 2 \\ 7 & 8 \end{vmatrix}=8-14=-6,$$

$$A_{23}=(-1)^{2+3}M_{23}=6.$$

利用余子式和代数余子式的记号,我们可以把三阶行列式(2.3)写成如下形式:

(2.3) in the following form:

$$\begin{vmatrix} a_{11} & a_{12} & a_{13} \\ a_{21} & a_{22} & a_{23} \\ a_{31} & a_{32} & a_{33} \end{vmatrix} = a_{11}\begin{vmatrix} a_{22} & a_{23} \\ a_{32} & a_{33} \end{vmatrix} - a_{21}\begin{vmatrix} a_{12} & a_{13} \\ a_{32} & a_{33} \end{vmatrix} + a_{31}\begin{vmatrix} a_{12} & a_{13} \\ a_{22} & a_{23} \end{vmatrix}$$

$$= a_{11}M_{11} - a_{21}M_{21} + a_{31}M_{31} = a_{11}A_{11} + a_{21}A_{21} + a_{31}A_{31}.$$

That is to say the value of a three-order determinant is equal to the sum of the products of the entries in the first column and their algebraic cofactors. For a two-order determinant, we have the same result. Thus, we can generalize this concept to the value of an n-order determinant.

也就是说，三阶行列式等于第 1 列各元素与其代数余子式乘积之和. 对于二阶行列式，易知也有同样的结果. 于是，我们可按这样的方式来归纳定义 n 阶行列式的值.

Definition 2.4 The value of n-order determinant $D=|a_{ij}|_n$ is defined as

定义 2.4 n 阶行列式 $D=|a_{ij}|_n$ 的值定义为

$$D=|a_{ij}|_n=\begin{vmatrix} a_{11} & a_{12} & \cdots & a_{1n} \\ a_{21} & a_{22} & \cdots & a_{2n} \\ \vdots & \vdots & & \vdots \\ a_{n1} & a_{n2} & \cdots & a_{nn} \end{vmatrix} = \begin{cases} a_{11}, & n=1, \\ a_{11}A_{11}+a_{21}A_{21}+\cdots+a_{n1}A_{n1}, & n>1. \end{cases} \tag{2.5}$$

Normally, (2.5) is called the expansion of the n-order determinant according to the first column.

通常称(2.5)式为 n 阶行列式按照第 1 列展开的展开式.

Example 3 Calculate three-order determinant

$$D=\begin{vmatrix} 1 & 2 & 3 \\ 4 & 5 & 6 \\ 7 & 8 & 9 \end{vmatrix}.$$

例 3 计算三阶行列式

$$D=\begin{vmatrix} 1 & 2 & 3 \\ 4 & 5 & 6 \\ 7 & 8 & 9 \end{vmatrix}.$$

Solution

$$\begin{aligned} D &= 1\times(-1)^{1+1}\begin{vmatrix} 5 & 6 \\ 8 & 9 \end{vmatrix} \\ &\quad +4\times(-1)^{2+1}\begin{vmatrix} 2 & 3 \\ 8 & 9 \end{vmatrix} \\ &\quad +7\times(-1)^{3+1}\begin{vmatrix} 2 & 3 \\ 5 & 6 \end{vmatrix} \\ &= 0. \end{aligned}$$

解

$$\begin{aligned} D &= 1\times(-1)^{1+1}\begin{vmatrix} 5 & 6 \\ 8 & 9 \end{vmatrix} \\ &\quad +4\times(-1)^{2+1}\begin{vmatrix} 2 & 3 \\ 8 & 9 \end{vmatrix} \\ &\quad +7\times(-1)^{3+1}\begin{vmatrix} 2 & 3 \\ 5 & 6 \end{vmatrix} \\ &= 0. \end{aligned}$$

We can justify the correctness of the result in Example 3 using diagonal method.

对于例 3 中的结果，可以用对角线法验证其正确性.

From (2.5), in which an n-order determinant is calculated through the expansion according to the first column, we will readily come to the question: Can we expand the determinant according to other rows or columns? The answer is yes, that is, the following theorem is valid:

由(2.5)式，即 n 阶行列式可按第 1 列展开来求值，我们不难想到这样的问题：是否可以按其他列或行展开行列式？答案是肯定的，即有下面的定理成立：

Theorem 2.1 The value of an n-order determinant is equal to the sum of the products of the entries in any row (or column) and their algebraic cofactors, that is,

$$D=|a_{ij}|_n=a_{i1}A_{i1}+a_{i2}A_{i2}+\cdots+a_{in}A_{in}$$
$$=a_{1j}A_{1j}+a_{2j}A_{2j}+\cdots+a_{nj}A_{nj}$$
$$(i,j=1,2,\cdots,n).$$

In addition, we can demonstrate the following result:

Theorem 2.2 The sum of products of the entries in any row (or column) and the algebraic cofactors of corresponding entries in another row (or column) is zero, that is,

$$a_{i1}A_{j1}+a_{i2}A_{j2}+\cdots+a_{in}A_{jn}=0 \quad (i\neq j)$$
$$(\text{or } a_{1i}A_{1j}+a_{2i}A_{2j}+\cdots+a_{ni}A_{nj}=0,\ i\neq j).$$

Example 4 Calculate four-order determinant

$$D=\begin{vmatrix}4&7&9&8\\2&0&0&3\\3&1&0&2\\1&1&0&5\end{vmatrix}.$$

Solution According to Theorem 2.1, we expand the determinant according to the third column and get

$$D=9\times(-1)^{1+3}\begin{vmatrix}2&0&3\\3&1&2\\1&1&5\end{vmatrix}+0+0+0$$
$$=9\times12=108.$$

We usually choose the row or column with the most 0's to simplify the calculation.

Example 5 Calculate four-order determinant

$$D=\begin{vmatrix}2&0&0&0\\-5&3&0&0\\2&0&1&0\\1&5&-3&-3\end{vmatrix}.$$

Solution Since there is only one non-zero entry 2 in the first row, we expand the determinant according to the first row and get

$$D=2\times(-1)^{1+1}\begin{vmatrix}3&0&0\\0&1&0\\5&-3&-3\end{vmatrix}$$
$$=2\times3\times(-1)^{1+1}\begin{vmatrix}1&0\\-3&-3\end{vmatrix}$$
$$=2\times3\times1\times(-3)=-18.$$

定理 2.1 n 阶行列式等于任意一行(或列)各元素与其代数余子式的乘积之和,即

$$D=|a_{ij}|_n=a_{i1}A_{i1}+a_{i2}A_{i2}+\cdots+a_{in}A_{in}$$
$$=a_{1j}A_{1j}+a_{2j}A_{2j}+\cdots+a_{nj}A_{nj}$$
$$(i,j=1,2,\cdots,n).$$

另外,我们还可以证明如下结论:

定理 2.2 n 阶行列式任意一行(或列)各元素与另一行(或列)对应元素的代数余子式乘积之和为零,即

$$a_{i1}A_{j1}+a_{i2}A_{j2}+\cdots+a_{in}A_{jn}=0 \quad (i\neq j)$$
$$(\text{或 } a_{1i}A_{1j}+a_{2i}A_{2j}+\cdots+a_{ni}A_{nj}=0,\ i\neq j).$$

例 4 计算四阶行列式

$$D=\begin{vmatrix}4&7&9&8\\2&0&0&3\\3&1&0&2\\1&1&0&5\end{vmatrix}.$$

解 根据定理 2.1,按第 3 列展开该行列式,得

$$D=9\times(-1)^{1+3}\begin{vmatrix}2&0&3\\3&1&2\\1&1&5\end{vmatrix}+0+0+0$$
$$=9\times12=108.$$

我们通常选择 0 最多的行或列进行展开,这样可以简化计算.

例 5 计算四阶行列式

$$D=\begin{vmatrix}2&0&0&0\\-5&3&0&0\\2&0&1&0\\1&5&-3&-3\end{vmatrix}.$$

解 该行列式的第 1 行只有一个非零元素 2,故按第 1 行展开,得

$$D=2\times(-1)^{1+1}\begin{vmatrix}3&0&0\\0&1&0\\5&-3&-3\end{vmatrix}$$
$$=2\times3\times(-1)^{1+1}\begin{vmatrix}1&0\\-3&-3\end{vmatrix}$$
$$=2\times3\times1\times(-3)=-18.$$

3. Triangular Determinants

For n-order determinant $D=|a_{ij}|_n$, entries a_{11}, a_{22}, $\cdots$, a_{nn} are called its **diagonal entries.**

Definition 2.5 If n-order determinant $D=|a_{ij}|_n$ and its all entries above its or below the diagonal entries are 0, that is,

$$D=\begin{vmatrix} a_{11} & a_{12} & \cdots & a_{1n} \\ 0 & a_{22} & \cdots & a_{2n} \\ \vdots & \vdots & & \vdots \\ 0 & 0 & \cdots & a_{nn} \end{vmatrix}$$

or

$$D=\begin{vmatrix} a_{11} & 0 & \cdots & 0 \\ a_{21} & a_{22} & \cdots & 0 \\ \vdots & \vdots & & \vdots \\ a_{n1} & a_{n2} & \cdots & a_{nn} \end{vmatrix},$$

then D is called an **upper triangular determinant** or **lower triangular determinant.** Upper triangular determinants and lower triangular determinants are collectively called **triangular determinants.**

For example, the determinant in Example 5 is a four-order lower triangular determinant. Apparently, the result of Example 5 is that the value of the determinant is equal to the product of its diagonal entries. This result has general meaning. For any triangular determinant $D=|a_{ij}|_n$, we have

$$D=a_{11}a_{22}\cdots a_{nn}.$$

In fact, for an upper triangular determinant, we keep expanding according to the first column. For a lower determinant, we keep expanding according to the first row. Then we can get the result.

3. 三角形行列式

对于 n 阶行列式 $D=|a_{ij}|_n$，称元素 a_{11}，a_{22}，$\cdots$，a_{nn}为它的**对角线元素.**

定义 2.5 如果 n 阶行列式 $D=|a_{ij}|_n$ 的对角线元素下方或上方的元素全为 0，即

$$D=\begin{vmatrix} a_{11} & a_{12} & \cdots & a_{1n} \\ 0 & a_{22} & \cdots & a_{2n} \\ \vdots & \vdots & & \vdots \\ 0 & 0 & \cdots & a_{nn} \end{vmatrix}$$

或

$$D=\begin{vmatrix} a_{11} & 0 & \cdots & 0 \\ a_{21} & a_{22} & \cdots & 0 \\ \vdots & \vdots & & \vdots \\ a_{n1} & a_{n2} & \cdots & a_{nn} \end{vmatrix},$$

则称 D 为**上三角形行列式**或**下三角形行列式.** 上三角形行列式和下三角形行列式统称为**三角形行列式.**

例如，例 5 中的行列式就是四阶下三角形行列式. 易见，例 5 中的结果是：行列式的值等于其对角线元素的乘积. 这一结果具有一般性. 对于任一三角形行列式 $D=|a_{ij}|_n$，有

$$D=a_{11}a_{22}\cdots a_{nn}.$$

事实上，对于上三角形行列式，一直按第 1 列展开，而对于下三角形行列式，一直按第 1 行展开，便可得到结果.

2.2 Properties and Calculation of Determinants
2.2 行列式的性质与计算

In Section 2.1, we know that if n is large, the amount of calculation is usually large when we calculate n-order determinants with the definition. In this section, we will introduce the

从 2.1 节中我们看到，当 n 较大时，利用定义计算 n 阶行列式的运算量一般是很大的. 本节中我们将介绍行列式的性质，并通

properties of determinants and simplify the calculation of determinants by the properties of determinants.

1. Properties of Determinants

The **transposed determinant** is obtained by exchanging the rows and columns of the original determinant D, denoted by D^{T}.

For example, suppose

$$D=\begin{vmatrix} a_{11} & a_{12} & \cdots & a_{1n} \\ a_{21} & a_{22} & \cdots & a_{2n} \\ \vdots & \vdots & & \vdots \\ a_{n1} & a_{n2} & \cdots & a_{nn} \end{vmatrix},$$

then

$$D^{\mathrm{T}}=\begin{vmatrix} a_{11} & a_{21} & \cdots & a_{n1} \\ a_{12} & a_{22} & \cdots & a_{n2} \\ \vdots & \vdots & & \vdots \\ a_{1n} & a_{2n} & \cdots & a_{nn} \end{vmatrix}.$$

Property 1 The determinant is equal to its transposed determinant, that is,

$$D=D^{\mathrm{T}}.$$

Property 2 There will only be a change of signs if two rows (or columns) of a determinant are exchanged.

Corollary 1 If two rows (or columns) entries of determinant D are equal, then

$$D=0.$$

Property 3 The common factor of a row (or column) entries of the determinant can be extracted to the outside of the determinant symbol, that is,

$$\begin{vmatrix} a_{11} & a_{12} & \cdots & a_{1n} \\ \vdots & \vdots & & \vdots \\ ka_{i1} & ka_{i2} & \cdots & ka_{in} \\ \vdots & \vdots & & \vdots \\ a_{n1} & a_{n2} & \cdots & a_{nn} \end{vmatrix}=k\begin{vmatrix} a_{11} & a_{12} & \cdots & a_{1n} \\ \vdots & \vdots & & \vdots \\ a_{i1} & a_{i2} & \cdots & a_{in} \\ \vdots & \vdots & & \vdots \\ a_{n1} & a_{n2} & \cdots & a_{nn} \end{vmatrix},$$

$$\begin{vmatrix} a_{11} & \cdots & ka_{1j} & \cdots & a_{1n} \\ a_{21} & \cdots & ka_{2j} & \cdots & a_{2n} \\ \vdots & & \vdots & & \vdots \\ a_{n1} & \cdots & ka_{nj} & \cdots & a_{nn} \end{vmatrix}=k\begin{vmatrix} a_{11} & \cdots & a_{1j} & \cdots & a_{1n} \\ a_{21} & \cdots & a_{2j} & \cdots & a_{2n} \\ \vdots & & \vdots & & \vdots \\ a_{n1} & \cdots & a_{nj} & \cdots & a_{nn} \end{vmatrix}.$$

Example 1 Suppose a four-order determinant

过行列式的性质来简化行列式的计算.

1. 行列式的性质

把行列式 D 的行与列互换后得到的行列式,称为 D 的**转置行列式**,记为 D^{T},

例如,设

$$D=\begin{vmatrix} a_{11} & a_{12} & \cdots & a_{1n} \\ a_{21} & a_{22} & \cdots & a_{2n} \\ \vdots & \vdots & & \vdots \\ a_{n1} & a_{n2} & \cdots & a_{nn} \end{vmatrix},$$

则

$$D^{\mathrm{T}}=\begin{vmatrix} a_{11} & a_{21} & \cdots & a_{n1} \\ a_{12} & a_{22} & \cdots & a_{n2} \\ \vdots & \vdots & & \vdots \\ a_{1n} & a_{2n} & \cdots & a_{nn} \end{vmatrix}.$$

性质1 行列式与它的转置行列式相等,即

$$D=D^{\mathrm{T}}.$$

性质2 互换行列式的两行(或列),行列式只改变正负号.

推论1 如果行列式 D 中有两行(或列)元素相等,则

$$D=0.$$

性质3 行列式某一行(或列)元素的公因子可以提到行列式符号的外面,即

例1 设四阶行列式

$$D=\begin{vmatrix}1&0&3\\-1&2&5\\1&4&2\end{vmatrix}.$$

By calculating, we get $D=-34$. Please calculate the following determinants under the fact that $D=-34$:

$$D_1=\begin{vmatrix}2&0&3\\-2&2&5\\2&4&2\end{vmatrix},$$

$$D_2=\begin{vmatrix}2&0&3\\-2&-2&5\\2&-4&2\end{vmatrix},$$

$$D_3=\begin{vmatrix}2&0&6\\-2&-2&10\\2&-4&4\end{vmatrix}.$$

Solution From Property 3, we have

$$D_1=\begin{vmatrix}2&0&3\\-2&2&5\\2&4&2\end{vmatrix}=2\begin{vmatrix}1&0&3\\-1&2&5\\1&4&2\end{vmatrix}$$
$$=2D=2\times(-34)=-68,$$

$$D_2=\begin{vmatrix}2&0&3\\-2&-2&5\\2&-4&2\end{vmatrix}=(-1)\begin{vmatrix}2&0&3\\-2&2&5\\2&4&2\end{vmatrix}$$
$$=(-1)D_1=(-1)\times(-68)=68,$$

$$D_3=\begin{vmatrix}2&0&6\\-2&-2&10\\2&-4&4\end{vmatrix}=2\begin{vmatrix}2&0&3\\-2&-2&5\\2&-4&2\end{vmatrix}$$
$$=2D_2=2\times 68=136.$$

The following results are the corollaries of Property 3:

Corollary 2 If all the entries in one row (or column) of determinant D are zeros, then

$$D=0.$$

Corollary 3 If one row (or column) entries of determinant D is proportional to the other row (or column) entries, then

$$D=0.$$

Corollary 4 If all the entries in one row (or column) are the sum of two numbers, the determinant can be written as the sum of two determinants according to this row

$$D=\begin{vmatrix}1&0&3\\-1&2&5\\1&4&2\end{vmatrix}.$$

经计算得 $D=-34$. 请利用 $D=-34$ 这一事实来计算下列行列式:

$$D_1=\begin{vmatrix}2&0&3\\-2&2&5\\2&4&2\end{vmatrix},$$

$$D_2=\begin{vmatrix}2&0&3\\-2&-2&5\\2&-4&2\end{vmatrix},$$

$$D_3=\begin{vmatrix}2&0&6\\-2&-2&10\\2&-4&4\end{vmatrix}.$$

解 由性质 3 有

$$D_1=\begin{vmatrix}2&0&3\\-2&2&5\\2&4&2\end{vmatrix}=2\begin{vmatrix}1&0&3\\-1&2&5\\1&4&2\end{vmatrix}$$
$$=2D=2\times(-34)=-68,$$

$$D_2=\begin{vmatrix}2&0&3\\-2&-2&5\\2&-4&2\end{vmatrix}=(-1)\begin{vmatrix}2&0&3\\-2&2&5\\2&4&2\end{vmatrix}$$
$$=(-1)D_1=(-1)\times(-68)=68,$$

$$D_3=\begin{vmatrix}2&0&6\\-2&-2&10\\2&-4&4\end{vmatrix}=2\begin{vmatrix}2&0&3\\-2&-2&5\\2&-4&2\end{vmatrix}$$
$$=2D_2=2\times 68=136.$$

下面的结果是性质 3 的推论:

推论 2 若行列式 D 的某一行(或列)元素全为零,则

$$D=0.$$

推论 3 若行列式 D 的某一行(或列)元素与另一行(或列)元素成比例,则

$$D=0.$$

推论 4 若行列式的某一行(或列)各元素都是两数之和,则行列式可按该行(或列)拆成两个行列式之和,即

(or column), that is,

$$\begin{vmatrix} a_{11} & a_{12} & \cdots & a_{1n} \\ \vdots & \vdots & & \vdots \\ b_{i1}+c_{i1} & b_{i2}+c_{i2} & \cdots & b_{in}+c_{in} \\ \vdots & \vdots & & \vdots \\ a_{n1} & a_{n2} & \cdots & a_{nn} \end{vmatrix} = \begin{vmatrix} a_{11} & a_{12} & \cdots & a_{1n} \\ \vdots & \vdots & & \vdots \\ b_{i1} & b_{i2} & \cdots & b_{in} \\ \vdots & \vdots & & \vdots \\ a_{n1} & a_{n2} & \cdots & a_{nn} \end{vmatrix} + \begin{vmatrix} a_{11} & a_{12} & \cdots & a_{1n} \\ \vdots & \vdots & & \vdots \\ c_{i1} & c_{i2} & \cdots & c_{in} \\ \vdots & \vdots & & \vdots \\ a_{n1} & a_{n2} & \cdots & a_{nn} \end{vmatrix},$$

$$\begin{vmatrix} a_{11} & \cdots & b_{1j}+c_{1j} & \cdots & a_{1n} \\ a_{21} & \cdots & b_{2j}+c_{2j} & \cdots & a_{2n} \\ \vdots & & \vdots & & \vdots \\ a_{n1} & \cdots & b_{nj}+c_{nj} & \cdots & a_{nn} \end{vmatrix} = \begin{vmatrix} a_{11} & \cdots & b_{1j} & \cdots & a_{1n} \\ a_{21} & \cdots & b_{2j} & \cdots & a_{2n} \\ \vdots & & \vdots & & \vdots \\ a_{n1} & \cdots & b_{nj} & \cdots & a_{nn} \end{vmatrix} + \begin{vmatrix} a_{11} & \cdots & c_{1j} & \cdots & a_{1n} \\ a_{21} & \cdots & c_{2j} & \cdots & a_{2n} \\ \vdots & & \vdots & & \vdots \\ a_{n1} & \cdots & c_{nj} & \cdots & a_{nn} \end{vmatrix}.$$

Example 2 Suppose

$$D_1=69, \quad D_2=-11.$$

Calculate D, where

$$D_1=\begin{vmatrix} 2 & -1 & -1 \\ 1 & 1 & 4 \\ 3 & -7 & 5 \end{vmatrix},$$

$$D_2=\begin{vmatrix} 2 & 1 & -1 \\ 1 & 0 & 4 \\ 3 & 2 & 5 \end{vmatrix},$$

$$D=\begin{vmatrix} 2 & 0 & -1 \\ 1 & 1 & 4 \\ 3 & -5 & 5 \end{vmatrix},$$

Solution From Corollary 4, we know that

$$\begin{aligned} D &= \begin{vmatrix} 2 & 0 & -1 \\ 1 & 1 & 4 \\ 3 & -5 & 5 \end{vmatrix} \\ &= \begin{vmatrix} 2 & -1+1 & -1 \\ 1 & 1+0 & 4 \\ 3 & -7+2 & 5 \end{vmatrix} \\ &= \begin{vmatrix} 2 & -1 & -1 \\ 1 & 1 & 4 \\ 3 & -7 & 5 \end{vmatrix} + \begin{vmatrix} 2 & 1 & -1 \\ 1 & 0 & 4 \\ 3 & 2 & 5 \end{vmatrix} \\ &= D_1+D_2=69+(-11)=58. \end{aligned}$$

Property 4 If we add k times of the entries in one row (or column) to the corresponding entries in another row (or column), the value of the determinant remains unchanged, that is,

例 2 已知

$$D_1=69, \quad D_2=-11,$$

计算 D,其中

$$D_1=\begin{vmatrix} 2 & -1 & -1 \\ 1 & 1 & 4 \\ 3 & -7 & 5 \end{vmatrix},$$

$$D_2=\begin{vmatrix} 2 & 1 & -1 \\ 1 & 0 & 4 \\ 3 & 2 & 5 \end{vmatrix},$$

$$D=\begin{vmatrix} 2 & 0 & -1 \\ 1 & 1 & 4 \\ 3 & -5 & 5 \end{vmatrix},$$

解 利用推论 4,我们可得

$$\begin{aligned} D &= \begin{vmatrix} 2 & 0 & -1 \\ 1 & 1 & 4 \\ 3 & -5 & 5 \end{vmatrix} \\ &= \begin{vmatrix} 2 & -1+1 & -1 \\ 1 & 1+0 & 4 \\ 3 & -7+2 & 5 \end{vmatrix} \\ &= \begin{vmatrix} 2 & -1 & -1 \\ 1 & 1 & 4 \\ 3 & -7 & 5 \end{vmatrix} + \begin{vmatrix} 2 & 1 & -1 \\ 1 & 0 & 4 \\ 3 & 2 & 5 \end{vmatrix} \\ &= D_1+D_2=69+(-11)=58. \end{aligned}$$

性质 4 把行列式的某一行(或列)各元素乘以常数 k 后加到另一行(或列)对应的元素上去,行列式的值不变,即

$$\begin{vmatrix} a_{11} & a_{12} & \cdots & a_{1n} \\ \vdots & \vdots & & \vdots \\ a_{i1} & a_{i2} & \cdots & a_{in} \\ \vdots & \vdots & & \vdots \\ a_{j1} & a_{j2} & \cdots & a_{jn} \\ \vdots & \vdots & & \vdots \\ a_{n1} & a_{n2} & \cdots & a_{nn} \end{vmatrix} = \begin{vmatrix} a_{11} & a_{12} & \cdots & a_{1n} \\ \vdots & \vdots & & \vdots \\ a_{i1} & a_{i2} & \cdots & a_{in} \\ \vdots & \vdots & & \vdots \\ a_{j1}+ka_{i1} & a_{j2}+ka_{i2} & \cdots & a_{jn}+ka_{in} \\ \vdots & \vdots & & \vdots \\ a_{n1} & a_{n2} & \cdots & a_{nn} \end{vmatrix},$$

$$\begin{vmatrix} a_{11} & \cdots & a_{1i} & \cdots & a_{1j} & \cdots & a_{1n} \\ a_{21} & \cdots & a_{2i} & \cdots & a_{2j} & \cdots & a_{2n} \\ \vdots & & \vdots & & \vdots & & \vdots \\ a_{n1} & \cdots & a_{ni} & \cdots & a_{nj} & \cdots & a_{nn} \end{vmatrix} = \begin{vmatrix} a_{11} & \cdots & a_{1i} & \cdots & a_{1j}+ka_{1i} & \cdots & a_{1n} \\ a_{21} & \cdots & a_{2i} & \cdots & a_{2j}+ka_{2i} & \cdots & a_{2n} \\ \vdots & & \vdots & & \vdots & & \vdots \\ a_{n1} & \cdots & a_{ni} & \cdots & a_{nj}+ka_{ni} & \cdots & a_{nn} \end{vmatrix}.$$

According to the properties above, we can simplify the calculation of determinants. For the convenience of using the properties of determinants, similarly to matrices, we introduce the following notations for determinants:

$r_i \leftrightarrow r_j$ (or $c_i \leftrightarrow c_j$): Exchange the position of the ith row (or column) and the jth row (or column).

kr_i (or kc_i): Multiply the ith row (or column) entries by constant k.

$r_i + kr_j$ (or $c_i + kc_j$): Multiply the jth row (or colum) entries by constant k and add to the ith row (or colum) entries.

Example 3 Suppose

$$\begin{vmatrix} a_1 & b_1 & c_1 \\ a_2 & b_2 & c_2 \\ a_3 & b_3 & c_3 \end{vmatrix} = 2.$$

Calculate

$$D = \begin{vmatrix} 2a_1+kb_1 & b_1+3c_1 & 4c_1 \\ 2a_2+kb_2 & b_2+3c_2 & 4c_2 \\ 2a_3+kb_3 & b_3+3c_3 & 4c_3 \end{vmatrix}.$$

Solution According to the properties of determinants, we can get

利用上述行列式的性质,我们可以简化行列式的计算.为了便于运用行列式的性质,类似于矩阵,对行列式引入如下记号:

$r_i \leftrightarrow r_j$(或 $c_i \leftrightarrow c_j$):互换第 i 行(或列)与第 j 行(或列)的位置;

kr_i(或 kc_i):用常数 k 乘以第 i 行(或列)各元素;

$r_i + kr_j$(或 $c_i + kc_j$):把第 j 行(或列)各元素乘以常数 k 后加到第 i 行(或列)对应的元素上.

例 3 设

$$\begin{vmatrix} a_1 & b_1 & c_1 \\ a_2 & b_2 & c_2 \\ a_3 & b_3 & c_3 \end{vmatrix} = 2,$$

计算

$$D = \begin{vmatrix} 2a_1+kb_1 & b_1+3c_1 & 4c_1 \\ 2a_2+kb_2 & b_2+3c_2 & 4c_2 \\ 2a_3+kb_3 & b_3+3c_3 & 4c_3 \end{vmatrix}.$$

解 利用行列式的性质,可得

$$D = \begin{vmatrix} 2a_1+kb_1 & b_1+3c_1 & 4c_1 \\ 2a_2+kb_2 & b_2+3c_2 & 4c_2 \\ 2a_3+kb_3 & b_3+3c_3 & 4c_3 \end{vmatrix} \xlongequal{\frac{1}{4}c_3} 4\begin{vmatrix} 2a_1+kb_1 & b_1+3c_1 & c_1 \\ 2a_2+kb_2 & b_2+3c_2 & c_2 \\ 2a_3+kb_3 & b_3+3c_3 & c_3 \end{vmatrix}$$

$$\xlongequal{c_2-3c_3} 4\begin{vmatrix} 2a_1+kb_1 & b_1 & c_1 \\ 2a_2+kb_2 & b_2 & c_2 \\ 2a_3+kb_3 & b_3 & c_3 \end{vmatrix} \xlongequal{c_1-kc_2} 4\begin{vmatrix} 2a_1 & b_1 & c_1 \\ 2a_2 & b_2 & c_2 \\ 2a_3 & b_3 & c_3 \end{vmatrix}$$

$$\xlongequal{\frac{1}{2}c_1} 4\times 2\begin{vmatrix} a_1 & b_1 & c_1 \\ a_2 & b_2 & c_2 \\ a_3 & b_3 & c_3 \end{vmatrix} = 4\times 2\times 2=16.$$

Example 4 Using the properties of determinants, calculate four-order determinant

$$D=\begin{vmatrix} 1 & 2 & 0 & 2 \\ -1 & 2 & 3 & 1 \\ -3 & 2 & -1 & 0 \\ 2 & -3 & -2 & 1 \end{vmatrix}.$$

Solution According to Property 4, we can get

$$D=\begin{vmatrix} 1 & 2 & 0 & 2 \\ -1 & 2 & 3 & 1 \\ -3 & 2 & -1 & 0 \\ 2 & -3 & -2 & 1 \end{vmatrix} \xlongequal{c_2-2c_1} \begin{vmatrix} 1 & 0 & 0 & 2 \\ -1 & 4 & 3 & 1 \\ -3 & 8 & -1 & 0 \\ 2 & -7 & -2 & 1 \end{vmatrix} \xlongequal{c_4-2c_1} \begin{vmatrix} 1 & 0 & 0 & 0 \\ -1 & 4 & 3 & 3 \\ -3 & 8 & -1 & 6 \\ 2 & -7 & -2 & -3 \end{vmatrix}.$$

Thus,

$$D=\begin{vmatrix} 4 & 3 & 3 \\ 8 & -1 & 6 \\ -7 & -2 & -3 \end{vmatrix}.$$

Now, we want to use the properties of determinants to convert the last two entries in the first row of the three-order determinant to 0. To avoid using fractions, multiply the second and third columns entries by 4 (using Property 3, which is equivalent to extracting the common factor $\frac{1}{4}$ of the second and third columns entries to the outside of the determinant symbol), and then add -3 times of the entries of the first column to the corresponding entries of the second and third columns:

$$D=\begin{vmatrix} 4 & 3 & 3 \\ 8 & -1 & 6 \\ -7 & -2 & -3 \end{vmatrix} \xlongequal[4c_3]{4c_2} \frac{1}{4}\times\frac{1}{4}\begin{vmatrix} 4 & 12 & 12 \\ 8 & -4 & 24 \\ -7 & -8 & -12 \end{vmatrix} \xlongequal[c_3-3c_1]{c_2-3c_1} \frac{1}{16}\begin{vmatrix} 4 & 0 & 0 \\ 8 & -28 & 0 \\ -7 & 13 & 9 \end{vmatrix}.$$

The last determinant is a lower triangular determinant, so we have

$$D=\frac{1}{16}\times 4\times(-28)\times 9=-63.$$

2. Triangulation of Determinants

Here we introduce a common method to calculate a determinant—use the properties to convert the determinant

例 4 利用行列式的性质，计算四阶行列式

$$D=\begin{vmatrix} 1 & 2 & 0 & 2 \\ -1 & 2 & 3 & 1 \\ -3 & 2 & -1 & 0 \\ 2 & -3 & -2 & 1 \end{vmatrix}.$$

解 由性质 4 可得

所以

$$D=\begin{vmatrix} 4 & 3 & 3 \\ 8 & -1 & 6 \\ -7 & -2 & -3 \end{vmatrix}.$$

我们现在想利用行列式的性质，将这个三阶行列式第 1 行的后两个元素化为 0. 为了避免使用分数，用 4 乘以第 2 列和第 3 列各元素$\left(\text{利用性质 3，相当于将第 2 列和第 3 列元素的公因子 } \frac{1}{4} \text{ 提到行列式符号的外面}\right)$，然后把第 1 列各元素的 -3 倍加到第 2 列和第 3 列对应的元素上：

上式最后一个行列式是下三角形行列式，从而我们有

$$D=\frac{1}{16}\times 4\times(-28)\times 9=-63.$$

2. 行列式三角化

这里我们介绍计算行列式的常用方法——先利用性质把行列式化为三角形行列

into a triangular determinant and then calculate.

Example 5　Calculate determinant

$$D=\begin{vmatrix} 0 & 1 & 3 & 1 \\ 1 & -2 & -2 & 2 \\ 3 & 4 & 2 & -2 \\ 4 & 3 & -1 & 1 \end{vmatrix}.$$

Solution　From the properties of determinants，we have

式,然后进行计算.

例 5　计算行列式

$$D=\begin{vmatrix} 0 & 1 & 3 & 1 \\ 1 & -2 & -2 & 2 \\ 3 & 4 & 2 & -2 \\ 4 & 3 & -1 & 1 \end{vmatrix}.$$

解　由行列式的性质有

$$D=\begin{vmatrix} 0 & 1 & 3 & 1 \\ 1 & -2 & -2 & 2 \\ 3 & 4 & 2 & -2 \\ 4 & 3 & -1 & 1 \end{vmatrix}\xlongequal[\quad]{c_1\leftrightarrow c_2}-\begin{vmatrix} 1 & 0 & 3 & 1 \\ -2 & 1 & -2 & 2 \\ 4 & 3 & 2 & -2 \\ 3 & 4 & -1 & 1 \end{vmatrix}\xlongequal[c_4-c_1]{c_3-3c_1}-\begin{vmatrix} 1 & 0 & 0 & 0 \\ -2 & 1 & 4 & 4 \\ 4 & 3 & -10 & -6 \\ 3 & 4 & -10 & -2 \end{vmatrix}$$

$$\xlongequal[c_4-4c_2]{c_3-4c_2}-\begin{vmatrix} 1 & 0 & 0 & 0 \\ -2 & 1 & 0 & 0 \\ 4 & 3 & -22 & -18 \\ 3 & 4 & -26 & -18 \end{vmatrix}\xlongequal[\quad]{r_3-r_4}-\begin{vmatrix} 1 & 0 & 0 & 0 \\ -2 & 1 & 0 & 0 \\ 1 & -1 & 4 & 0 \\ 3 & 4 & -26 & -18 \end{vmatrix}$$

$$=(-1)\times 1\times 1\times 4\times(-18)=72.$$

Example 6　Calculate determinant

$$D=\begin{vmatrix} -2 & 3 & 2 & 4 \\ 1 & -2 & 3 & 2 \\ 3 & 2 & 3 & 4 \\ 0 & 4 & -2 & 5 \end{vmatrix}.$$

Solution　From the properties of determinants，we have

例 6　计算行列式

$$D=\begin{vmatrix} -2 & 3 & 2 & 4 \\ 1 & -2 & 3 & 2 \\ 3 & 2 & 3 & 4 \\ 0 & 4 & -2 & 5 \end{vmatrix}.$$

解　由行列式的性质有

$$D=\begin{vmatrix} -2 & 3 & 2 & 4 \\ 1 & -2 & 3 & 2 \\ 3 & 2 & 3 & 4 \\ 0 & 4 & -2 & 5 \end{vmatrix}\xlongequal[\quad]{r_1\leftrightarrow r_2}-\begin{vmatrix} 1 & -2 & 3 & 2 \\ -2 & 3 & 2 & 4 \\ 3 & 2 & 3 & 4 \\ 0 & 4 & -2 & 5 \end{vmatrix}\xlongequal[r_3-3r_1]{r_2+2r_1}-\begin{vmatrix} 1 & -2 & 3 & 2 \\ 0 & -1 & 8 & 8 \\ 0 & 8 & -6 & -2 \\ 0 & 4 & -2 & 5 \end{vmatrix}$$

$$\xlongequal[r_4+4r_2]{r_3+8r_2}-\begin{vmatrix} 1 & -2 & 3 & 2 \\ 0 & -1 & 8 & 8 \\ 0 & 0 & 58 & 62 \\ 0 & 0 & 30 & 37 \end{vmatrix}\xlongequal[\quad]{r_4-\frac{15}{29}r_3}-\begin{vmatrix} 1 & -2 & 3 & 2 \\ 0 & -1 & 8 & 8 \\ 0 & 0 & 58 & 62 \\ 0 & 0 & 0 & \frac{143}{29} \end{vmatrix}$$

$$=(-1)\times 1\times(-1)\times 58\times\frac{143}{29}=286.$$

Example 7 Calculate n-order determinant

$$D=\begin{vmatrix} a & b & b & \cdots & b \\ b & a & b & \cdots & b \\ b & b & a & \cdots & b \\ \vdots & \vdots & \vdots & & \vdots \\ b & b & b & \cdots & a \end{vmatrix}.$$

例 7 计算 n 阶行列式

$$D=\begin{vmatrix} a & b & b & \cdots & b \\ b & a & b & \cdots & b \\ b & b & a & \cdots & b \\ & \vdots & \vdots & & \vdots \\ b & b & b & \cdots & a \end{vmatrix}.$$

Solution Note that the sum of entries in each row is equal, we may consider to add the entries from the second row to the nth row to the first row and extract the common factor. Then convert the entries in the first row to 1, such that

解 注意到该行列式中各行元素相加的和相等,可以考虑把第 $2\sim n$ 列元素均加到第 1 列元素上,再抽取公因子,把第 1 列元素都化为 1,即

$$D=\begin{vmatrix} a+(n-1)b & b & b & \cdots & b \\ a+(n-1)b & a & b & \cdots & b \\ a+(n-1)b & b & a & \cdots & b \\ \vdots & \vdots & \vdots & & \vdots \\ a+(n-1)b & b & b & \cdots & a \end{vmatrix}=[a+(n-1)b]\begin{vmatrix} 1 & b & b & \cdots & b \\ 1 & a & b & \cdots & b \\ 1 & b & a & \cdots & b \\ \vdots & \vdots & \vdots & & \vdots \\ 1 & b & b & \cdots & a \end{vmatrix}.$$

Then we can calculate the determinant using the properties of determinants:

进一步,利用行列式的性质可计算出结果:

$$D\xlongequal[r_n-r_1]{r_2-r_1 \\ \cdots\cdots}[a+(n-1)b]\begin{vmatrix} 1 & b & b & \cdots & b \\ 0 & a-b & 0 & \cdots & 0 \\ 0 & 0 & a-b & \cdots & 0 \\ \vdots & \vdots & \vdots & & \vdots \\ 0 & 0 & 0 & \cdots & a-b \end{vmatrix}=[a+(n-1)b](a-b)^{n-1}.$$

2.3 Cramer Rule
2.3 克拉默法则

Suppose an $n\times n$ system linear equations

$$\begin{cases} a_{11}x_1+a_{12}x_2+\cdots+a_{1n}x_n=b_1, \\ a_{21}x_1+a_{22}x_2+\cdots+a_{2n}x_n=b_2, \\ \cdots\cdots \\ a_{n1}x_1+a_{n2}x_2+\cdots+a_{nn}x_n=b_n. \end{cases} \tag{2.6}$$

Its coefficients $a_{ij}\,(i,j=1,2,\cdots,n)$ form a determinant

设 $n\times n$ 线性方程组

$$\begin{cases} a_{11}x_1+a_{12}x_2+\cdots+a_{1n}x_n=b_1, \\ a_{21}x_1+a_{22}x_2+\cdots+a_{2n}x_n=b_2, \\ \cdots\cdots \\ a_{n1}x_1+a_{n2}x_2+\cdots+a_{nn}x_n=b_n, \end{cases} \tag{2.6}$$

其系数 $a_{ij}\,(i,j=1,2,\cdots,n)$ 构成的行列式

$$D=\begin{vmatrix} a_{11} & a_{12} & \cdots & a_{1n} \\ a_{21} & a_{22} & \cdots & a_{2n} \\ \vdots & \vdots & & \vdots \\ a_{n1} & a_{n2} & \cdots & a_{nn} \end{vmatrix}$$

called the **coefficient determinant** of the system.

Theorem 2.3 (Cramer rule) If the coefficient determinant of system of linear equations (2.6) is not equal to zero, that is, $D\neq 0$, then system (2.6) has a unique solution

$$x_1=\frac{D_1}{D},\quad x_2=\frac{D_2}{D},\quad \cdots,\quad x_n=\frac{D_n}{D}, \tag{2.7}$$

where $D_j(j=1,2,\cdots,n)$ is the n-order determinant that is obtained by substituting the jth column entries a_{1j}, a_{2j}, $\cdots$, a_{nj} with constant terms $b_1,b_2,\cdots,b_n$, that is,

$$D=\begin{vmatrix} a_{11} & a_{12} & \cdots & a_{1n} \\ a_{21} & a_{22} & \cdots & a_{2n} \\ \vdots & \vdots & & \vdots \\ a_{n1} & a_{n2} & \cdots & a_{nn} \end{vmatrix}$$

称为该方程组的**系数行列式**.

定理 2.3 (克拉默法则) 如果线性方程组(2.6)的系数行列式不等于零,即 $D\neq 0$,那么方程组(2.6)有唯一解

$$x_1=\frac{D_1}{D},\quad x_2=\frac{D_2}{D},\quad \cdots,\quad x_n=\frac{D_n}{D}, \tag{2.7}$$

其中 $D_j(j=1,2,\cdots,n)$是把 D 的第 j 列元素 $a_{1j},a_{2j},\cdots,a_{nj}$ 用常数项 $b_1,b_2,\cdots,b_n$ 代替后所得到的 n 阶行列式,即

$$D_j=\begin{vmatrix} a_{11} & \cdots & a_{1,j-1} & b_1 & a_{1,j+1} & \cdots & a_{1n} \\ a_{21} & \cdots & a_{2,j-1} & b_2 & a_{2,j+1} & \cdots & a_{2n} \\ \vdots & & \vdots & \vdots & \vdots & & \vdots \\ a_{n1} & \cdots & a_{n,j-1} & b_n & a_{n,j+1} & \cdots & a_{nn} \end{vmatrix} \quad (j=1,2,\cdots,n).$$

Proof Let

$$\widetilde{D}_i=\begin{vmatrix} b_i & a_{i1} & a_{i2} & \cdots & a_{in} \\ b_1 & a_{11} & a_{12} & \cdots & a_{1n} \\ b_2 & a_{21} & a_{22} & \cdots & a_{2n} \\ \vdots & \vdots & \vdots & & \vdots \\ b_n & a_{n1} & a_{n2} & \cdots & a_{nn} \end{vmatrix}.$$

From the properties of `determinants, we have

$$\widetilde{D}_i=0\quad (i=1,2,\cdots,n).$$

Expand $\widetilde{D}_i$ according to the first row, we get

$$\widetilde{D}_i=b_iA_{11}+a_{i1}A_{12}+a_{i2}A_{13}+\cdots+a_{in}A_{1,n+1}=0. \tag{2.8}$$

According to the configuration of D_j $(j=1,2,\cdots,n)$, (2.8) is converted to

$$b_iD-a_{i1}D_1-a_{i2}D_2-\cdots-a_{in}D_n=0.$$

And because $D\neq 0$, we have

$$a_{i1}\frac{D_1}{D}+a_{i2}\frac{D_2}{D}+\cdots+a_{in}\frac{D_n}{D}=b_i$$
$$(i=1,2,\cdots,n).$$

Thus, the solutions of equations in system (2.6) are

证明 令

$$\widetilde{D}_i=\begin{vmatrix} b_i & a_{i1} & a_{i2} & \cdots & a_{in} \\ b_1 & a_{11} & a_{12} & \cdots & a_{1n} \\ b_2 & a_{21} & a_{22} & \cdots & a_{2n} \\ \vdots & \vdots & \vdots & & \vdots \\ b_n & a_{n1} & a_{n2} & \cdots & a_{nn} \end{vmatrix}.$$

根据行列式的性质,有

$$\widetilde{D}_i=0\quad (i=1,2,\cdots,n).$$

对 $\widetilde{D}_i$ 按第 1 行展开,得

$$\widetilde{D}_i=b_iA_{11}+a_{i1}A_{12}+a_{i2}A_{13}+\cdots+a_{in}A_{1,n+1}=0. \tag{2.8}$$

根据 $D_j(j=1,2,\cdots,n)$的构造,(2.8)式可变为

$$b_iD-a_{i1}D_1-a_{i2}D_2-\cdots-a_{in}D_n=0.$$

又由于 $D\neq 0$,因此

$$a_{i1}\frac{D_1}{D}+a_{i2}\frac{D_2}{D}+\cdots+a_{in}\frac{D_n}{D}=b_i$$
$$(i=1,2,\cdots,n).$$

所以

$$x_1=\frac{D_1}{D},\quad x_2=\frac{D_2}{D},\quad \cdots,\quad x_n=\frac{D_n}{D}.$$

So, it is also a solution of system (2.6).

Now let us prove that the solution is unique.

Suppose system of (2.6) has a solution

$$x_1=c_1,\quad x_2=c_2,\quad \cdots,\quad x_n=c_n,$$

then

$$a_{i1}c_1+a_{i2}c_2+\cdots+a_{in}c_n=b_i \quad (i=1,2,\cdots,n).$$

And we have

$$D_1=\begin{vmatrix} b_1 & a_{12} & \cdots & a_{1n} \\ b_2 & a_{22} & \cdots & a_{2n} \\ \vdots & \vdots & & \vdots \\ b_n & a_{n2} & \cdots & a_{nn} \end{vmatrix}=\begin{vmatrix} a_{11}c_1+a_{12}c_2+\cdots+a_{1n}c_n & a_{12} & \cdots & a_{1n} \\ a_{21}c_1+a_{22}c_2+\cdots+a_{2n}c_n & a_{22} & \cdots & a_{2n} \\ \vdots & \vdots & & \vdots \\ a_{n1}c_1+a_{n2}c_2+\cdots+a_{nn}c_n & a_{n2} & \cdots & a_{nn} \end{vmatrix}$$

$$=\begin{vmatrix} a_{11}c_1 & a_{12} & \cdots & a_{1n} \\ a_{21}c_1 & a_{22} & \cdots & a_{2n} \\ \vdots & \vdots & & \vdots \\ a_{n1}c_1 & a_{n2} & \cdots & a_{nn} \end{vmatrix}=c_1\begin{vmatrix} a_{11} & a_{12} & \cdots & a_{1n} \\ a_{21} & a_{22} & \cdots & a_{2n} \\ \vdots & \vdots & & \vdots \\ a_{n1} & a_{n2} & \cdots & a_{nn} \end{vmatrix}=c_1D.$$

Thus $c_1=\frac{D_1}{D}$. Similarly, we can prove

$$c_2=\frac{D_2}{D},\quad \cdots,\quad c_n=\frac{D_n}{D}.$$

In a word, system (2.6) has a unique solution

$$x_1=\frac{D_1}{D},\quad x_2=\frac{D_2}{D},\quad \cdots,\quad x_n=\frac{D_n}{D}.$$

Example 1 Solve system of linear equations

$$\begin{cases} x_1-x_2+x_3+2x_4=1, \\ x_1+x_2-2x_3+x_4=1, \\ x_1+x_2+x_4=2, \\ x_1+x_3-x_4=1. \end{cases}$$

Solution The coefficient determinant of the system is

$$D=\begin{vmatrix} 1 & -1 & 1 & 2 \\ 1 & 1 & -2 & 1 \\ 1 & 1 & 0 & 1 \\ 1 & 0 & 1 & -1 \end{vmatrix}=-10\neq 0.$$

So, the system has a unique solution. And

$$x_1=\frac{D_1}{D},\quad x_2=\frac{D_2}{D},\quad \cdots,\quad x_n=\frac{D_n}{D}$$

是方程组(2.6)中每个方程的解,从而是方程组(2.6)的一个解.

下面证明解是唯一的.

假设方程组(2.6)有解

$$x_1=c_1,\quad x_2=c_2,\quad \cdots,\quad x_n=c_n,$$

则

$$a_{i1}c_1+a_{i2}c_2+\cdots+a_{in}c_n=b_i \quad (i=1,2,\cdots,n).$$

于是有

所以 $c_1=\frac{D_1}{D}$. 同理,可以证明

$$c_2=\frac{D_2}{D},\quad \cdots,\quad c_n=\frac{D_n}{D}.$$

综上,方程组(2.6)仅有唯一解

$$x_1=\frac{D_1}{D},\quad x_2=\frac{D_2}{D},\quad \cdots,\quad x_n=\frac{D_n}{D}.$$

例1 求解线性方程组

$$\begin{cases} x_1-x_2+x_3+2x_4=1, \\ x_1+x_2-2x_3+x_4=1, \\ x_1+x_2+x_4=2, \\ x_1+x_3-x_4=1. \end{cases}$$

解 因为该方程组的系数行列式为

$$D=\begin{vmatrix} 1 & -1 & 1 & 2 \\ 1 & 1 & -2 & 1 \\ 1 & 1 & 0 & 1 \\ 1 & 0 & 1 & -1 \end{vmatrix}=-10\neq 0,$$

所以该方程组有唯一解. 又有

$$D_1=\begin{vmatrix}1&-1&1&2\\1&1&-2&1\\2&1&0&1\\1&0&1&-1\end{vmatrix}=-8,$$

$$D_2=\begin{vmatrix}1&1&1&2\\1&1&-2&1\\1&2&0&1\\1&1&1&-1\end{vmatrix}=-9,$$

$$D_3=\begin{vmatrix}1&-1&1&2\\1&1&1&1\\1&1&2&1\\1&0&1&-1\end{vmatrix}=-5,$$

$$D_4=\begin{vmatrix}1&-1&1&1\\1&1&-2&1\\1&1&0&2\\1&0&1&1\end{vmatrix}=-3.$$

Thus, the unique solution of the system is

$$x_1=\frac{4}{5},\quad x_2=\frac{9}{10},\quad x_3=\frac{1}{2},\quad x_4=\frac{3}{10}.$$

If the constant terms $b_i\ (i=1,2,\cdots,n)$ in system (2.6) are not all zeros, then system (2.6) is a system of non-homogeneous linear equations. If all the constant terms $b_i\ (i=1,2,\cdots,n)$ are zeros, system (2.6) is a system of homogeneous linear equations, that is,

$$\begin{cases}a_{11}x_1+a_{12}x_2+\cdots+a_{1n}x_n=0,\\a_{21}x_1+a_{22}x_2+\cdots+a_{2n}x_n=0,\\\cdots\cdots\\a_{n1}x_1+a_{n2}x_2+\cdots+a_{nn}x_n=0.\end{cases}\tag{2.9}$$

We know that system (2.9) must has zero solution

$$x_1=x_2=\cdots=x_n=0.$$

Furthermore, we get the following results from Cramer rule:

Theorem 2.4 If the coefficient determinant D of system of homogeneous linear equations (2.9) is not zero, that is, $D\neq 0$, then system (2.9) only has a zero solution.

Corollary 1 If system of homogeneous linear equations (2.9) has non-zero solutions, then its coefficient determinant D is zero, that is, $D=0$.

$$D_1=\begin{vmatrix}1&-1&1&2\\1&1&-2&1\\2&1&0&1\\1&0&1&-1\end{vmatrix}=-8,$$

$$D_2=\begin{vmatrix}1&1&1&2\\1&1&-2&1\\1&2&0&1\\1&1&1&-1\end{vmatrix}=-9,$$

$$D_3=\begin{vmatrix}1&-1&1&2\\1&1&1&1\\1&1&2&1\\1&0&1&-1\end{vmatrix}=-5,$$

$$D_4=\begin{vmatrix}1&-1&1&1\\1&1&-2&1\\1&1&0&2\\1&0&1&1\end{vmatrix}=-3,$$

故该方程组的唯一解为

$$x_1=\frac{4}{5},\quad x_2=\frac{9}{10},\quad x_3=\frac{1}{2},\quad x_4=\frac{3}{10}.$$

如果方程组(2.6)中的常数项 $b_i\ (i=1,2,\cdots,n)$ 不全为零,则方程组(2.6)为非齐次线性方程组;如果方程组(2.6)中的常数项 $b_i\ (i=1,2,\cdots,n)$ 全都为零,则方程组(2.6)为齐次线性方程组,即

$$\begin{cases}a_{11}x_1+a_{12}x_2+\cdots+a_{1n}x_n=0,\\a_{21}x_1+a_{22}x_2+\cdots+a_{2n}x_n=0,\\\cdots\cdots\\a_{n1}x_1+a_{n2}x_2+\cdots+a_{nn}x_n=0.\end{cases}\tag{2.9}$$

我们知道方程组(2.9)必有零解

$$x_1=x_2=\cdots=x_n=0.$$

进一步,由克拉默则可得如下结论:

定理 2.4 如果齐次线性方程组(2.9)的系数行列式 D 不等于零,即 $D\neq 0$,则方程组(2.9)只有零解.

推论 1 如果齐次线性方程组(2.9)有非零解,则它的系数行列式 D 等于零,即 $D=0$.

Remark From Corollary 1, we know that $D=0$ is the necessary condition for system (2.9) to have non-zero solutions. We will prove it is also a sufficient condition later. That is to say, if $D=0$, system (2.9) has non-zero solutions. Therefore, the necessary and sufficient condition for system (2.9) to have non-zero solutions is $D=0$.

注 由推论 1 可知,$D=0$ 是齐次线性方程组(2.9)有非零解的必要条件. 在后面我们将证明这个条件也是充分的,即若 $D=0$,则方程组(2.9)必有非零解. 所以,方程组(2.9)有非零解的充要条件是 $D=0$.

Example 2 What value of λ will make system of linear equations

$$\begin{cases}\lambda x_1+x_2+x_3=0,\\ x_1+\lambda x_2+x_3=0,\\ x_1+x_2+\lambda x_3=0\end{cases}$$

has non-zero solutions?

例 2 当 λ 取何值时,线性方程组

$$\begin{cases}\lambda x_1+x_2+x_3=0,\\ x_1+\lambda x_2+x_3=0,\\ x_1+x_2+\lambda x_3=0\end{cases}$$

有非零解?

Solution This is a 3×3 system of homogeneous linear equations. The system has non-zero solutions if and only if its coefficient determinant D is zero, that is,

$$D=\begin{vmatrix}\lambda&1&1\\1&\lambda&1\\1&1&\lambda\end{vmatrix}=(\lambda+2)(\lambda-1)^2=0.$$

We get $\lambda=-2$ or $\lambda=1$. Thus, when $\lambda=-2$ or $\lambda=1$, the system has non-zero solutions.

解 这是 3×3 齐次线性方程组. 该方程组有非零解,当且仅当它的系数行列式 D 为零,即

$$D=\begin{vmatrix}\lambda&1&1\\1&\lambda&1\\1&1&\lambda\end{vmatrix}=(\lambda+2)(\lambda-1)^2=0.$$

由上式解得 $\lambda=-2$ 或 $\lambda=1$. 所以,当 $\lambda=-2$ 或 $\lambda=1$ 时,该方程组有非零解.

2.4 Calculate Inverse Matrices with Determinants

2.4 利用行列式求逆矩阵

In Chapter 1, we have known that an invertible matrix has an inverse matrix. We have introduced how to use elementary transformations to calculate the inverse matrix. In this section, we will illustrate how to calculate the inverse matrix with determinants.

在第 1 章中,我们知道可逆矩阵存在逆矩阵,并且介绍了如何用初等变换来求逆矩阵. 这一节中我们说明如何由行列式来求逆矩阵.

We first introduce concepts of matrix determinants and adjoint matrices.

先引入矩阵行列式和伴随矩阵的概念.

Definition 2.6 Suppose $\boldsymbol{A}=(a_{ij})$ is an n-order matrix, the determinant that is composed of entries at their original place from matrix $\boldsymbol{A}$ is called the **determinant of matrix $\boldsymbol{A}$**, denoted by $\det(\boldsymbol{A})$ or $|\boldsymbol{A}|$, that is,

定义 2.6 设 $\boldsymbol{A}=(a_{ij})$ 为 n 阶矩阵,则称 $\boldsymbol{A}$ 的元素按原先位置排列所构成的 n 阶行列式为**矩阵 $\boldsymbol{A}$ 的行列式**,记为 $\det(\boldsymbol{A})$ 或 $|\boldsymbol{A}|$,即

$$\det(\boldsymbol{A})=\begin{vmatrix} a_{11} & a_{12} & \cdots & a_{1n} \\ a_{21} & a_{22} & \cdots & a_{2n} \\ \vdots & \vdots & & \vdots \\ a_{n1} & a_{n2} & \cdots & a_{nn} \end{vmatrix}.$$

From Definition 2.6, we can regard a determinant as an associate value with a square matrix.

Apparently, if $\boldsymbol{A}=(a_{ij})$ is an upper triangular matrix or lower triangular matrix, $\det(\boldsymbol{A})$ would be an upper triangular determinant or lower triangular determinant, then

$$\det(\boldsymbol{A})=a_{11}a_{22}\cdots a_{nn}.$$

For n-order matrices $\boldsymbol{A},\boldsymbol{B},\boldsymbol{A}_i(i=1,2,\cdots,m)$, based on the properties of determinants and matrices, the following results can be easily proved:

(1) $\det(\boldsymbol{A})=\det(\boldsymbol{A}^{\mathrm{T}})$;

(2) $\det(k\boldsymbol{A})=k^n\det(\boldsymbol{A})$($k$ is a constant);

(3) $\det(\boldsymbol{AB})=\det(\boldsymbol{A})\det(\boldsymbol{B})$;

(4) $\det(\boldsymbol{A}_1\boldsymbol{A}_2\cdots\boldsymbol{A}_m)=\det(\boldsymbol{A}_1)\det(\boldsymbol{A}_2)\cdots\det(\boldsymbol{A}_m)$.

If n-order matrix $\boldsymbol{A}$ is invertible, there exists an n-order matrix $\boldsymbol{B}$ such that $\boldsymbol{AB}=\boldsymbol{I}$. Thus, according to the above conclusions about the determinant of matrix, we have

$$\det(\boldsymbol{AB})=\det(\boldsymbol{A})\det(\boldsymbol{B})=\det(\boldsymbol{I})=1,$$

Therefore, $\det(\boldsymbol{A})\neq 0$. On the other hand, if $\det(\boldsymbol{A})\neq 0$, that means matrix $\boldsymbol{A}$ is invertible. So, we have the following theorem:

Theorem 2.5 For n-order matrix $\boldsymbol{A}$, $\det(\boldsymbol{A})\neq 0$ is the necessary and sufficient condition for $\boldsymbol{A}$ being invertible.

Definition 2.7 Suppose $\boldsymbol{A}=(a_{ij})$ is an n-order matrix, $A_{ij}(i,j=1,2,\cdots,n)$ is the algebraic cofactor of entry a_{ij} of determinant $\det(\boldsymbol{A})$, then we call

$$\boldsymbol{A}^*=\begin{pmatrix} A_{11} & A_{21} & \cdots & A_{n1} \\ A_{12} & A_{22} & \cdots & A_{n2} \\ \vdots & \vdots & & \vdots \\ A_{1n} & A_{2n} & \cdots & A_{nn} \end{pmatrix}$$

the **adjoint matrix** of matrix $\boldsymbol{A}$.

Now we are well prepared for calculating the inverse matrix with the determinant.

Theorem 2.6 If $\boldsymbol{A}$ is an n-order invertible matrix, then

$$\det(\boldsymbol{A})=\begin{vmatrix} a_{11} & a_{12} & \cdots & a_{1n} \\ a_{21} & a_{22} & \cdots & a_{2n} \\ \vdots & \vdots & & \vdots \\ a_{n1} & a_{n2} & \cdots & a_{nn} \end{vmatrix}.$$

由定义 2.6,行列式也可看作与方阵相关联的一个数值.

显然,若 $\boldsymbol{A}=(a_{ij})$为 n 阶上(或下)三角形矩阵,则 $\det(\boldsymbol{A})$为上(或下)三角形行列式,从而有

$$\det(\boldsymbol{A})=a_{11}a_{22}\cdots a_{nn}.$$

对于 n 阶矩阵 $\boldsymbol{A},\boldsymbol{B},\boldsymbol{A}_i(i=1,2,\cdots,m)$,根据行列式和矩阵的性质,容易证明以下结论成立:

(1) $\det(\boldsymbol{A})=\det(\boldsymbol{A}^{\mathrm{T}})$;

(2) $\det(k\boldsymbol{A})=k^n\det(\boldsymbol{A})$($k$ 为常数);

(3) $\det(\boldsymbol{AB})=\det(\boldsymbol{A})\det(\boldsymbol{B})$;

(4) $\det(\boldsymbol{A}_1\boldsymbol{A}_2\cdots\boldsymbol{A}_m)$
$=\det(\boldsymbol{A}_1)\det(\boldsymbol{A}_2)\cdots\det(\boldsymbol{A}_m)$.

若 n 阶矩阵 $\boldsymbol{A}$ 可逆,则存在 n 阶矩阵 $\boldsymbol{B}$,使得 $\boldsymbol{AB}=\boldsymbol{I}$. 于是,由上述关于矩阵行列式的结论有

$$\det(\boldsymbol{AB})=\det(\boldsymbol{A})\det(\boldsymbol{B})=\det(\boldsymbol{I})=1,$$

从而 $\det(\boldsymbol{A})\neq 0$. 反之,若 $\det(\boldsymbol{A})\neq 0$,也可证明矩阵 $\boldsymbol{A}$ 是可逆的. 因此,有下面的定理成立:

定理 2.5 n 阶矩阵 $\boldsymbol{A}$ 可逆的充要条件是 $\det(\boldsymbol{A})\neq 0$.

定义 2.7 设 $\boldsymbol{A}=(a_{ij})$是 n 阶矩阵,$A_{ij}(i,j=1,2,\cdots,n)$是行列式 $\det(\boldsymbol{A})$中元素 a_{ij} 的代数余子式,则称矩阵

$$\boldsymbol{A}^*=\begin{pmatrix} A_{11} & A_{21} & \cdots & A_{n1} \\ A_{12} & A_{22} & \cdots & A_{n2} \\ \vdots & \vdots & & \vdots \\ A_{1n} & A_{2n} & \cdots & A_{nn} \end{pmatrix}$$

为矩阵 $\boldsymbol{A}$ 的**伴随矩阵**.

有了上面的准备,我们就可以利用行列式来求逆矩阵了.

定理 2.6 如果 $\boldsymbol{A}$ 是 n 阶可逆矩阵,那么

$$A^{-1}=\frac{1}{\det(A)}A^*.$$

Example 1 Suppose a matrix

$$A=\begin{pmatrix}1&-1&2\\2&1&-3\\4&1&1\end{pmatrix}.$$

Calculate the inverse matrix of A with the adjoint matrix.

Solution We need 9 algebraic cofactors for the calculation and get

$$A_{11}=(-1)^{1+1}\begin{vmatrix}1&-3\\1&1\end{vmatrix}=4,$$
$$A_{12}=(-1)^{1+2}\begin{vmatrix}2&-3\\4&1\end{vmatrix}=-14,$$
$$A_{13}=(-1)^{1+3}\begin{vmatrix}2&1\\4&1\end{vmatrix}=-2,$$
$$A_{21}=(-1)^{2+1}\begin{vmatrix}-1&2\\1&1\end{vmatrix}=3,$$
$$A_{22}=(-1)^{2+2}\begin{vmatrix}1&2\\4&1\end{vmatrix}=-7,$$
$$A_{23}=(-1)^{2+3}\begin{vmatrix}1&-1\\4&1\end{vmatrix}=-5,$$
$$A_{31}=(-1)^{3+1}\begin{vmatrix}-1&2\\1&-3\end{vmatrix}=1,$$
$$A_{32}=(-1)^{3+2}\begin{vmatrix}1&2\\2&-3\end{vmatrix}=7,$$
$$A_{33}=(-1)^{3+3}\begin{vmatrix}1&-1\\2&1\end{vmatrix}=3.$$

Then the adjoint matrix of A is

$$A^*=\begin{pmatrix}A_{11}&A_{21}&A_{31}\\A_{12}&A_{22}&A_{32}\\A_{13}&A_{23}&A_{33}\end{pmatrix}=\begin{pmatrix}4&3&1\\-14&-7&7\\-2&-5&3\end{pmatrix}.$$

From the diagonal method, we get

$$\det(A)=\begin{vmatrix}1&-1&2\\2&1&-3\\4&1&1\end{vmatrix}$$
$$=1\times1\times1+(-1)\times(-3)\times4+2\times2\times1$$
$$-2\times1\times4-(-1)\times2\times1-1\times(-3)\times1$$
$$=1+12+4-8+2+3=14.$$

$$A^{-1}=\frac{1}{\det(A)}A^*.$$

例1 设矩阵

$$A=\begin{pmatrix}1&-1&2\\2&1&-3\\4&1&1\end{pmatrix},$$

利用伴随矩阵求 A 的逆矩阵.

解 计算所需的 9 个代数余子式,得到

$$A_{11}=(-1)^{1+1}\begin{vmatrix}1&-3\\1&1\end{vmatrix}=4,$$
$$A_{12}=(-1)^{1+2}\begin{vmatrix}2&-3\\4&1\end{vmatrix}=-14,$$
$$A_{13}=(-1)^{1+3}\begin{vmatrix}2&1\\4&1\end{vmatrix}=-2,$$
$$A_{21}=(-1)^{2+1}\begin{vmatrix}-1&2\\1&1\end{vmatrix}=3,$$
$$A_{22}=(-1)^{2+2}\begin{vmatrix}1&2\\4&1\end{vmatrix}=-7,$$
$$A_{23}=(-1)^{2+3}\begin{vmatrix}1&-1\\4&1\end{vmatrix}=-5,$$
$$A_{31}=(-1)^{3+1}\begin{vmatrix}-1&2\\1&-3\end{vmatrix}=1,$$
$$A_{32}=(-1)^{3+2}\begin{vmatrix}1&2\\2&-3\end{vmatrix}=7,$$
$$A_{33}=(-1)^{3+3}\begin{vmatrix}1&-1\\2&1\end{vmatrix}=3.$$

于是,A 的伴随矩阵为

$$A^*=\begin{pmatrix}A_{11}&A_{21}&A_{31}\\A_{12}&A_{22}&A_{32}\\A_{13}&A_{23}&A_{33}\end{pmatrix}=\begin{pmatrix}4&3&1\\-14&-7&7\\-2&-5&3\end{pmatrix}.$$

由对角线法可得

$$\det(A)=\begin{vmatrix}1&-1&2\\2&1&-3\\4&1&1\end{vmatrix}$$
$$=1\times1\times1+(-1)\times(-3)\times4$$
$$+2\times2\times1-2\times1\times4$$
$$-(-1)\times2\times1-1\times(-3)\times1$$
$$=1+12+4-8+2+3=14.$$

Thus, the inverse matrix of $\boldsymbol{A}$ is

$$\boldsymbol{A}^{-1}=\frac{1}{\det(\boldsymbol{A})}\boldsymbol{A}^{*}=\frac{1}{14}\begin{pmatrix}4 & 3 & 1\\ -14 & -7 & 7\\ -2 & -5 & 3\end{pmatrix}.$$

故 $\boldsymbol{A}$ 的逆矩阵为

$$\boldsymbol{A}^{-1}=\frac{1}{\det(\boldsymbol{A})}\boldsymbol{A}^{*}=\frac{1}{14}\begin{pmatrix}4 & 3 & 1\\ -14 & -7 & 7\\ -2 & -5 & 3\end{pmatrix}.$$

Exercise 2
习题 2

1. Calculate the following determinants with the properties of determinants:

(1) $\begin{vmatrix}1 & 2 & 1\\ 2 & 0 & 1\\ 1 & -1 & 1\end{vmatrix}$; (2) $\begin{vmatrix}2 & 4 & -2\\ 0 & 2 & 3\\ 1 & 1 & 2\end{vmatrix}$;

(3) $\begin{vmatrix}0 & 1 & 2\\ 3 & 1 & 2\\ 2 & 0 & 3\end{vmatrix}$; (4) $\begin{vmatrix}2 & 2 & 4\\ 1 & 0 & 1\\ 2 & 1 & 2\end{vmatrix}$;

(5) $\begin{vmatrix}0 & 1 & 3\\ 2 & 1 & 2\\ 1 & 1 & 2\end{vmatrix}$; (6) $\begin{vmatrix}1 & 1 & 1\\ 2 & 1 & 2\\ 3 & 0 & 2\end{vmatrix}$.

1. 利用行列式的性质，计算下列行列式：

(1) $\begin{vmatrix}1 & 2 & 1\\ 2 & 0 & 1\\ 1 & -1 & 1\end{vmatrix}$; (2) $\begin{vmatrix}2 & 4 & -2\\ 0 & 2 & 3\\ 1 & 1 & 2\end{vmatrix}$;

(3) $\begin{vmatrix}0 & 1 & 2\\ 3 & 1 & 2\\ 2 & 0 & 3\end{vmatrix}$; (4) $\begin{vmatrix}2 & 2 & 4\\ 1 & 0 & 1\\ 2 & 1 & 2\end{vmatrix}$;

(5) $\begin{vmatrix}0 & 1 & 3\\ 2 & 1 & 2\\ 1 & 1 & 2\end{vmatrix}$; (6) $\begin{vmatrix}1 & 1 & 1\\ 2 & 1 & 2\\ 3 & 0 & 2\end{vmatrix}$.

2. Convert the following determinants into triangular determinants and calculate their values:

(1) $D=\begin{vmatrix}1 & 0 & 0 & 0\\ 2 & 0 & 0 & 3\\ 1 & 1 & 0 & 1\\ 1 & 4 & 2 & 2\end{vmatrix}$;

(2) $D=\begin{vmatrix}0 & 0 & 2 & 0\\ 0 & 0 & 1 & 3\\ 0 & 4 & 1 & 3\\ 2 & 1 & 5 & 6\end{vmatrix}$;

(3) $D=\begin{vmatrix}0 & 1 & 0 & 0\\ 0 & 2 & 0 & 3\\ 2 & 1 & 0 & 6\\ 3 & 2 & 2 & 4\end{vmatrix}$.

2. 将下列行列式化成三角形行列式，并求其值：

(1) $D=\begin{vmatrix}1 & 0 & 0 & 0\\ 2 & 0 & 0 & 3\\ 1 & 1 & 0 & 1\\ 1 & 4 & 2 & 2\end{vmatrix}$;

(2) $D=\begin{vmatrix}0 & 0 & 2 & 0\\ 0 & 0 & 1 & 3\\ 0 & 4 & 1 & 3\\ 2 & 1 & 5 & 6\end{vmatrix}$;

(3) $D=\begin{vmatrix}0 & 1 & 0 & 0\\ 0 & 2 & 0 & 3\\ 2 & 1 & 0 & 6\\ 3 & 2 & 2 & 4\end{vmatrix}$.

3. Calculate the following determinants:

3. 计算下列行列式：

(1) $D=\begin{vmatrix}1&2&0&3\\2&5&1&1\\2&0&4&3\\0&1&6&2\end{vmatrix}$;

(2) $D=\begin{vmatrix}2&4&-2&-2\\1&3&1&2\\1&3&1&3\\-1&2&1&2\end{vmatrix}$;

(3) $D=\begin{vmatrix}1&1&2&1\\0&1&4&1\\2&1&3&0\\2&2&1&2\end{vmatrix}$.

4. For any non-zero constant a, prove:

(1) $\begin{vmatrix}a+1&a+4&a+7\\a+2&a+5&a+8\\a+3&a+6&a+9\end{vmatrix}=0$;

(2) $\begin{vmatrix}a&4a&7a\\2a&5a&8a\\3a&6a&9a\end{vmatrix}=0$;

(3) $\begin{vmatrix}a&a^4&a^7\\a^2&a^5&a^8\\a^3&a^6&a^9\end{vmatrix}=0$.

5. Suppose (x_1,y_1), (x_2,y_2), (x_3,y_3) are three apexes of a triangle on a plane. Note that the apexes are numbered counter clockwise. Prove the area of the triangle is

$$\frac{1}{2}\begin{vmatrix}x_1&y_1&1\\x_2&y_2&1\\x_3&y_3&1\end{vmatrix}.$$

6. Prove

$$\begin{vmatrix}1&a&a^2\\1&b&b^2\\1&c&c^2\end{vmatrix}=(b-a)(c-a)(c-b).$$

7. Calculate four-order determinant

$$D=\begin{vmatrix}1&a&a^2&a^3\\1&b&b^2&b^3\\1&c&c^2&c^3\\1&d&d^2&d^3\end{vmatrix}.$$

8. Calculate the following determinants:

(1) $D=\begin{vmatrix}1&2&0&3\\2&5&1&1\\2&0&4&3\\0&1&6&2\end{vmatrix}$;

(2) $D=\begin{vmatrix}2&4&-2&-2\\1&3&1&2\\1&3&1&3\\-1&2&1&2\end{vmatrix}$;

(3) $D=\begin{vmatrix}1&1&2&1\\0&1&4&1\\2&1&3&0\\2&2&1&2\end{vmatrix}$.

4. 对于任意非零常数 a，证明：

(1) $\begin{vmatrix}a+1&a+4&a+7\\a+2&a+5&a+8\\a+3&a+6&a+9\end{vmatrix}=0$;

(2) $\begin{vmatrix}a&4a&7a\\2a&5a&8a\\3a&6a&9a\end{vmatrix}=0$;

(3) $\begin{vmatrix}a&a^4&a^7\\a^2&a^5&a^8\\a^3&a^6&a^9\end{vmatrix}=0$.

5. 设 (x_1,y_1)，(x_2,y_2)，(x_3,y_3) 是平面上一个三角形的顶点，这里顶点是按逆时针方向编号的. 证明：这个三角形的面积为

$$\frac{1}{2}\begin{vmatrix}x_1&y_1&1\\x_2&y_2&1\\x_3&y_3&1\end{vmatrix}.$$

6. 证明：

$$\begin{vmatrix}1&a&a^2\\1&b&b^2\\1&c&c^2\end{vmatrix}=(b-a)(c-a)(c-b).$$

7. 计算四阶行列式

$$D=\begin{vmatrix}1&a&a^2&a^3\\1&b&b^2&b^3\\1&c&c^2&c^3\\1&d&d^2&d^3\end{vmatrix}.$$

8. 计算下列行列式：

(1) $D=\begin{vmatrix} 2 & 5 & 7 \\ -1 & 2 & 1 \\ 1 & -2 & 2 \end{vmatrix}$;

(2) $D=\begin{vmatrix} 1 & 2 & -1 & 3 \\ 0 & 2 & 1 & -2 \\ 2 & -2 & 3 & 1 \\ 4 & -4 & -1 & 2 \end{vmatrix}$;

(3) $D=\begin{vmatrix} 2 & 3 & 3 & 3 \\ 3 & 2 & 3 & 3 \\ 3 & 3 & 2 & 3 \\ 3 & 3 & 3 & 2 \end{vmatrix}$;

(4) $D=\begin{vmatrix} 1 & 1 & 1 & 1 \\ 1 & 2 & 3 & 4 \\ 1 & 4 & 9 & 16 \\ 1 & 8 & 27 & 64 \end{vmatrix}$;

(5) $D=\begin{vmatrix} 1 & -1 & 1 & x-1 \\ 1 & -1 & x+1 & -1 \\ 1 & x-1 & 1 & -1 \\ x+1 & -1 & 1 & -1 \end{vmatrix}$.

9. Solve the following systems of linear equations using Cramer rule:

(1) $\begin{cases} x_1+x_2=3, \\ x_1-x_2=-1; \end{cases}$

(2) $\begin{cases} x_1+3x_2=4, \\ x_1-x_2=0; \end{cases}$

(3) $\begin{cases} x_1-2x_2+x_3=-1, \\ x_1+x_3=3, \\ x_1-2x_2=0; \end{cases}$

(4) $\begin{cases} x_1+x_2+x_3=2, \\ x_1+2x_2+x_3=2, \\ x_1+3x_2-x_3=-4; \end{cases}$

(5) $\begin{cases} x_1+x_2+x_3-x_4=2, \\ x_2-x_3+x_4=1, \\ x_3-x_4=0, \\ x_3+2x_4=3; \end{cases}$

(6) $\begin{cases} 2x_1-x_2+x_3=3, \\ x_1+x_2=3, \\ x_2-x_3=1; \end{cases}$

(1) $D=\begin{vmatrix} 2 & 5 & 7 \\ -1 & 2 & 1 \\ 1 & -2 & 2 \end{vmatrix}$;

(2) $D=\begin{vmatrix} 1 & 2 & -1 & 3 \\ 0 & 2 & 1 & -2 \\ 2 & -2 & 3 & 1 \\ 4 & -4 & -1 & 2 \end{vmatrix}$;

(3) $D=\begin{vmatrix} 2 & 3 & 3 & 3 \\ 3 & 2 & 3 & 3 \\ 3 & 3 & 2 & 3 \\ 3 & 3 & 3 & 2 \end{vmatrix}$;

(4) $D=\begin{vmatrix} 1 & 1 & 1 & 1 \\ 1 & 2 & 3 & 4 \\ 1 & 4 & 9 & 16 \\ 1 & 8 & 27 & 64 \end{vmatrix}$;

(5) $D=\begin{vmatrix} 1 & -1 & 1 & x-1 \\ 1 & -1 & x+1 & -1 \\ 1 & x-1 & 1 & -1 \\ x+1 & -1 & 1 & -1 \end{vmatrix}$.

9. 利用克拉默法则，求解下列线性方程组：

(1) $\begin{cases} x_1+x_2=3, \\ x_1-x_2=-1; \end{cases}$

(2) $\begin{cases} x_1+3x_2=4, \\ x_1-x_2=0; \end{cases}$

(3) $\begin{cases} x_1-2x_2+x_3=-1, \\ x_1+x_3=3, \\ x_1-2x_2=0; \end{cases}$

(4) $\begin{cases} x_1+x_2+x_3=2, \\ x_1+2x_2+x_3=2, \\ x_1+3x_2-x_3=-4; \end{cases}$

(5) $\begin{cases} x_1+x_2+x_3-x_4=2, \\ x_2-x_3+x_4=1, \\ x_3-x_4=0, \\ x_3+2x_4=3; \end{cases}$

(6) $\begin{cases} 2x_1-x_2+x_3=3, \\ x_1+x_2=3, \\ x_2-x_3=1; \end{cases}$

(7) $\begin{cases} x_1+x_2+x_3=a, \\ \quad\ \ x_2+x_3=b, \\ \qquad\quad\ x_3=c. \end{cases}$

10. What condition dose λ need to fulfill to make system of linear equations

$$\begin{cases} \lambda x_1+x_2=0, \\ x_1+\lambda x_2=0 \end{cases}$$

have non-zero solutions?

11. What value dose λ take to make system of linear equations

$$\begin{cases} \lambda x_1+x_2=0, \\ x_1+\lambda x_2=0, \\ x_1+x_2-2\lambda x_3=0 \end{cases}$$

have non-zero solutions?

12. Find quadratic polynomial

$$f(x)=c_0+c_1x+c_2x^2$$

that fulfill

$$f(1)=-1,\quad f(-1)=9,\quad f(2)=-3.$$

13. Calculate the adjoint matrices and the inverse matrices of the following matrices:

(1) $\mathbf{A}=\begin{pmatrix} 1 & 2 \\ 3 & 4 \end{pmatrix}$;

(2) $\mathbf{A}=\begin{pmatrix} a & b \\ c & d \end{pmatrix}$ $(ad-bc\neq 0)$;

(3) $\mathbf{A}=\begin{pmatrix} 1 & 0 & 1 \\ 2 & 1 & 2 \\ 1 & 1 & 2 \end{pmatrix}$;

(4) $\mathbf{A}=\begin{pmatrix} 2 & 1 & 0 \\ 3 & 0 & 1 \\ 0 & 1 & 1 \end{pmatrix}$;

(5) $\mathbf{A}=\begin{pmatrix} 1 & 1 & 1 \\ 1 & 2 & 2 \\ 1 & 3 & 1 \end{pmatrix}$;

(6) $\mathbf{A}=\begin{pmatrix} 1 & 2 & 3 \\ 0 & 1 & 2 \\ 0 & 0 & 1 \end{pmatrix}$.

(7) $\begin{cases} x_1+x_2+x_3=a, \\ \quad\ \ x_2+x_3=b, \\ \qquad\quad\ x_3=c. \end{cases}$

10. 在 λ 满足什么条件时，齐次线性方程组

$$\begin{cases} \lambda x_1+x_2=0, \\ x_1+\lambda x_2=0 \end{cases}$$

有非零解?

11. 当 λ 取何值时，齐次线性方程组

$$\begin{cases} \lambda x_1+x_2=0, \\ x_1+\lambda x_2=0, \\ x_1+x_2-2\lambda x_3=0 \end{cases}$$

有非零解?

12. 求二次多项式

$$f(x)=c_0+c_1x+c_2x^2,$$

使得

$$f(1)=-1,\quad f(-1)=9,\quad f(2)=-3.$$

13. 求下列矩阵的伴随矩阵和逆矩阵：

(1) $\mathbf{A}=\begin{pmatrix} 1 & 2 \\ 3 & 4 \end{pmatrix}$;

(2) $\mathbf{A}=\begin{pmatrix} a & b \\ c & d \end{pmatrix}$ $(ad-bc\neq 0)$;

(3) $\mathbf{A}=\begin{pmatrix} 1 & 0 & 1 \\ 2 & 1 & 2 \\ 1 & 1 & 2 \end{pmatrix}$;

(4) $\mathbf{A}=\begin{pmatrix} 2 & 1 & 0 \\ 3 & 0 & 1 \\ 0 & 1 & 1 \end{pmatrix}$;

(5) $\mathbf{A}=\begin{pmatrix} 1 & 1 & 1 \\ 1 & 2 & 2 \\ 1 & 3 & 1 \end{pmatrix}$;

(6) $\mathbf{A}=\begin{pmatrix} 1 & 2 & 3 \\ 0 & 1 & 2 \\ 0 & 0 & 1 \end{pmatrix}$.

Chapter 3　Vector Spaces
第 3 章　向量空间

To further study systems of linear equations, in this chapter, we are going to discuss vector spaces and illustrate the solution structure of systems of linear equations with relevant concepts—vector spaces, subspaces and bases, etc.

为了进一步研究线性方程组，本章中我们将讨论向量空间，利用向量空间、子空间、基等相关概念来阐明线性方程组解的结构.

3.1　Vector Spaces
3.1　向量空间

The vector is a common and important tool when we discuss problems in mathematics and physics. We have learned two-dimensional and three-dimensional vectors which are composed of two and three components respectively in middle school mathematics. But in practical applications, the numbers of components of the corresponding vectors are usually larger than 3. For example, Beidou satellite is running in space. Scientists are not only interested in its geometric trace, but also the surface temperature and the pressure, and so on, at the location at a certain moment. Then a vector of $n(n>3)$ components is necessary.

向量是在研究物理、几何等问题时常用且重要的工具. 我们在中学数学中已经学习了由两个分量和三个分量构成的二维向量和三维向量. 但在实际应用中，所涉及的向量其分量个数往往大于 3. 例如，北斗卫星在太空中运行. 科学家们不仅对它运行的几何轨迹感兴趣，而且对其在某个时刻所处位置的表面温度、压力等参数也感兴趣，这就需要用到分量个数为 $n(n>3)$ 的向量.

1. Concept of Vectors

Definition 3.1　An ordered array consisting of n numbers $a_1, a_2, \cdots, a_n$ is called an ***n*-dimensional vector** (or **vector** for short), denoted by

$$\begin{pmatrix} a_1 \\ a_2 \\ \vdots \\ a_n \end{pmatrix} \tag{3.1}$$

1. 向量的概念

定义 3.1　n 个数 $a_1, a_2, \cdots, a_n$ 组成的有序数组称为 n **维向量**(简称**向量**)，记为

$$\begin{pmatrix} a_1 \\ a_2 \\ \vdots \\ a_n \end{pmatrix} \tag{3.1}$$

or

$$(a_1,a_2,\cdots,a_n), \tag{3.2}$$

where a_i is the ith ($i=1,2,\cdots,n$) **component** or **coordinate**.

We usually use the lowercase, bold English letters $\boldsymbol{a}$, $\boldsymbol{b}$, $\cdots$ or the Greek letters $\boldsymbol{\alpha}$, $\boldsymbol{\beta}$, $\cdots$ to represent vectors. A vector written in the form of (3.1) is call a **column vector**, and a vector written in the form of (3.2) is called a **row vector**. From the perspective of an ordered array, there is no essential difference between a column vector (3.1) and a row vector (3.2). From the perspective of the table, column vector (3.1) can be regarded as an $n\times1$ matrix, and row vector (3.2) can be regarded as a $1\times n$ matrix. The following operations on vectors are mainly performed from column vectors. The relevant content is also suitable for row vectors. For the convenience of writing, a column vector is usually written in the form of the transpose of a row vector, that is, column vector (3.1) is written as follows:

$$(a_1,a_2,\cdots,a_n)^{\mathrm{T}}.$$

A vector whose components are all zeros is called a **zero vector** and is recorded as **0**. A vector whose components are all real numbers is called a **real vector**, and a vector whose components are all complex numbers is called a **complex vector**. Unless otherwise stated, the vector involved in our discussion refer to the real vector.

The set of n-dimensional vectors is denoted by $\mathbf{R}^n$, that is,

$$\mathbf{R}^n=\{\boldsymbol{x}:\boldsymbol{x}=(x_1,x_2,\cdots,x_n)^{\mathrm{T}},x_1,x_2,\cdots,x_n\in\mathbf{R}\}.$$

2. Linear Operations of Vectors

To define operations of vectors, we first give the concept of equality of vectors.

Definition 3.2 Suppose $\boldsymbol{a}$ and $\boldsymbol{b}$ are both n-dimensional vectors, denoted by

$$\boldsymbol{a}=(a_1,a_2,\cdots,a_n)^{\mathrm{T}},$$
$$\boldsymbol{b}=(b_1,b_2,\cdots,b_n)^{\mathrm{T}}.$$

If

$$a_i=b_i \quad (i=1,2,\cdots,n),$$

或

$$(a_1,a_2,\cdots,a_n), \tag{3.2}$$

其中 a_i 称为该向量的第 i($i=1,2,\cdots,n$)个**分量或坐标**.

通常用小写、加粗的英文字母 $\boldsymbol{a}$, $\boldsymbol{b}$, $\cdots$ 或希腊字母 $\boldsymbol{\alpha}$, $\boldsymbol{\beta}$, $\cdots$ 来表示向量. 写成(3.1)式这种列形式的向量称为**列向量**,而写成(3.2)式这种行形式的向量称为**行向量**. 从有序数组的角度看,列向量(3.1)与行向量(3.2)没有本质的区别. 但是,从数表的角度看,列向量(3.1)可看作一个 $n\times1$ 矩阵,而行向量(3.2)可看作一个 $1\times n$ 矩阵. 下面关于向量的运算主要从列向量来展开,相关内容对于行向量也是适合的. 为了书写方便,通常也将列向量写成行向量转置的形式,即将列向量(3.1)写成如下形式:

$$(a_1,a_2,\cdots,a_n)^{\mathrm{T}}.$$

分量全为零的向量称**零向量**,记为 **0**. 分量全为实数的向量称为**实向量**,而分量全为复数的向量称为**复向量**. 除特殊说明外,我们讨论中所涉及的向量均指实向量.

所有 n 维向量的集合记为 $\mathbf{R}^n$,即

$$\mathbf{R}^n=\{\boldsymbol{x}:\boldsymbol{x}=(x_1,x_2,\cdots,x_n)^{\mathrm{T}},$$
$$x_1,x_2,\cdots,x_n\in\mathbf{R}\}.$$

2. 向量的线性运算

为了定义向量的运算,先给出向量相等的概念.

定义 3.2 设向量 $\boldsymbol{a}$ 和 $\boldsymbol{b}$ 是两个 n 维向量,记为

$$\boldsymbol{a}=(a_1,a_2,\cdots,a_n)^{\mathrm{T}},$$
$$\boldsymbol{b}=(b_1,b_2,\cdots,b_n)^{\mathrm{T}}.$$

如果

$$a_i=b_i \quad (i=1,2,\cdots,n),$$

then we say that $\boldsymbol{a}$ is equal to $\boldsymbol{b}$, denoted by $\boldsymbol{a}=\boldsymbol{b}$.

Definition 3.3 Suppose n-dimensional vectors

$$\boldsymbol{a}=(a_1,a_2,\cdots,a_n)^{\mathrm{T}},$$
$$\boldsymbol{b}=(b_1,b_2,\cdots,b_n)^{\mathrm{T}}.$$

The **sum** of $\boldsymbol{a}$ and $\boldsymbol{b}$ is defined as

$$\boldsymbol{a}+\boldsymbol{b}=(a_1+b_1,a_2+b_2,\cdots,a_n+b_n)^{\mathrm{T}}.$$

The product of real number k and vector $\boldsymbol{a}$ is defined as

$$k\boldsymbol{a}=(ka_1,ka_2,\cdots,ka_n)^{\mathrm{T}},$$

which is called the **scalar multiplication** of vector $\boldsymbol{a}$.

Particularly, we have $1\boldsymbol{a}=\boldsymbol{a}$, $0\boldsymbol{a}=\boldsymbol{0}$.

For vector $\boldsymbol{a}=(a_1,a_2,\cdots,a_n)^{\mathrm{T}}$, we introduce the following **negative vector**:

$$-\boldsymbol{a}=(-a_1,-a_2,\cdots,-a_n)^{\mathrm{T}}.$$

Then we can define the subtraction of vector from the addition:

$$\begin{aligned}\boldsymbol{a}-\boldsymbol{b}&=\boldsymbol{a}+(-\boldsymbol{b})\\&=(a_1-b_1,a_2-b_2,\cdots,a_n-b_n)^{\mathrm{T}}.\end{aligned}$$

From Definition 3.3, the addition and the scalar multiplication of vectors are consistent with the addition and the scalar multiplication of matrices. Usually, the addition and the scalar multiplication of vectors are collectively referred to as the **linear operations** of vectors. It is known from the operation rules of matrices that the linear operations of vectors satisfy the following operation rules (suppose $\boldsymbol{a}$, $\boldsymbol{b}$, $\boldsymbol{c}$ are n-dimensional vectors, and k, l are real numbers):

(1) $\boldsymbol{a}+\boldsymbol{b}=\boldsymbol{b}+\boldsymbol{a}$;

(2) $(\boldsymbol{a}+\boldsymbol{b})+\boldsymbol{c}=\boldsymbol{a}+(\boldsymbol{b}+\boldsymbol{c})$;

(3) $k(\boldsymbol{a}+\boldsymbol{b})=k\boldsymbol{a}+k\boldsymbol{b}$;

(4) $(k+l)\boldsymbol{a}=k\boldsymbol{a}+l\boldsymbol{a}$;

(5) $k(l\boldsymbol{a})=(kl)\boldsymbol{a}$.

Example 1 Suppose vectors

$$\boldsymbol{a}=(1,2,1)^{\mathrm{T}},\quad \boldsymbol{b}=(2,1,-1)^{\mathrm{T}}.$$

Calculate:

(1) $-\boldsymbol{a}$; (2) $2\boldsymbol{a}-3\boldsymbol{b}$.

Solution (1) $$\begin{aligned}-\boldsymbol{a}&=-(1,2,1)^{\mathrm{T}}\\&=(-1,-2,-1)^{\mathrm{T}}.\end{aligned}$$

那么称向量 $\boldsymbol{a}$ 与 $\boldsymbol{b}$ 相等,记为 $\boldsymbol{a}=\boldsymbol{b}$.

定义 3.3 设 n 维向量

$$\boldsymbol{a}=(a_1,a_2,\cdots,a_n)^{\mathrm{T}},$$
$$\boldsymbol{b}=(b_1,b_2,\cdots,b_n)^{\mathrm{T}},$$

则 $\boldsymbol{a}$ 与 $\boldsymbol{b}$ 的**和**定义为

$$\boldsymbol{a}+\boldsymbol{b}=(a_1+b_1,a_2+b_2,\cdots,a_n+b_n)^{\mathrm{T}}.$$

实数 k 与向量 $\boldsymbol{a}$ 的乘积定义为

$$k\boldsymbol{a}=(ka_1,ka_2,\cdots,ka_n)^{\mathrm{T}},$$

并称这种运算为向量 $\boldsymbol{a}$ 的**数量乘法**.

特别地,有 $1\boldsymbol{a}=\boldsymbol{a}$, $0\boldsymbol{a}=\boldsymbol{0}$.

对向量 $\boldsymbol{a}=(a_1,a_2,\cdots,a_n)^{\mathrm{T}}$ 引入如下**负向量**:

$$-\boldsymbol{a}=(-a_1,-a_2,\cdots,-a_n)^{\mathrm{T}}.$$

于是,由向量的加法可定义向量的减法:

$$\begin{aligned}\boldsymbol{a}-\boldsymbol{b}&=\boldsymbol{a}+(-\boldsymbol{b})\\&=(a_1-b_1,a_2-b_2,\cdots,a_n-b_n)^{\mathrm{T}}.\end{aligned}$$

由定义 3.3 可见,向量的加法和数量乘法与矩阵的加法和数量乘法是一致的. 通常将向量的加法和数量乘法统称为向量的**线性运算**. 由矩阵满足的运算规律知,向量的线性运算满足下列运算规律(假设 $\boldsymbol{a}$, $\boldsymbol{b}$, $\boldsymbol{c}$ 均为 n 维向量, k, l 均为实数):

(1) $\boldsymbol{a}+\boldsymbol{b}=\boldsymbol{b}+\boldsymbol{a}$;

(2) $(\boldsymbol{a}+\boldsymbol{b})+\boldsymbol{c}=\boldsymbol{a}+(\boldsymbol{b}+\boldsymbol{c})$;

(3) $k(\boldsymbol{a}+\boldsymbol{b})=k\boldsymbol{a}+k\boldsymbol{b}$;

(4) $(k+l)\boldsymbol{a}=k\boldsymbol{a}+l\boldsymbol{a}$;

(5) $k(l\boldsymbol{a})=(kl)\boldsymbol{a}$.

例 1 设向量

$$\boldsymbol{a}=(1,2,1)^{\mathrm{T}},\quad \boldsymbol{b}=(2,1,-1)^{\mathrm{T}},$$

求:

(1) $-\boldsymbol{a}$; (2) $2\boldsymbol{a}-3\boldsymbol{b}$.

解 (1) $$\begin{aligned}-\boldsymbol{a}&=-(1,2,1)^{\mathrm{T}}\\&=(-1,-2,-1)^{\mathrm{T}}.\end{aligned}$$

(2) $2\boldsymbol{a}-3\boldsymbol{b}=2(1,2,1)^{\mathrm{T}}-3(2,1,-1)^{\mathrm{T}}$

$$=(2,4,2)^{\mathrm{T}}-(6,3,-3)^{\mathrm{T}}$$
$$=(2-6,4-3,2-(-3))^{\mathrm{T}}$$
$$=(-4,1,5)^{\mathrm{T}}.$$

Example 2 Solve vector equation

$$2(\boldsymbol{a}+\boldsymbol{x})-5(\boldsymbol{b}+\boldsymbol{x})+3\boldsymbol{c}=\boldsymbol{0},$$

where

$$\boldsymbol{a}=(1,0,2)^{\mathrm{T}},$$
$$\boldsymbol{b}=(3,-1,1)^{\mathrm{T}},$$
$$\boldsymbol{c}=(3,1,-2)^{\mathrm{T}}.$$

Solution From the vector equation, we get

$$-3\boldsymbol{x}=-2\boldsymbol{a}+5\boldsymbol{b}-3\boldsymbol{c}.$$

Therefore, we have

$$\begin{aligned}\boldsymbol{x}&=\frac{2}{3}\boldsymbol{a}-\frac{5}{3}\boldsymbol{b}+\boldsymbol{c}\\&=\frac{2}{3}(1,0,2)^{\mathrm{T}}-\frac{5}{3}(3,-1,1)^{\mathrm{T}}+(3,1,-2)^{\mathrm{T}}\\&=\left(\frac{2}{3},0,\frac{4}{3}\right)^{\mathrm{T}}-\left(5,-\frac{5}{3},\frac{5}{3}\right)^{\mathrm{T}}+(3,1,-2)^{\mathrm{T}}\\&=\left(-\frac{4}{3},\frac{8}{3},-\frac{7}{3}\right)^{\mathrm{T}}.\end{aligned}$$

(2) $2\boldsymbol{a}-3\boldsymbol{b}=2(1,2,1)^{\mathrm{T}}-3(2,1,-1)^{\mathrm{T}}$

$$=(2,4,2)^{\mathrm{T}}-(6,3,-3)^{\mathrm{T}}$$
$$=(2-6,4-3,2-(-3))^{\mathrm{T}}$$
$$=(-4,1,5)^{\mathrm{T}}.$$

例 2 求解向量方程

$$2(\boldsymbol{a}+\boldsymbol{x})-5(\boldsymbol{b}+\boldsymbol{x})+3\boldsymbol{c}=\boldsymbol{0},$$

其中

$$\boldsymbol{a}=(1,0,2)^{\mathrm{T}},$$
$$\boldsymbol{b}=(3,-1,1)^{\mathrm{T}},$$
$$\boldsymbol{c}=(3,1,-2)^{\mathrm{T}}.$$

解 由向量方程可得

$$-3\boldsymbol{x}=-2\boldsymbol{a}+5\boldsymbol{b}-3\boldsymbol{c},$$

所以有

$$\begin{aligned}\boldsymbol{x}&=\frac{2}{3}\boldsymbol{a}-\frac{5}{3}\boldsymbol{b}+\boldsymbol{c}\\&=\frac{2}{3}(1,0,2)^{\mathrm{T}}-\frac{5}{3}(3,-1,1)^{\mathrm{T}}+(3,1,-2)^{\mathrm{T}}\\&=\left(\frac{2}{3},0,\frac{4}{3}\right)^{\mathrm{T}}-\left(5,-\frac{5}{3},\frac{5}{3}\right)^{\mathrm{T}}+(3,1,-2)^{\mathrm{T}}\\&=\left(-\frac{4}{3},\frac{8}{3},-\frac{7}{3}\right)^{\mathrm{T}}.\end{aligned}$$

3. Vector Spaces

Definition 3.4 Let V be a set of n-dimensional vectors. If any two vectors $\boldsymbol{a}$ and $\boldsymbol{b}$ in V satisfy:

(1) $\boldsymbol{a}+\boldsymbol{b}\in V$;

(2) for any $k\in\mathbf{R}, k\boldsymbol{a}\in V$,

then V is called a **vector space**.

Since $\boldsymbol{a}-\boldsymbol{a}=\boldsymbol{0}$, zero vector $\boldsymbol{0}$ must be in the vector space V.

Example 3 The whole of the three-dimensional vectors, $\mathbf{R}^3$, is a vector space. In fact, the sum of any two three-dimensional vectors is a three-dimensional vector, and the product of a number and a three-dimensional vector is a three-dimensional vector, so $\mathbf{R}^3$ is a vector space.

Generally, for any positive integer n, the whole of the n-dimensional vectors, $\mathbf{R}^n$, is a vector space.

3. 向量空间

定义 3.4 设 V 是由 n 维向量构成的集合. 若 V 中的任意两个向量 $\boldsymbol{a},\boldsymbol{b}$ 满足:

(1) $\boldsymbol{a}+\boldsymbol{b}\in V$;

(2) 对于任意 $k\in\mathbf{R}, k\boldsymbol{a}\in V$,

则称 V 为一个**向量空间**.

由于 $\boldsymbol{a}-\boldsymbol{a}=\boldsymbol{0}$,因此零向量 $\boldsymbol{0}$ 一定在向量空间 V 中.

例 3 三维向量的全体 $\mathbf{R}^3$ 为一个向量空间. 事实上,任意两个三维向量的和是三维向量,数与三维向量的乘积是三维向量,故 $\mathbf{R}^3$ 为一个向量空间.

一般地,对于任意正整数 n,n 维向量的全体 $\mathbf{R}^n$ 为一个向量空间.

Definitions 3.5 If a non-empty subset W of vector space V also constitutes a vector space for the addition and the scalar multiplication on V, then we say that W is a **vector subspace** of V (a **subspace** for short).

Obviously, in vector space V, subset $\{\mathbf{0}\}$ consisting of a single zero vector $\mathbf{0}$ is a vector space called the **zero subspace** of V. Vector space V itself is also a subspace of V. The zero subspace and the subspace of the vector space itself are called the **trivial subspaces**, while other vector subspaces are called the **non-trivial subspaces**.

Suppose $\boldsymbol{a}_1, \boldsymbol{a}_2, \cdots, \boldsymbol{a}_m$ is any group of vectors in vector space V, denote all linear combinations of $\boldsymbol{a}_1, \boldsymbol{a}_2, \cdots, \boldsymbol{a}_m$ as a set $\mathrm{Span}(\boldsymbol{a}_1, \boldsymbol{a}_2, \cdots, \boldsymbol{a}_m)$, that is,

$$\mathrm{Span}(\boldsymbol{a}_1, \boldsymbol{a}_2, \cdots, \boldsymbol{a}_m) = \{k_1\boldsymbol{a}_1 + k_2\boldsymbol{a}_2 + \cdots + k_m\boldsymbol{a}_m : k_i \in \mathbf{R}, i = 1, 2, \cdots, m\}.$$

It is easy to verify that $\mathrm{Span}(\boldsymbol{a}_1, \boldsymbol{a}_2, \cdots, \boldsymbol{a}_m)$ is a subspace of V called the **subspace generated by $\boldsymbol{a}_1, \boldsymbol{a}_2, \cdots, \boldsymbol{a}_m$**.

定义 3.5 如果向量空间 V 的一个非空子集 W 对于 V 上的加法和数量乘法也构成向量空间,则称 W 为 V 的一个**向量子空间**(简称**子空间**).

显然,在向量空间 V 中,由单个零向量 $\mathbf{0}$ 所构成的子集$\{\mathbf{0}\}$是一个向量空间,称之为 V 的**零子空间**. 向量空间 V 本身也是 V 的一个子空间. 零子空间和向量空间本身这两个子空间也叫作**平凡子空间**,而其他子空间叫作**非平凡子空间**.

设 $\boldsymbol{a}_1, \boldsymbol{a}_2, \cdots, \boldsymbol{a}_m$ 是向量空间 V 中的任一组向量,记 $\boldsymbol{a}_1, \boldsymbol{a}_2, \cdots, \boldsymbol{a}_m$ 的所有线性组合组成的集合为 $\mathrm{Span}(\boldsymbol{a}_1, \boldsymbol{a}_2, \cdots, \boldsymbol{a}_m)$,即

$$\mathrm{Span}(\boldsymbol{a}_1, \boldsymbol{a}_2, \cdots, \boldsymbol{a}_m) = \{k_1\boldsymbol{a}_1 + k_2\boldsymbol{a}_2 + \cdots + k_m\boldsymbol{a}_m : k_i \in \mathbf{R}, i = 1, 2, \cdots, m\}.$$

容易验证 $\mathrm{Span}(\boldsymbol{a}_1, \boldsymbol{a}_2, \cdots, \boldsymbol{a}_m)$是 V 的子空间,称之为**由 $\boldsymbol{a}_1, \boldsymbol{a}_2, \cdots, \boldsymbol{a}_m$ 生成的子空间**.

3.2 Linear Dependence and Linear Independence of Vector Groups

3.2 向量组的线性相关与线性无关

Linear dependence and linear independence are both central concepts in this chapter. With concepts of linear dependence and linear independence, we can introduce the concept of bases, which is one of the most basic concepts in vector space research. The vector groups mentioned below all refer to vector groups of the same dimension.

线性相关和线性无关是本章的两个中心概念. 有了线性相关和线性无关的概念,我们就可以引入基的概念,它是向量空间研究中最基本的概念之一. 以下所提及的向量组均指同维向量组.

1. Concepts of Linear Dependence and Linear Independence

Definition 3.6 Given a vector group

$$\mathrm{I}: \boldsymbol{a}_1, \boldsymbol{a}_2, \cdots, \boldsymbol{a}_s.$$

For any group of real numbers $k_1, k_2, \cdots, k_s$, expression

$$k_1\boldsymbol{a}_1 + k_2\boldsymbol{a}_2 + \cdots + k_s\boldsymbol{a}_s$$

1. 线性相关与线性无关的概念

定义 3.6 给定向量组

$$\mathrm{I}: \boldsymbol{a}_1, \boldsymbol{a}_2, \cdots, \boldsymbol{a}_s.$$

对于任一组实数 $k_1, k_2, \cdots, k_s$,称表达式

$$k_1\boldsymbol{a}_1 + k_2\boldsymbol{a}_2 + \cdots + k_s\boldsymbol{a}_s$$

is called a **linear combination** of vector group Ⅰ, where $k_1, k_2, \cdots, k_s$ are called the **coefficients** of the linear combination.

Given vector group Ⅰ: $\boldsymbol{a}_1, \boldsymbol{a}_2, \cdots, \boldsymbol{a}_s$ and vector $\boldsymbol{b}$, if there is a group of real numbers $k_1, k_2, \cdots, k_s$ such that

$$\boldsymbol{b}=k_1\boldsymbol{a}_1+k_2\boldsymbol{a}_2+\cdots+k_s\boldsymbol{a}_s,$$

then vector $\boldsymbol{b}$ is a linear combination of vector group Ⅰ. At this time, we say that vector $\boldsymbol{b}$ can be **linearly represented** by vector group Ⅰ.

For example, given vector group $\boldsymbol{a}_1=(2,-1,3,1)^{\mathrm{T}}$, $\boldsymbol{a}_2=(4,-2,5,4)^{\mathrm{T}}$ and vector $\boldsymbol{a}_3=(2,-1,4,-1)^{\mathrm{T}}$, then we have $\boldsymbol{a}_3=3\boldsymbol{a}_1-\boldsymbol{a}_2$, so $\boldsymbol{a}_3$ is a linear combination of $\boldsymbol{a}_1, \boldsymbol{a}_2$. Thus, $\boldsymbol{a}_3$ can be linearly represented by $\boldsymbol{a}_1, \boldsymbol{a}_2$.

Another example is any n-dimensional vector $\boldsymbol{a}=(\alpha_1, \alpha_2, \cdots, \alpha_n)^{\mathrm{T}}$ is a linear combination of vector group

$$\boldsymbol{e}_1=\begin{pmatrix}1\\0\\\vdots\\0\end{pmatrix},\quad \boldsymbol{e}_2=\begin{pmatrix}0\\1\\\vdots\\0\end{pmatrix},\quad \cdots,\quad \boldsymbol{e}_n=\begin{pmatrix}0\\0\\\vdots\\1\end{pmatrix}$$

because

$$\boldsymbol{a}=\alpha_1\boldsymbol{e}_1+\alpha_2\boldsymbol{e}_2+\cdots+\alpha_n\boldsymbol{e}_n.$$

Definition 3.7 Given a vector group $\boldsymbol{a}_1, \boldsymbol{a}_2, \cdots, \boldsymbol{a}_m$. If there are real numbers $k_1, k_2, \cdots, k_m$ that are not all zeros, such that

$$k_1\boldsymbol{a}_1+k_2\boldsymbol{a}_2+\cdots+k_m\boldsymbol{a}_m=\boldsymbol{0},$$

we say that vector group $\boldsymbol{a}_1, \boldsymbol{a}_2, \cdots, \boldsymbol{a}_m$ is **linearly dependent**, otherwise the vector group is **linearly independent**.

For example, vector group

$$\boldsymbol{a}_1=(2,-1,3,1)^{\mathrm{T}},$$
$$\boldsymbol{a}_2=(4,-2,5,4)^{\mathrm{T}},$$
$$\boldsymbol{a}_3=(2,-1,4,-1)^{\mathrm{T}}$$

is linearly dependent because $\boldsymbol{a}_3=3\boldsymbol{a}_1-\boldsymbol{a}_2$, that is,

$$3\boldsymbol{a}_1-\boldsymbol{a}_2-\boldsymbol{a}_3=\boldsymbol{0}.$$

From Definition 3.7, it is easy to obtain the following conclusion: The necessary and sufficient condition for the linear dependence of the vector group $\boldsymbol{a}_1, \boldsymbol{a}_2, \cdots, \boldsymbol{a}_m$ is that at least one vector in the vector group can be linearly represented by the remaining vectors. The necessary and sufficient condition for the linear independence of the vector group

为向量组 Ⅰ 的一个**线性组合**，其中 $k_1, k_2, \cdots, k_s$ 称为这个线性组合的**系数**.

给定向量组 Ⅰ: $\boldsymbol{a}_1, \boldsymbol{a}_2, \cdots, \boldsymbol{a}_s$ 和向量 $\boldsymbol{b}$，如果存在一组实数 $k_1, k_2, \cdots, k_s$，使得

$$\boldsymbol{b}=k_1\boldsymbol{a}_1+k_2\boldsymbol{a}_2+\cdots+k_s\boldsymbol{a}_s,$$

则向量 $\boldsymbol{b}$ 是向量组 Ⅰ 的线性组合. 这时称向量 $\boldsymbol{b}$ 可以由向量组 Ⅰ **线性表示**.

例如，给定向量组 $\boldsymbol{a}_1=(2,-1,3,1)^{\mathrm{T}}$，$\boldsymbol{a}_2=(4,-2,5,4)^{\mathrm{T}}$ 和向量 $\boldsymbol{a}_3=(2,-1,4,-1)^{\mathrm{T}}$，则有 $\boldsymbol{a}_3=3\boldsymbol{a}_1-\boldsymbol{a}_2$. 所以，$\boldsymbol{a}_3$ 是 $\boldsymbol{a}_1, \boldsymbol{a}_2$ 的一个线性组合，即 $\boldsymbol{a}_3$ 可以由 $\boldsymbol{a}_1, \boldsymbol{a}_2$ 线性表示.

又如，任一 n 维向量 $\boldsymbol{a}=(\alpha_1, \alpha_2, \cdots, \alpha_n)^{\mathrm{T}}$ 都是向量组

$$\boldsymbol{e}_1=\begin{pmatrix}1\\0\\\vdots\\0\end{pmatrix},\quad \boldsymbol{e}_2=\begin{pmatrix}0\\1\\\vdots\\0\end{pmatrix},\quad \cdots,\quad \boldsymbol{e}_n=\begin{pmatrix}0\\0\\\vdots\\1\end{pmatrix}$$

的一个线性组合，因为

$$\boldsymbol{a}=\alpha_1\boldsymbol{e}_1+\alpha_2\boldsymbol{e}_2+\cdots+\alpha_n\boldsymbol{e}_n.$$

定义 3.7 给定向量组 $\boldsymbol{a}_1, \boldsymbol{a}_2, \cdots, \boldsymbol{a}_m$. 如果存在不全为零的实数 $k_1, k_2, \cdots, k_m$，使得

$$k_1\boldsymbol{a}_1+k_2\boldsymbol{a}_2+\cdots+k_m\boldsymbol{a}_m=\boldsymbol{0},$$

则称向量组 $\boldsymbol{a}_1, \boldsymbol{a}_2, \cdots, \boldsymbol{a}_m$ 是**线性相关的**；否则，称向量组 $\boldsymbol{a}_1, \boldsymbol{a}_2, \cdots, \boldsymbol{a}_m$ 是**线性无关的**.

例如，向量组

$$\boldsymbol{a}_1=(2,-1,3,1)^{\mathrm{T}},$$
$$\boldsymbol{a}_2=(4,-2,5,4)^{\mathrm{T}},$$
$$\boldsymbol{a}_3=(2,-1,4,-1)^{\mathrm{T}}$$

是线性相关的，因为 $\boldsymbol{a}_3=3\boldsymbol{a}_1-\boldsymbol{a}_2$，即有

$$3\boldsymbol{a}_1-\boldsymbol{a}_2-\boldsymbol{a}_3=\boldsymbol{0}.$$

由定义 3.7 容易得到如下结论：向量组 $\boldsymbol{a}_1, \boldsymbol{a}_2, \cdots, \boldsymbol{a}_m$ 线性相关的充要条件是该向量组中至少有一个向量可以由其余向量线性表示；向量组 $\boldsymbol{a}_1, \boldsymbol{a}_2, \cdots, \boldsymbol{a}_m$ 线性无关的充要条件是由

$$k_1\boldsymbol{a}_1+k_2\boldsymbol{a}_2+\cdots+k_m\boldsymbol{a}_m=\boldsymbol{0}$$

$a_1, a_2, \cdots, a_m$ is that from

$$k_1 a_1 + k_2 a_2 + \cdots + k_m a_m = \mathbf{0}$$

we can derive

$$k_1 = k_2 = \cdots = k_m = 0.$$

For example, n-dimensional vector group $e_1, e_2, \cdots, e_n$ is linearly independent. As a matter of fact, from

$$k_1 e_1 + k_2 e_2 + \cdots + k_n e_n = \mathbf{0},$$

we get

$$k_1 \begin{pmatrix} 1 \\ 0 \\ \vdots \\ 0 \end{pmatrix} + k_2 \begin{pmatrix} 0 \\ 1 \\ \vdots \\ 0 \end{pmatrix} + \cdots + k_n \begin{pmatrix} 0 \\ 0 \\ \vdots \\ 1 \end{pmatrix} = \begin{pmatrix} k_1 \\ k_2 \\ \vdots \\ k_n \end{pmatrix} = \begin{pmatrix} 0 \\ 0 \\ \vdots \\ 0 \end{pmatrix}.$$

Thus, we can derive

$$k_1 = k_2 = \cdots = k_n = 0.$$

That means vector group $e_1, e_2, \cdots, e_n$ is linearly independent.

Example 1 Prove vector group

$$a_1 = (1, -1, 2, 4)^{\mathrm{T}},$$
$$a_2 = (0, 3, 1, 2)^{\mathrm{T}}$$

is linearly independent.

Proof Suppose there exists two real numbers k_1, k_2 such that

$$k_1 a_1 + k_2 a_2 = \mathbf{0},$$

then we have

$$k_1 (1, -1, 2, 4)^{\mathrm{T}} + k_2 (0, 3, 1, 2)^{\mathrm{T}} = \mathbf{0},$$

that is,

$$(k_1, -k_1 + 3k_2, 2k_1 + k_2, 4k_1 + 2k_2)^{\mathrm{T}} = \mathbf{0}.$$

Then we can obtain

$$\begin{cases} k_1 = 0, \\ -k_1 + 3k_2 = 0, \\ 2k_1 + k_2 = 0, \\ 4k_1 + 2k_2 = 0, \end{cases}$$

We can further derive

$$k_1 = k_2 = 0.$$

Thus, vector group a_1, a_2 is linearly independent.

From Definition 3.7, the following conclusions can be easily obtained:

Conclusion 1 If a part of a vector group is linearly

可以推出

$$k_1 = k_2 = \cdots = k_m = 0.$$

例如，n 维向量组 $e_1, e_2, \cdots, e_n$ 是线性无关的. 事实上，由

$$k_1 e_1 + k_2 e_2 + \cdots + k_n e_n = \mathbf{0}$$

得

$$k_1 \begin{pmatrix} 1 \\ 0 \\ \vdots \\ 0 \end{pmatrix} + k_2 \begin{pmatrix} 0 \\ 1 \\ \vdots \\ 0 \end{pmatrix} + \cdots + k_n \begin{pmatrix} 0 \\ 0 \\ \vdots \\ 1 \end{pmatrix} = \begin{pmatrix} k_1 \\ k_2 \\ \vdots \\ k_n \end{pmatrix} = \begin{pmatrix} 0 \\ 0 \\ \vdots \\ 0 \end{pmatrix},$$

从而可以推出

$$k_1 = k_2 = \cdots = k_n = 0.$$

这就是说，向量组 $e_1, e_2, \cdots, e_n$ 是线性无关的.

例 1 证明:向量组

$$a_1 = (1, -1, 2, 4)^{\mathrm{T}},$$
$$a_2 = (0, 3, 1, 2)^{\mathrm{T}}$$

是线性无关的.

证明 设存在两个实数 k_1, k_2，使得

$$k_1 a_1 + k_2 a_2 = \mathbf{0},$$

则有

$$k_1 (1, -1, 2, 4)^{\mathrm{T}} + k_2 (0, 3, 1, 2)^{\mathrm{T}} = \mathbf{0},$$

即

$$(k_1, -k_1 + 3k_2, 2k_1 + k_2, 4k_1 + 2k_2)^{\mathrm{T}} = \mathbf{0}.$$

由此可得到

$$\begin{cases} k_1 = 0, \\ -k_1 + 3k_2 = 0, \\ 2k_1 + k_2 = 0, \\ 4k_1 + 2k_2 = 0, \end{cases}$$

进而可推出

$$k_1 = k_2 = 0.$$

所以，向量组 a_1, a_2 是线性无关的.

由定义 3.7 容易得到以下结论:

结论 1 如果一个向量组的一部分线性

dependent, then this vector group is also linearly dependent. In other words, if a vector group is linearly independent, then the vector group (partial group) of any part of it is also linearly independent.

Conclusion 2 The vector group which contains two proportional vectors is linearly dependent.

It is known from Conclusion 1 and Conclusion 2 that the linearly independent vector group must not contain two proportional vectors.

相关,那么这个向量组也线性相关. 换句话说,如果一个向量组线性无关,那么它的任何一部分组成的向量组(部分组)也线性无关.

结论 2 两个成比例的向量组成的向量组是线性相关的.

由结论 1 和结论 2 知,线性无关的向量组一定不能包含两个成比例的向量.

2. Equivalent Vector Groups

Definition 3.8 If every vector in vector group Ⅰ: $\boldsymbol{a}_1, \boldsymbol{a}_2, \cdots, \boldsymbol{a}_s$ can be linearly represented by vector group Ⅱ: $\boldsymbol{b}_1, \boldsymbol{b}_2, \cdots, \boldsymbol{b}_t$, then we say that vector group Ⅰ can be **linearly represented** by vector group Ⅱ. If two vector groups Ⅰ and Ⅱ can be linearly represented by each other, then we say that vector groups Ⅰ and Ⅱ are **equivalent.**

For example, suppose

$$\text{Ⅰ}: \boldsymbol{a}_1=(1,1,1)^{\mathrm{T}}, \boldsymbol{a}_2=(1,2,0)^{\mathrm{T}},$$

$$\text{Ⅱ}: \boldsymbol{b}_1=(1,0,2)^{\mathrm{T}}, \boldsymbol{b}_2=(0,1,-1)^{\mathrm{T}},$$

then

$$\boldsymbol{a}_1=\boldsymbol{b}_1+\boldsymbol{b}_2, \qquad \boldsymbol{a}_2=\boldsymbol{b}_1+2\boldsymbol{b}_2,$$

$$\boldsymbol{b}_1=2\boldsymbol{a}_1-\boldsymbol{a}_2, \qquad \boldsymbol{b}_2=\boldsymbol{a}_2-\boldsymbol{a}_1,$$

so that vector group Ⅰ can be linearly represented by vector group Ⅱ, and vector group Ⅱ can be linearly represented by vector group Ⅰ. So, vector groups Ⅰ and Ⅱ are equivalent.

Apparently, every vector group can be linearly represented by itself. If vector group Ⅰ can be linearly represented by vector group Ⅱ, and vector group Ⅱ can be linearly represented by vector group Ⅲ, then vector group Ⅰ can be linearly represented by vector group Ⅲ.

From the above conclusions, the equivalence between vector groups has the following properties:

(1) **Reflexivity**: Each vector group is equivalent to itself.

(2) **Symmetry**: If vector group Ⅰ is equivalent to vector group Ⅱ, then vector group Ⅱ is equivalent to group Ⅰ.

2. 等价向量组

定义 3.8 如果向量组Ⅰ: $\boldsymbol{a}_1, \boldsymbol{a}_2, \cdots, \boldsymbol{a}_s$ 中每个向量 $\boldsymbol{a}_i (i=1,2,\cdots,s)$ 都可以由向量组Ⅱ: $\boldsymbol{b}_1, \boldsymbol{b}_2, \cdots, \boldsymbol{b}_t$ 线性表示,那么称向量组Ⅰ可以由向量组Ⅱ**线性表示**. 如果两个向量组Ⅰ,Ⅱ互相可以由对方线性表示,那么称向量组Ⅰ与Ⅱ是**等价的**.

例如,设

$$\text{Ⅰ}: \boldsymbol{a}_1=(1,1,1)^{\mathrm{T}}, \boldsymbol{a}_2=(1,2,0)^{\mathrm{T}},$$

$$\text{Ⅱ}: \boldsymbol{b}_1=(1,0,2)^{\mathrm{T}}, \boldsymbol{b}_2=(0,1,-1)^{\mathrm{T}},$$

则

$$\boldsymbol{a}_1=\boldsymbol{b}_1+\boldsymbol{b}_2, \qquad \boldsymbol{a}_2=\boldsymbol{b}_1+2\boldsymbol{b}_2,$$

$$\boldsymbol{b}_1=2\boldsymbol{a}_1-\boldsymbol{a}_2, \qquad \boldsymbol{b}_2=\boldsymbol{a}_2-\boldsymbol{a}_1,$$

即向量组Ⅰ可以由向量组Ⅱ线性表示,且向量组Ⅱ也可以由向量组Ⅰ线性表示. 所以,向量组Ⅰ与Ⅱ是等价的.

显然,每个向量组都可以由它自身线性表示. 如果向量组Ⅰ可以由向量组Ⅱ线性表示,而向量组Ⅱ可以由向量组Ⅲ线性表示,那么向量组Ⅰ可以由向量组Ⅲ线性表示.

由上述结论知,向量组之间的等价具有以下性质:

(1) **自反性**:每个向量组都与它自身等价;

(2) **对称性**:如果向量组Ⅰ与Ⅱ等价,那么向量组Ⅱ与Ⅰ等价;

(3) **Transitivity**: If vector group Ⅰ is equivalent to vector group Ⅱ, and vector group Ⅱ is equivalent to vector group Ⅲ, then the vector group Ⅰ is equivalent to vector group Ⅲ.

(3) **传递性**:如果向量组Ⅰ与Ⅱ等价,Ⅱ与Ⅲ等价,那么向量组Ⅰ与Ⅲ等价.

For the equivalent vector groups, do the numbers of the vectors have a relationship? If the two equivalent vector groups are both linearly independent, the answer is yes. This can be derived from the following theorem:

对于等价的向量组,其向量的个数有关系吗?若两等价向量组均是线性无关的,则答案是肯定的.这可以由下面的定理推出:

Theorem 3.1 Let $\boldsymbol{a}_1,\boldsymbol{a}_2,\cdots,\boldsymbol{a}_s$ and $\boldsymbol{b}_1,\boldsymbol{b}_2,\cdots,\boldsymbol{b}_t$ be two vector groups. If they satisfy:

(1) vector group $\boldsymbol{a}_1,\boldsymbol{a}_2,\cdots,\boldsymbol{a}_s$ can be linearly represented by vector group $\boldsymbol{b}_1,\boldsymbol{b}_2,\cdots,\boldsymbol{b}_t$;

(2) $s>t$,

then vector group $\boldsymbol{a}_1,\boldsymbol{a}_2,\cdots,\boldsymbol{a}_s$ must be linearly dependent.

定理 3.1 设 $\boldsymbol{a}_1,\boldsymbol{a}_2,\cdots,\boldsymbol{a}_s$ 与 $\boldsymbol{b}_1,\boldsymbol{b}_2,\cdots,\boldsymbol{b}_t$ 是两个向量组.如果它们满足:

(1) 向量组 $\boldsymbol{a}_1,\boldsymbol{a}_2,\cdots,\boldsymbol{a}_s$ 可以由向量组 $\boldsymbol{b}_1,\boldsymbol{b}_2,\cdots,\boldsymbol{b}_t$ 线性表示;

(2) $s>t$,

那么向量组 $\boldsymbol{a}_1,\boldsymbol{a}_2,\cdots,\boldsymbol{a}_s$ 必线性相关.

From Theorem 3.1, we can deduce the following results:

由定理 3.1 可得下面的结论:

Corollary 1 The vector group which contains any $n+1$ n-dimensional vectors must be linearly dependent.

推论 1 任意 $n+1$ 个 n 维向量组成的向量组必线性相关.

In fact, since every n-dimensional vector can be linearly represented by n-dimensional vector group $\boldsymbol{e}_1=(1,0,\cdots,0)^{\mathrm{T}}$, $\boldsymbol{e}_2=(0,1,\cdots,0)^{\mathrm{T}},\cdots,\boldsymbol{e}_n=(0,0,\cdots,1)^{\mathrm{T}}$, and $n+1>n$, Corollary 1 is established. $n+1$ n-dimensional vectors must be linearly dependent.

事实上,每个 n 维向量都可以由 n 维向量组 $\boldsymbol{e}_1=(1,0,\cdots,0)^{\mathrm{T}},\boldsymbol{e}_2=(0,1,\cdots,0)^{\mathrm{T}},\cdots,\boldsymbol{e}_n=(0,0,\cdots,1)^{\mathrm{T}}$ 线性表示,且 $n+1>n$,因而推论 1 成立.

Corollary 2 If vector group $\boldsymbol{a}_1,\boldsymbol{a}_2,\cdots,\boldsymbol{a}_s$ can be linearly represented by vector group $\boldsymbol{b}_1,\boldsymbol{b}_2,\cdots,\boldsymbol{b}_t$, and $\boldsymbol{a}_1,\boldsymbol{a}_2,\cdots,\boldsymbol{a}_s$ is linearly independent, then $s\leqslant t$.

推论 2 如果向量组 $\boldsymbol{a}_1,\boldsymbol{a}_2,\cdots,\boldsymbol{a}_s$ 可以由向量组 $\boldsymbol{b}_1,\boldsymbol{b}_2,\cdots,\boldsymbol{b}_t$ 线性表示,且 $\boldsymbol{a}_1,\boldsymbol{a}_2,\cdots,\boldsymbol{a}_s$ 线性无关,那么 $s\leqslant t$.

Corollary 3 Two equivalent linearly independent vector groups must contain the same number of vectors.

推论 3 两个等价的线性无关向量组,必含有相同个数的向量.

3. Maximal Linearly Independent Groups

Definition 3.9 If there are r vectors $\boldsymbol{a}_1,\boldsymbol{a}_2,\cdots,\boldsymbol{a}_r$ in vector group Ⅰ that satisfy:

(1) vector group I_0: $\boldsymbol{a}_1,\boldsymbol{a}_2,\cdots,\boldsymbol{a}_r$ is linearly independent;

(2) the vector group which contains any $r+1$ vectors in vector group Ⅰ (if vector group Ⅰ contains at least $r+1$ vectors) is linearly dependent,

then we say that vector group I_0 is a **maximal linearly independent group** of vector group Ⅰ.

3. 极大线性无关组

定义 3.9 如果在向量组Ⅰ中存在 r 个向量 $\boldsymbol{a}_1,\boldsymbol{a}_2,\cdots,\boldsymbol{a}_r$,满足:

(1) 向量组 I_0: $\boldsymbol{a}_1,\boldsymbol{a}_2,\cdots,\boldsymbol{a}_r$ 线性无关;

(2) 向量组Ⅰ中任意 $r+1$ 个向量(若Ⅰ中至少有 $r+1$ 个向量的话)组成的向量组都线性相关,

那么称向量组 I_0 是向量组Ⅰ的一个**极大线性无关组**.

Corollary 4 (equivalent definition of maximal linearly independent groups) Suppose vector group Ⅰ$_0$: $\boldsymbol{a}_1,\boldsymbol{a}_2,\cdots,\boldsymbol{a}_r$ is a partial group of vector group Ⅰ and satisfy:

(1) vector group Ⅰ$_0$ is linearly independent;

(2) any vector in vector group Ⅰ can be linearly represented by vector group Ⅰ$_0$,

then vector group Ⅰ$_0$ is a maximal linearly independent group of vector group Ⅰ.

For example, in vector group

$$\boldsymbol{a}_1=(2,-1,3,1)^{\mathrm{T}},$$
$$\boldsymbol{a}_2=(4,-2,5,4)^{\mathrm{T}},$$
$$\boldsymbol{a}_3=(2,-1,4,-1)^{\mathrm{T}},$$

the partial group consisting of $\boldsymbol{a}_1$ and $\boldsymbol{a}_2$ is a maximal linearly independent group. In fact, vector group $\boldsymbol{a}_1,\boldsymbol{a}_2$ is linearly independent because from

$$k_1\boldsymbol{a}_1+k_2\boldsymbol{a}_2=k_1(2,-1,3,1)^{\mathrm{T}}+k_2(4,-2,5,4)^{\mathrm{T}}=(0,0,0,0)^{\mathrm{T}},$$

we can derive $k_1=k_2=0$. In addition, in the first subsection of this section we know that vector group $\boldsymbol{a}_1,\boldsymbol{a}_2,\boldsymbol{a}_3$ is linearly dependent. Therefore, $\boldsymbol{a}_1,\boldsymbol{a}_2$ is a maximal linearly independent group. It is not difficult to prove that $\boldsymbol{a}_2,\boldsymbol{a}_3$ is also a maximal linearly independent group.

Obviously, the maximal linearly independent group of a linearly independent vector group is the vector group itself; $\boldsymbol{e}_1,\boldsymbol{e}_2,\cdots,\boldsymbol{e}_n$ is a maximal linearly independent group of $\mathbf{R}^n$.

A basic property of the maximal linearly independent group is easily obtained by Definition 3.9: Any maximal linearly independent group of a vector group is equivalent to the vector group.

It can be found from the above example that the maximal linearly independent group of a vector group is not unique. However, each of the maximal linearly independent groups of a vector group is equivalent to the vector group. Thus, any two maximal linearly independent groups of a vector group are equivalent to each other. From Corollary 3, we can obtain the following theorem:

Theorem 3.2 The maximal linearly independent groups

推论 4 (极大线性无关组的等价定义)

设向量组 Ⅰ$_0$: $\boldsymbol{a}_1,\boldsymbol{a}_2,\cdots,\boldsymbol{a}_r$ 是向量组 Ⅰ 的一个部分组,且满足:

(1) 向量组 Ⅰ$_0$ 线性无关;

(2) 向量组 Ⅰ 中的任一向量都能由向量组 Ⅰ$_0$ 线性表示,

那么向量组 Ⅰ$_0$ 便是向量组 Ⅰ 的一个极大无关组.

例如,在向量组

$$\boldsymbol{a}_1=(2,-1,3,1)^{\mathrm{T}},$$
$$\boldsymbol{a}_2=(4,-2,5,4)^{\mathrm{T}},$$
$$\boldsymbol{a}_3=(2,-1,4,-1)^{\mathrm{T}}$$

中,由 $\boldsymbol{a}_1,\boldsymbol{a}_2$ 组成的部分组就是一个极大线性无关组. 事实上,向量组 $\boldsymbol{a}_1,\boldsymbol{a}_2$ 线性无关,因为由

$$k_1\boldsymbol{a}_1+k_2\boldsymbol{a}_2=k_1(2,-1,3,1)^{\mathrm{T}}+k_2(4,-2,5,4)^{\mathrm{T}}=(0,0,0,0)^{\mathrm{T}}$$

可推出 $k_1=k_2=0$. 另外,在本节的第一小节中我们知道,向量组 $\boldsymbol{a}_1,\boldsymbol{a}_2,\boldsymbol{a}_3$ 线性相关. 所以,$\boldsymbol{a}_1,\boldsymbol{a}_2$ 是一个极大线性无关组. 不难证明,$\boldsymbol{a}_2,\boldsymbol{a}_3$ 也是一个极大线性无关组.

显然,一个线性无关向量组的极大线性无关组就是这个向量组自身;$\boldsymbol{e}_1,\boldsymbol{e}_2,\cdots,\boldsymbol{e}_n$ 是 $\mathbf{R}^n$ 的一个极大线性无关组.

由定义 3.9 容易得到极大线性无关组的一个基本性质:一个向量组的任一极大线性无关组都与该向量组等价.

由上面的例子可以发现,一个向量组的极大线性无关组不是唯一的. 但是,一个向量组的每个极大线性无关组都与该向量组等价. 所以,一个向量组的任意两个极大线性无关组都是等价的. 由推论 3 可得下面的定理:

定理 3.2 一个向量组的极大线性无关

of a vector group contain the same number of vectors.

组都含有相同个数的向量.

Example 2 Suppose vector group

$$\boldsymbol{a}_1=(2,1,-2)^{\mathrm{T}},$$
$$\boldsymbol{a}_2=(1,1,0)^{\mathrm{T}},$$
$$\boldsymbol{a}_3=(t,2,2)^{\mathrm{T}}$$

is linearly dependent. Find the value of t.

例 2 设向量组

$$\boldsymbol{a}_1=(2,1,-2)^{\mathrm{T}},$$
$$\boldsymbol{a}_2=(1,1,0)^{\mathrm{T}},$$
$$\boldsymbol{a}_3=(t,2,2)^{\mathrm{T}}$$

线性相关,求 t 的值.

Solution According to the title, there is a group of real numbers k_1,k_2,k_3 that are not all zeros such that

$$k_1\boldsymbol{a}_1+k_2\boldsymbol{a}_2+k_3\boldsymbol{a}_3=\boldsymbol{0},$$

then we have

$$\begin{cases}2k_1+k_2+tk_3=0,\\ k_1+k_2+2k_3=0,\\ -2k_1\quad\quad+2k_3=0.\end{cases}\tag{3.3}$$

This can be seen as a system of homogeneous linear equations for k_1,k_2,k_3, and its coefficient determinant is

$$\begin{vmatrix}2&1&t\\1&1&2\\-2&0&2\end{vmatrix}=2t-2.$$

Real numbers k_1,k_2,k_3 being not all zeros means system of homogeneous linear equations (3.3) has non-zero solutions. Thus, the coefficient determinant is equal to zero, that is,

$$2t-2=0,$$

then $t=1$.

解 根据题意设,存在一组不全为零的实数 k_1,k_2,k_3,使得

$$k_1\boldsymbol{a}_1+k_2\boldsymbol{a}_2+k_3\boldsymbol{a}_3=\boldsymbol{0},$$

于是有

$$\begin{cases}2k_1+k_2+tk_3=0,\\ k_1+k_2+2k_3=0,\\ -2k_1\quad\quad+2k_3=0.\end{cases}\tag{3.3}$$

这可看成关于 k_1,k_2,k_3 的齐次线性方程组,它的系数行列式为

$$\begin{vmatrix}2&1&t\\1&1&2\\-2&0&2\end{vmatrix}=2t-2.$$

实数 k_1,k_2,k_3 不全为零,说明齐次线性方程组(3.3)有非零解,从而系数行列式等于零,即

$$2t-2=0,$$

于是 $t=1$.

3.3 Rank of Matrices and Rank of Vector Groups
3.3 矩阵的秩与向量组的秩

1. Rank of Matrices

In order to give the definition of rank of matrices, the concept of minors of matrices is first introduced.

Definition 3.10 In $m\times n$ matrix $\boldsymbol{A}$, select k rows and k columns ($k\leqslant m$ and $k\leqslant n$). The k^2 entries that are located at the intersections of the k rows and the k columns form a k-order determinant without changing the position order of them in $\boldsymbol{A}$. The k-order determinant is

1. 矩阵的秩

为了给出矩阵的秩的定义,先引入矩阵的子式的概念.

定义 3.10 在 $m\times n$ 矩阵 $\boldsymbol{A}$ 中,选取 k 行和 k 列($k\leqslant m$ 且 $k\leqslant n$). 由位于这些行和列交叉处的 k^2 个元素,不改变它们在 $\boldsymbol{A}$ 中的位置次序所构成的 k 阶行列式,称为矩阵 $\boldsymbol{A}$ 的 k **阶子式**.

called a **k-order minor** of matrix $\boldsymbol{A}$.

For example, suppose a matrix

$$\boldsymbol{A}=\begin{pmatrix}1 & 2 & 3\\ 1 & 0 & -1\\ 3 & 4 & 0\end{pmatrix}.$$

The entries that are located at the intersections of the first and the third row and the first and the second column form a two-order determinant, $\begin{vmatrix}1 & 2\\ 3 & 4\end{vmatrix}=-2$, which is a two-order minor of $\boldsymbol{A}$. The number of two-order minors of $\boldsymbol{A}$ is $C_3^2C_3^2=9$. The determinant of $\boldsymbol{A}$ is the three-order minor of $\boldsymbol{A}$.

例如,设矩阵

$$\boldsymbol{A}=\begin{pmatrix}1 & 2 & 3\\ 1 & 0 & -1\\ 3 & 4 & 0\end{pmatrix},$$

则由第1,3行和第1,2列交叉处的元素构成的二阶行列式$\begin{vmatrix}1 & 2\\ 3 & 4\end{vmatrix}=-2$为$\boldsymbol{A}$的一个二阶子式. $\boldsymbol{A}$的二阶子式有$C_3^2C_3^2=9$个. $\boldsymbol{A}$的行列式是它的三阶子式.

Definition 3.11 If $m\times n$ matrix $\boldsymbol{A}$ has an r-order non-zero minor, and its all the $(r+1)$-order minors are zeros, then we say that the **rank** of matrix $\boldsymbol{A}$ is r, denoted by

$$R(\boldsymbol{A})=r.$$

If $\boldsymbol{A}=\boldsymbol{O}$, then we stipulate $R(\boldsymbol{A})=0$.

定义 3.11 如果$m\times n$矩阵$\boldsymbol{A}$有一个非零r阶子式,且它的所有$r+1$阶子式全为零,那么称矩阵$\boldsymbol{A}$的**秩**为r,记作

$$R(\boldsymbol{A})=r.$$

如果$\boldsymbol{A}=\boldsymbol{O}$,那么规定$R(\boldsymbol{A})=0$.

For matrix $\boldsymbol{A}$, if $R(\boldsymbol{A})=r$, then all the $(r+1)$-order minors of $\boldsymbol{A}$ are zeros. And from the properties of determinants, all the minors of $\boldsymbol{A}$ which orders are higher than $n+1$ are zeros. Therefore, rank $R(\boldsymbol{A})$ is equal to the highest order of non-zero minors of $\boldsymbol{A}$. Obviously, if $\boldsymbol{A}$ is a echelon matrix, then the number of non-zero rows r of $\boldsymbol{A}$ is its rank, that is,

$$R(\boldsymbol{A})=r.$$

对于矩阵$\boldsymbol{A}$,若$R(\boldsymbol{A})=r$,则$\boldsymbol{A}$的所有$r+1$阶子式全为零. 再由行列式的性质可知,$\boldsymbol{A}$的所有高于$r+1$阶的子式一定全为零. 因此,秩$R(\boldsymbol{A})$是$\boldsymbol{A}$的不为零的子式的最高阶数. 显然,如果$\boldsymbol{A}$是阶梯形矩阵,那么$\boldsymbol{A}$的非零行数r就是它的秩,即

$$R(\boldsymbol{A})=r.$$

Property 1 If $\boldsymbol{A}$ is an $m\times n$ matrix, then

$$0\leqslant R(\boldsymbol{A})\leqslant \min\{m,n\}.$$

Property 2 $R(\boldsymbol{A}^{\mathrm{T}})=R(\boldsymbol{A})$,

$R(k\boldsymbol{A})=R(\boldsymbol{A})\ (k\neq 0)$.

Property 3 If matrix $\boldsymbol{A}$ has a non-zero s-order subdeterminant, then

$$R(\boldsymbol{A})\geqslant s.$$

If all the t-order minors of matrix $\boldsymbol{A}$ are zeros, then

$$R(\boldsymbol{A})<t.$$

Property 4 For n-order matrix $\boldsymbol{A}$, when $\det(\boldsymbol{A})\neq 0$, that means the highest order minor is not zero, we have $R(\boldsymbol{A})=n$, and call it a **full rank matrix.** When $\det(\boldsymbol{A})=0$, we have $R(\boldsymbol{A})<n$, and $\boldsymbol{A}$ is an irreversible matrix.

性质1 若$\boldsymbol{A}$为$m\times n$的矩阵,则

$$0\leqslant R(\boldsymbol{A})\leqslant \min\{m,n\}.$$

性质2 $R(\boldsymbol{A}^{\mathrm{T}})=R(\boldsymbol{A})$,

$R(k\boldsymbol{A})=R(\boldsymbol{A})\ (k\neq 0)$.

性质3 若矩阵$\boldsymbol{A}$的某个s阶子式不为零,则

$$R(\boldsymbol{A})\geqslant s;$$

若矩阵$\boldsymbol{A}$的所有t阶子式全为零,则

$$R(\boldsymbol{A})<t.$$

性质4 对于n阶矩阵$\boldsymbol{A}$,当$\det(\boldsymbol{A})\neq 0$,即最高阶子式不为零时,有$R(\boldsymbol{A})=n$,此时称$\boldsymbol{A}$为**满秩矩阵**;当$\det(\boldsymbol{A})=0$时,有$R(\boldsymbol{A})<n$,此时$\boldsymbol{A}$是不可逆矩阵.

Apparently, any order minor of $\boldsymbol{I}_n$ is not zero, thus the rank of $\boldsymbol{I}_n$ is n. $\boldsymbol{I}_n$ is a full rank matrix.

Example 1 Find the rank of matrix

$$\boldsymbol{A}=\begin{pmatrix}3 & 1 & 0 & 2\\ 1 & -1 & 2 & -1\\ 1 & 3 & -4 & 4\end{pmatrix}.$$

Solution A two-order minor of $\boldsymbol{A}$ is

$$\begin{vmatrix}3 & 1\\ 1 & -1\end{vmatrix}=-4\neq 0,$$

and all the three-order minors of $\boldsymbol{A}$ are as follows:

$$\begin{vmatrix}3 & 1 & 0\\ 1 & -1 & 2\\ 1 & 3 & -4\end{vmatrix}=0,\quad \begin{vmatrix}3 & 1 & 2\\ 1 & -1 & -1\\ 1 & 3 & 4\end{vmatrix}=0,$$
$$\begin{vmatrix}3 & 0 & 2\\ 1 & 2 & -1\\ 1 & -4 & 4\end{vmatrix}=0,\quad \begin{vmatrix}1 & 0 & 2\\ -1 & 2 & -1\\ 3 & -4 & 4\end{vmatrix}=0.$$

Thus, there exists at least a non-zero two-order minor and all the three-order minors are zeros. Therefore,

$$\mathrm{R}(\boldsymbol{A})=2.$$

Theorem 3.3 Elementary transformations do not change the rank of matrices. That is to say if

$$\boldsymbol{A}\xrightarrow{\text{Elementary transformations}}\boldsymbol{B},$$

then

$$\mathrm{R}(\boldsymbol{A})=\mathrm{R}(\boldsymbol{B}).$$

Theorem 3.3 tells us a method to find the rank of matrix $\boldsymbol{A}$: the matrix $\boldsymbol{A}$ is transformed by elementary transformations into an echelon matrix $\boldsymbol{B}$, then the number of non-zero rows in $\boldsymbol{B}$ is the rank of $\boldsymbol{A}$.

Example 2 Find the rank of matrix

$$\boldsymbol{A}=\begin{pmatrix}1 & 2 & 4\\ 2 & -1 & 3\\ -1 & 1 & -1\\ 5 & 1 & 11\end{pmatrix}$$

by elementary transformations.

Solution Apply elementary transformations to $\boldsymbol{A}$ to transform it into an echelon matrix:

显然，$\boldsymbol{I}_n$ 的任意阶子式均不为零，故 $\boldsymbol{I}_n$ 的秩为 n，它为满秩矩阵.

例 1 求矩阵

$$\boldsymbol{A}=\begin{pmatrix}3 & 1 & 0 & 2\\ 1 & -1 & 2 & -1\\ 1 & 3 & -4 & 4\end{pmatrix}$$

的秩.

解 $\boldsymbol{A}$ 的一个二阶子式为

$$\begin{vmatrix}3 & 1\\ 1 & -1\end{vmatrix}=-4\neq 0,$$

而其所有的三阶子式如下:

$$\begin{vmatrix}3 & 1 & 0\\ 1 & -1 & 2\\ 1 & 3 & -4\end{vmatrix}=0,\quad \begin{vmatrix}3 & 1 & 2\\ 1 & -1 & -1\\ 1 & 3 & 4\end{vmatrix}=0,$$
$$\begin{vmatrix}3 & 0 & 2\\ 1 & 2 & -1\\ 1 & -4 & 4\end{vmatrix}=0,\quad \begin{vmatrix}1 & 0 & 2\\ -1 & 2 & -1\\ 3 & -4 & 4\end{vmatrix}=0.$$

所以，至少存在一个非零二阶子式，并且所有的三阶子式均为零. 故

$$\mathrm{R}(\boldsymbol{A})=2.$$

定理 3.3 初等变换不改变矩阵的秩，即若

$$\boldsymbol{A}\xrightarrow{\text{初等变换}}\boldsymbol{B},$$

则

$$\mathrm{R}(\boldsymbol{A})=\mathrm{R}(\boldsymbol{B}).$$

定理 3.3 告诉我们一个求矩阵 $\boldsymbol{A}$ 的秩的方法：通过初等变换将矩阵 $\boldsymbol{A}$ 化为阶梯形矩阵 $\boldsymbol{B}$，则 $\boldsymbol{B}$ 中的非零行数就是 $\boldsymbol{A}$ 的秩.

例 2 利用初等变换，求矩阵

$$\boldsymbol{A}=\begin{pmatrix}1 & 2 & 4\\ 2 & -1 & 3\\ -1 & 1 & -1\\ 5 & 1 & 11\end{pmatrix}$$

的秩.

解 对 $\boldsymbol{A}$ 施行初等变换，将其化为阶梯形矩阵:

$$\boldsymbol{A}=\begin{pmatrix}1&2&4\\2&-1&3\\-1&1&-1\\5&1&11\end{pmatrix}\xrightarrow[r_4-5r_1]{\substack{r_2-2r_1\\r_3+r_1}}\begin{pmatrix}1&2&4\\0&-5&-5\\0&3&3\\0&-9&-9\end{pmatrix}\xrightarrow[\substack{r_3-3r_2\\r_4+9r_2}]{-\frac{1}{5}r_2}\begin{pmatrix}1&2&4\\0&1&1\\0&0&0\\0&0&0\end{pmatrix}.$$

It can be seen that the number of non-zero rows in the echelon matrix is 2, so

$$\mathrm{R}(\boldsymbol{A})=2.$$

可见,所得阶梯形矩阵中非零行数为 2,所以

$$\mathrm{R}(\boldsymbol{A})=2.$$

2. Rank of Vector Groups

Although the maximal linearly independent group of a vector group may not be unique, the maximal linearly independent groups contain the same number of vectors. Thus, we introduce the following concept:

Definition 3.12 The number of vectors contained in the maximal linearly independent group of a vector group is called the **rank** of this vector group.

For example, suppose a vector group

$$\boldsymbol{a}_1=(1,-1)^{\mathrm{T}},\quad \boldsymbol{a}_2=(2,0)^{\mathrm{T}},\quad \boldsymbol{a}_3=(1,1)^{\mathrm{T}}.$$

Since vector group $\boldsymbol{a}_1,\boldsymbol{a}_2$ is linearly independent and $\boldsymbol{a}_3=\boldsymbol{a}_2-\boldsymbol{a}_1$, it is easily known that $\boldsymbol{a}_1,\boldsymbol{a}_2$ is a maximal linearly independent group of vector group $\boldsymbol{a}_1,\boldsymbol{a}_2,\boldsymbol{a}_3$. Thus, the rank of vector group $\boldsymbol{a}_1,\boldsymbol{a}_2,\boldsymbol{a}_3$ is 2.

Apparently, the number of vectors of the maximal linearly independent group of $\mathbf{R}^n$ is n so that the rank of $\mathbf{R}^n$ is n.

Since a linearly independent vector group is its own maximal linearly independent group, the necessary and sufficient condition for a vector group to be linearly independent is that its rank is the same as the number of vectors it contains.

We know that each vector group is equivalent to its maximal linearly independent group. From the transitivity of equivalent, the maximal linearly independent groups of any two equivalent vector groups are also equivalent, so the equivalent vector groups must have the same rank.

We also need to point out that a vector group that contains non-zero vectors must have a maximal linearly independent group, and any linearly independent partial

2. 向量组的秩

虽然一个向量组的极大线性无关组可能是不唯一的,但是极大线性无关组所含向量的个数相同. 由此,我们引入如下概念:

定义 3.12 一个向量组的极大线性无关组所含向量的个数称为这个向量组的**秩**.

例如,设向量组

$$\boldsymbol{a}_1=(1,-1)^{\mathrm{T}},\quad \boldsymbol{a}_2=(2,0)^{\mathrm{T}},\quad \boldsymbol{a}_3=(1,1)^{\mathrm{T}}.$$

由向量组 $\boldsymbol{a}_1,\boldsymbol{a}_2$ 线性无关以及 $\boldsymbol{a}_3=\boldsymbol{a}_2-\boldsymbol{a}_1$ 易知,$\boldsymbol{a}_1,\boldsymbol{a}_2$ 是向量组 $\boldsymbol{a}_1,\boldsymbol{a}_2,\boldsymbol{a}_3$ 的一个极大线性无关组. 因此,向量组 $\boldsymbol{a}_1,\boldsymbol{a}_2,\boldsymbol{a}_3$ 的秩为 2.

显然,$\mathbf{R}^n$ 的极大线性无关组所含向量的个数为 n,所以 $\mathbf{R}^n$ 的秩为 n.

因为一个线性无关向量组就是它自身的极大线性无关组,所以一个向量组线性无关的充要条件是它的秩与它所含向量的个数相同.

我们知道,每个向量组都与它的极大线性无关组等价. 由等价的传递性可知,任意两个等价向量组的极大线性无关组也等价,所以等价向量组必有相同的秩.

还要指出:含有非零向量的向量组一定有极大线性无关组,且任一线性无关的部分组都能扩充成该向量组的一个极大线性无

group can be expanded into a maximal linearly independent group of the vector group. A vector group consisting of only zero vectors does not have the maximal linearly independent group. We specify that the rank of such a vector group is zero.

关组. 全部由零向量组成的向量组没有极大线性无关组. 我们规定这样的向量组的秩为零.

3. Relationship Between Rank of Matrices and Rank of Vector Groups

3. 矩阵的秩与向量组的秩的关系

Each row of a matrix can be regarded as a row vector, so the matrix can be considered as composed of a row vector group. For the same reason, the matrix can also be considered as composed of a column vector group. In fact, the rank of the matrix, the rank of its row vector group and the rank of its column vector group have the following relationship:

矩阵的每一行可看成一个行向量,于是矩阵可看作是由行向量组构成的;同理,矩阵也可看作是由列向量组构成的. 事实上,矩阵的秩与它的行向量组的秩和列向量组的秩有如下关系:

Theorem 3.4 The rank of a matrix is equal to the rank of the row vector group of the matrix, and it is also equal to the rank of the column vector group of the matrix.

定理 3.4 矩阵的秩等于它的行向量组的秩,也等于它的列向量组的秩.

For example, matrix

$$\boldsymbol{A}=\begin{pmatrix}1&1&3&1\\0&2&-1&4\\0&0&0&5\\0&0&0&0\end{pmatrix}$$

is an echelon matrix. It is easy to know that the rank of $\boldsymbol{A}$ is 3.

The row vector group of $\boldsymbol{A}$ is

$$\boldsymbol{a}_1=(1,1,3,1),\quad \boldsymbol{a}_2=(0,2,-1,4),$$
$$\boldsymbol{a}_3=(0,0,0,5),\quad \boldsymbol{a}_4=(0,0,0,0).$$

It can be verified that $\boldsymbol{a}_1,\boldsymbol{a}_2,\boldsymbol{a}_3$ is a maximal linearly independent group of vector group $\boldsymbol{a}_1,\boldsymbol{a}_2,\boldsymbol{a}_3,\boldsymbol{a}_4$. In fact, from

$$k_1\boldsymbol{a}_1+k_2\boldsymbol{a}_2+k_3\boldsymbol{a}_3=\boldsymbol{0},$$

that is,

$$\begin{aligned}&k_1(1,1,3,1)+k_2(0,2,-1,4)+k_3(0,0,0,5)\\&=(k_1,k_1+2k_2,3k_1-k_2,k_1+4k_2+5k_3)\\&=(0,0,0,0),\end{aligned}$$

we have $k_1=k_2=k_3=0$. This prove that vector group $\boldsymbol{a}_1,\boldsymbol{a}_2,\boldsymbol{a}_3$ is linearly independent. Since $\boldsymbol{a}_4$ is a zero vector, we add $\boldsymbol{a}_4$ in the vector group and it becomes linearly dependent. Therefore, the rank of vector group $\boldsymbol{a}_1,\boldsymbol{a}_2,\boldsymbol{a}_3,\boldsymbol{a}_4$ is 3. That is to say the rank of the row vector group of matrix $\boldsymbol{A}$ is 3.

例如,矩阵

$$\boldsymbol{A}=\begin{pmatrix}1&1&3&1\\0&2&-1&4\\0&0&0&5\\0&0&0&0\end{pmatrix}$$

为阶梯形矩阵,易知它的秩为 3.

$\boldsymbol{A}$ 的行向量组是

$$\boldsymbol{a}_1=(1,1,3,1),\quad \boldsymbol{a}_2=(0,2,-1,4),$$
$$\boldsymbol{a}_3=(0,0,0,5),\quad \boldsymbol{a}_4=(0,0,0,0).$$

可以证明,$\boldsymbol{a}_1,\boldsymbol{a}_2,\boldsymbol{a}_3$ 是向量组 $\boldsymbol{a}_1,\boldsymbol{a}_2,\boldsymbol{a}_3,\boldsymbol{a}_4$ 的一个极大线性无关组. 事实上,由

$$k_1\boldsymbol{a}_1+k_2\boldsymbol{a}_2+k_3\boldsymbol{a}_3=\boldsymbol{0},$$

即

$$\begin{aligned}&k_1(1,1,3,1)+k_2(0,2,-1,4)+k_3(0,0,0,5)\\&=(k_1,k_1+2k_2,3k_1-k_2,k_1+4k_2+5k_3)\\&=(0,0,0,0),\end{aligned}$$

可得 $k_1=k_2=k_3=0$. 这就证明了向量组 $\boldsymbol{a}_1,\boldsymbol{a}_2,\boldsymbol{a}_3$ 线性无关. 因为 $\boldsymbol{a}_4$ 是零向量,所以把 $\boldsymbol{a}_4$ 添进去就线性相关了. 因此,向量组 $\boldsymbol{a}_1,\boldsymbol{a}_2,\boldsymbol{a}_3,\boldsymbol{a}_4$ 的秩为 3. 也就是说,矩阵 $\boldsymbol{A}$ 的行向量组的秩为 3.

The column vector group of $\boldsymbol{A}$ is

$$\boldsymbol{b}_1=(1,0,0,0)^{\mathrm{T}},$$
$$\boldsymbol{b}_2=(1,2,0,0)^{\mathrm{T}},$$
$$\boldsymbol{b}_3=(3,-1,0,0)^{\mathrm{T}},$$
$$\boldsymbol{b}_4=(1,4,5,0)^{\mathrm{T}}.$$

In the same way, vector group $\boldsymbol{b}_1,\boldsymbol{b}_2,\boldsymbol{b}_4$ is linearly independent and

$$\boldsymbol{b}_3=\frac{7}{2}\boldsymbol{b}_1-\frac{1}{2}\boldsymbol{b}_2.$$

So, we add $\boldsymbol{b}_3$ in this vector group and it becomes linearly dependent. Thus, $\boldsymbol{b}_1,\boldsymbol{b}_2,\boldsymbol{b}_4$ is a maximal linearly independent group of vector group $\boldsymbol{b}_1,\boldsymbol{b}_2,\boldsymbol{b}_3,\boldsymbol{b}_4$, then the rank of vector group $\boldsymbol{b}_1,\boldsymbol{b}_2,\boldsymbol{b}_3,\boldsymbol{b}_4$ is 3. In other words, the rank of the column vector group of matrix $\boldsymbol{A}$ is also 3.

$\boldsymbol{A}$ 的列向量组是

$$\boldsymbol{b}_1=(1,0,0,0)^{\mathrm{T}},$$
$$\boldsymbol{b}_2=(1,2,0,0)^{\mathrm{T}},$$
$$\boldsymbol{b}_3=(3,-1,0,0)^{\mathrm{T}},$$
$$\boldsymbol{b}_4=(1,4,5,0)^{\mathrm{T}}.$$

用同样的方法可以证明向量组 $\boldsymbol{b}_1,\boldsymbol{b}_2,\boldsymbol{b}_4$ 线性无关,而

$$\boldsymbol{b}_3=\frac{7}{2}\boldsymbol{b}_1-\frac{1}{2}\boldsymbol{b}_2,$$

所以把 $\boldsymbol{b}_3$ 添进去就线性相关了. 因此,$\boldsymbol{b}_1,\boldsymbol{b}_2,\boldsymbol{b}_4$ 是向量组 $\boldsymbol{b}_1,\boldsymbol{b}_2,\boldsymbol{b}_3,\boldsymbol{b}_4$ 的一个极大线性无关组,从而向量组 $\boldsymbol{b}_1,\boldsymbol{b}_2,\boldsymbol{b}_3,\boldsymbol{b}_4$ 的秩为 3. 换句话说,矩阵 $\boldsymbol{A}$ 的列向量组的秩也是 3.

4. Method for Finding Maximal Linearly Independent Groups

It can be proved that performing elementary row transformations on a matrix does not change the linear dependence of the column vector group of the matrix. Furthermore, the following method for finding the rank and the maximal linearly independent group of a vector group can be obtained:

(1) Construct matrix $\boldsymbol{A}$ with the given vector group as columns, and then transform $\boldsymbol{A}$ into an echelon matrix $\boldsymbol{B}$ by elementary row transformations, then the number r of non-zero rows in $\boldsymbol{B}$ is the rank of the given vector group.

(2) The r columns of matrix $\boldsymbol{A}$ corresponding to the r columns of the leading non-zero entry of the non-zero row in echelon matrix $\boldsymbol{B}$ is a maximal linearly independent group of the given vector group.

Further, if the echelon matrix $\boldsymbol{B}$ in (2) above is transformed into a reduced echelon matrix, we can obtain the coefficients of vectors that are not part of the maximal linearly independent group which are linearly represented by this maximal linearly independent group. A specific example is as follows.

4. 极大线性无关组的求法

可以证明,对矩阵施行初等行变换不改变其列向量组的线性相关性. 进一步,还可以得到如下求向量组的秩和极大线性无关组的方法:

(1) 以给定的向量组为列构造矩阵 $\boldsymbol{A}$,再通过初等行变换将 $\boldsymbol{A}$ 化为阶梯形矩阵 $\boldsymbol{B}$,则 $\boldsymbol{B}$ 中的非零行数 r 就是给定向量组的秩;

(2) 阶梯形 $\boldsymbol{B}$ 中非零行的非零首元所在的 r 列对应的矩阵 $\boldsymbol{A}$ 的 r 列,就是给定向量组的一个极大线性无关组.

进一步,若把上述(2)中的阶梯形矩阵 $\boldsymbol{B}$ 化为简化阶梯形矩阵,就可以得到给定向量组中不属于极大线性无关组的向量由此极大线性无关组线性表示的系数. 下面用具体的例子进行说明.

Example 3 Find the rank and a maximal linearly independent group of vector group

$$\boldsymbol{\alpha}_1=(1,2,1,3)^{\mathrm{T}},$$
$$\boldsymbol{\alpha}_2=(4,0,-4,-4)^{\mathrm{T}},$$
$$\boldsymbol{\alpha}_3=(1,-3,-4,-7)^{\mathrm{T}},$$

and represent the vectors that are not part of the maximal linearly independent group by the vectors of the maximal linearly independent group.

例 3 求向量组

$$\boldsymbol{\alpha}_1=(1,2,1,3)^{\mathrm{T}},$$
$$\boldsymbol{\alpha}_2=(4,0,-4,-4)^{\mathrm{T}},$$
$$\boldsymbol{\alpha}_3=(1,-3,-4,-7)^{\mathrm{T}},$$

的秩和一个极大线性无关组,并用此极大线性无关组表示不属于该极大线性无关组的向量.

Solution Construct a matrix $\boldsymbol{A}$ with vectors $\boldsymbol{\alpha}_1,\boldsymbol{\alpha}_2,\boldsymbol{\alpha}_3$ as columns and perform elementary row transformations on $\boldsymbol{A}$:

解 以 $\boldsymbol{\alpha}_1,\boldsymbol{\alpha}_2,\boldsymbol{\alpha}_3$ 为列向量构造矩阵 $\boldsymbol{A}$,并对矩阵 $\boldsymbol{A}$ 施行初等行变换:

$$\boldsymbol{A}=\begin{pmatrix}1&4&1\\2&0&-3\\1&-4&-4\\3&-4&-7\end{pmatrix}\xrightarrow[r_4-3r_1]{\substack{r_2-2r_1\\r_3-r_1}}\begin{pmatrix}1&4&1\\0&-8&-5\\0&-8&-5\\0&-16&-10\end{pmatrix}\xrightarrow[-r_2]{\substack{r_3-r_2\\r_4-2r_2}}\begin{pmatrix}1&4&1\\0&8&5\\0&0&0\\0&0&0\end{pmatrix}\xrightarrow[r_1-4r_2]{\frac{1}{8}r_2}\begin{pmatrix}1&0&-\frac{3}{2}\\0&1&\frac{5}{8}\\0&0&0\\0&0&0\end{pmatrix}.$$

Then we know that $\mathrm{R}(\boldsymbol{A})=2$, that is, the rank of vector group $\boldsymbol{\alpha}_1,\boldsymbol{\alpha}_2,\boldsymbol{\alpha}_3$ is 2. We also know that $\boldsymbol{\alpha}_1,\boldsymbol{\alpha}_2$ is a maximal linearly independent group of vector group $\boldsymbol{\alpha}_1,\boldsymbol{\alpha}_2,\boldsymbol{\alpha}_3$, and

$$\boldsymbol{\alpha}_3=-\frac{3}{2}\boldsymbol{\alpha}_1+\frac{5}{8}\boldsymbol{\alpha}_2.$$

由此可知 $\mathrm{R}(\boldsymbol{A})=2$,即向量组 $\boldsymbol{\alpha}_1,\boldsymbol{\alpha}_2,\boldsymbol{\alpha}_3$ 的秩为 2,$\boldsymbol{\alpha}_1,\boldsymbol{\alpha}_2$ 是它的一个极大线性无关组,且有

$$\boldsymbol{\alpha}_3=-\frac{3}{2}\boldsymbol{\alpha}_1+\frac{5}{8}\boldsymbol{\alpha}_2.$$

3.4 Bases and Dimensions of Vector Spaces
3.4 向量空间的基与维数

Definition 3.13 Suppose V is a vector space. If there are r vectors $\boldsymbol{a}_1,\boldsymbol{a}_2,\cdots,\boldsymbol{a}_r$ of V that satisfy:

(1) vector group $\boldsymbol{a}_1,\boldsymbol{a}_2,\cdots,\boldsymbol{a}_r$ is linearly independent;

(2) any vector in V can be linearly represented by vector group $\boldsymbol{a}_1,\boldsymbol{a}_2,\cdots,\boldsymbol{a}_r$,

then we say that vector group $\boldsymbol{a}_1,\boldsymbol{a}_2,\cdots,\boldsymbol{a}_r$ is a **basis** of vector space V, and r is the **dimension** of vector space V, denoted by $\dim(V)$, that is,

$$r=\dim(V).$$

Then, V is called a ***r*-dimensional vector space**.

For example, apparently, vector group

定义 3.13 设 V 是向量空间. 如果 V 中存在 r 个向量 $\boldsymbol{a}_1,\boldsymbol{a}_2,\cdots,\boldsymbol{a}_r$,满足:

(1) 向量组 $\boldsymbol{a}_1,\boldsymbol{a}_2,\cdots,\boldsymbol{a}_r$ 线性无关;

(2) V 中的任一向量都可以由向量组 $\boldsymbol{a}_1,\boldsymbol{a}_2,\cdots,\boldsymbol{a}_r$ 线性表示,

那么称向量组 $\boldsymbol{a}_1,\boldsymbol{a}_2,\cdots,\boldsymbol{a}_r$ 为向量空间 $\boldsymbol{V}$ 的一个**基**,称 r 为向量空间 V 的**维数**,记为 $\dim(V)$,即

$$r=\dim(V),$$

并称 V 为 **r 维向量空间**.

例如,显然向量组

$$e_1=\begin{pmatrix}1\\0\\\vdots\\0\end{pmatrix},\quad e_2=\begin{pmatrix}0\\1\\\vdots\\0\end{pmatrix},\quad\cdots,\quad e_n=\begin{pmatrix}0\\0\\\vdots\\1\end{pmatrix}$$

is a basis of $\mathbf{R}^n$, and $\mathbf{R}^n$ is an n-dimensional vector space.

Example 1 Suppose S is a subspace of $\mathbf{R}^3$ and

$$S=\mathrm{Span}\{s_1,s_2,s_3,s_4\},$$

where

$$s_1=\begin{pmatrix}1\\2\\-1\end{pmatrix},\quad s_2=\begin{pmatrix}2\\4\\-2\end{pmatrix},$$

$$s_3=\begin{pmatrix}-1\\3\\6\end{pmatrix},\quad s_4=\begin{pmatrix}4\\5\\-7\end{pmatrix}.$$

Find a basis and the dimension of S.

Solution Suppose a matrix

$$A=\begin{pmatrix}1&2&-1&4\\2&4&3&5\\-1&-2&6&-7\end{pmatrix}.$$

From the title, we know that the column vector group of A generate S. Transform A into an echelon matrix:

$$A\xrightarrow{\text{Elementary row transformations}}\begin{pmatrix}1&2&0&\frac{17}{5}\\0&0&1&-\frac{3}{5}\\0&0&0&0\end{pmatrix}.$$

Evidently, s_1,s_3 is a maximal linearly independent group of vector group s_1,s_2,s_3,s_4. Therefore, s_1,s_3 form a basis of S and $\dim(S)=2$.

With regard to the basis of a vector space, we can prove that the following conclusions are established:

Theorem 3.5 If V is a vector space and $v_1,v_2,\cdots,v_p$ is a basis of V, then the vector group which contains any $p+1$ vectors in V is linearly dependent.

Theorem 3.6 Suppose V is a vector space and $v_1,v_2,\cdots,v_p$ is a basis of V. If $u_1,u_2,\cdots,u_m$ is also a basis of V, then $m=p$.

Theorem 3.7 If V is a vector space and $v_1,v_2,\cdots,v_p$

$$e_1=\begin{pmatrix}1\\0\\\vdots\\0\end{pmatrix},\quad e_2=\begin{pmatrix}0\\1\\\vdots\\0\end{pmatrix},\quad\cdots,\quad e_n=\begin{pmatrix}0\\0\\\vdots\\1\end{pmatrix}$$

是 $\mathbf{R}^n$ 的一个基，$\mathbf{R}^n$ 是 n 维向量空间.

例 1 设 S 为 $\mathbf{R}^3$ 的子空间，且

$$S=\mathrm{Span}\{s_1,s_2,s_3,s_4\},$$

其中

$$s_1=\begin{pmatrix}1\\2\\-1\end{pmatrix},\quad s_2=\begin{pmatrix}2\\4\\-2\end{pmatrix},$$

$$s_3=\begin{pmatrix}-1\\3\\6\end{pmatrix},\quad s_4=\begin{pmatrix}4\\5\\-7\end{pmatrix},$$

求 S 的一个基和维数.

解 设矩阵

$$A=\begin{pmatrix}1&2&-1&4\\2&4&3&5\\-1&-2&6&-7\end{pmatrix}.$$

由题设知，A 的列向量组生成 S. 把 A 化为阶梯形矩阵：

$$A\xrightarrow{\text{初等行变换}}\begin{pmatrix}1&2&0&\frac{17}{5}\\0&0&1&-\frac{3}{5}\\0&0&0&0\end{pmatrix}.$$

可见，s_1,s_3 是向量组 s_1,s_2,s_3,s_4 的一个极大线性无关组，所以 s_1,s_3 构成 S 的一个基，且 $\dim(S)=2$.

关于向量空间的基，我们可以证明下面的结论成立：

定理 3.5 如果 V 是一个向量空间，且 $v_1,v_2,\cdots,v_p$ 是 V 的一个基，那么 V 中任意 $p+1$ 个向量构成的向量组都是线性相关的.

定理 3.6 设 V 是一个向量空间，且 $v_1,v_2,\cdots,v_p$ 是 V 的一个基. 如果 $u_1,u_2,\cdots,u_m$ 也是 V 的一个基，那么 $m=p$.

定理 3.7 设 V 是一个向量空间，v_1，

is a basis of V, then for every vector $\boldsymbol{w}$ in V, there exists only one group of numbers $w_1, w_2, \cdots, w_p$, such that

$$\boldsymbol{w}=w_1\boldsymbol{v}_1+w_2\boldsymbol{v}_2+\cdots+w_p\boldsymbol{v}_p. \qquad (3.4)$$

In (3.4), the group of numbers $w_1, w_2, \cdots, w_p$ is called the **coordinate** of $\boldsymbol{w}$ at basis $\boldsymbol{v}_1, \boldsymbol{v}_2, \cdots, \boldsymbol{v}_p$, denoted by

$$(w_1, w_2, \cdots, w_p).$$

Apparently, for different bases, the coordinates are usually different.

Example 2 Suppose $\boldsymbol{v}_1, \boldsymbol{v}_2, \boldsymbol{v}_3$ is a basis of $\mathbf{R}^3$, where

$$\boldsymbol{v}_1=\begin{pmatrix}1\\0\\1\end{pmatrix},\quad \boldsymbol{v}_2=\begin{pmatrix}1\\1\\0\end{pmatrix},\quad \boldsymbol{v}_3=\begin{pmatrix}0\\1\\1\end{pmatrix}.$$

Find the coordinate of vector $\boldsymbol{w}=(2,-2,1)^{\mathrm{T}}$ at basis $\boldsymbol{v}_1, \boldsymbol{v}_2, \boldsymbol{v}_3$.

Solution Suppose the coordinate of vector $\boldsymbol{w}=(2,-2,1)^{\mathrm{T}}$ at basis $\boldsymbol{v}_1, \boldsymbol{v}_2, \boldsymbol{v}_3$ is (w_1, w_2, w_3), then it is a solution of system of equations

$$w_1\boldsymbol{v}_1+w_2\boldsymbol{v}_2+w_3\boldsymbol{v}_3=\boldsymbol{w}. \qquad (3.5)$$

This is a system of linear equations and its augmented matrix is

$$\boldsymbol{A}=\begin{pmatrix}1&1&0&2\\0&1&1&-2\\1&0&1&1\end{pmatrix}.$$

After a series of elementary row transformations, $\boldsymbol{A}$ can be transformed into

$$\begin{pmatrix}1&0&0&\frac{5}{2}\\0&1&0&-\frac{1}{2}\\0&0&1&-\frac{3}{2}\end{pmatrix}.$$

So, the solution of system (3.5) is

$$w_1=\frac{5}{2},\quad w_2=-\frac{1}{2},\quad w_3=-\frac{3}{2}.$$

Therefore, the coordinate of vector $\boldsymbol{w}=(2,-2,1)^{\mathrm{T}}$ at basis $\boldsymbol{v}_1, \boldsymbol{v}_2, \boldsymbol{v}_3$ is $\left(\frac{5}{2}, -\frac{1}{2}, -\frac{3}{2}\right)$.

Example 3 In $\mathbf{R}^4$, find the coordinate of vector

$\boldsymbol{v}_2, \cdots, \boldsymbol{v}_p$ 是 V 的一个基,则对于 V 中的每个向量 $\boldsymbol{w}$,存在唯一的一组数 $w_1, w_2, \cdots, w_p$,使得

$$\boldsymbol{w}=w_1\boldsymbol{v}_1+w_2\boldsymbol{v}_2+\cdots+w_p\boldsymbol{v}_p. \qquad (3.4)$$

我们将(3.4)式中唯一的一组数 $w_1, w_2, \cdots, w_p$ 称为 $\boldsymbol{w}$ 在基 $\boldsymbol{v}_1, \boldsymbol{v}_2, \cdots, \boldsymbol{v}_p$ 下的**坐标**,记为$(w_1, w_2, \cdots, w_p)$.

显然,对于不同的基,同一个向量的坐标一般是不同的.

例 2 设 $\boldsymbol{v}_1, \boldsymbol{v}_2, \boldsymbol{v}_3$ 是 $\mathbf{R}^3$ 一个基,其中

$$\boldsymbol{v}_1=\begin{pmatrix}1\\0\\1\end{pmatrix},\quad \boldsymbol{v}_2=\begin{pmatrix}1\\1\\0\end{pmatrix},\quad \boldsymbol{v}_3=\begin{pmatrix}0\\1\\1\end{pmatrix},$$

试确定向量 $\boldsymbol{w}=(2,-2,1)^{\mathrm{T}}$ 在基 $\boldsymbol{v}_1, \boldsymbol{v}_2, \boldsymbol{v}_3$ 下的坐标.

解 设向量 $\boldsymbol{w}=(2,-2,1)^{\mathrm{T}}$ 在基 $\boldsymbol{v}_1, \boldsymbol{v}_2, \boldsymbol{v}_3$ 下的坐标为(w_1, w_2, w_3),则它是方程组

$$w_1\boldsymbol{v}_1+w_2\boldsymbol{v}_2+w_3\boldsymbol{v}_3=\boldsymbol{w} \qquad (3.5)$$

的解. 这是一个线性方程组,它的增广矩阵为

$$\boldsymbol{A}=\begin{pmatrix}1&1&0&2\\0&1&1&-2\\1&0&1&1\end{pmatrix}.$$

经过一系列初等行变换,$\boldsymbol{A}$ 可化为

$$\begin{pmatrix}1&0&0&\frac{5}{2}\\0&1&0&-\frac{1}{2}\\0&0&1&-\frac{3}{2}\end{pmatrix},$$

所以方程组(3.5)的解为

$$w_1=\frac{5}{2},\quad w_2=-\frac{1}{2},\quad w_3=-\frac{3}{2},$$

从而向量 $\boldsymbol{w}=(2,-2,1)^{\mathrm{T}}$ 在基 $\boldsymbol{v}_1, \boldsymbol{v}_2, \boldsymbol{v}_3$ 下的坐标为$\left(\frac{5}{2}, -\frac{1}{2}, -\frac{3}{2}\right)$.

例 3 在 $\mathbf{R}^4$ 中,求向量 $\boldsymbol{\xi}=(0,0,0,1)^{\mathrm{T}}$

$\boldsymbol{\xi}=(0,0,0,1)^{\mathrm{T}}$ at basis $\boldsymbol{v}_1,\boldsymbol{v}_2,\boldsymbol{v}_3,\boldsymbol{v}_4$, where

$$\boldsymbol{v}_1=(1,1,0,1)^{\mathrm{T}},$$
$$\boldsymbol{v}_2=(2,1,3,1)^{\mathrm{T}},$$
$$\boldsymbol{v}_3=(1,1,0,0)^{\mathrm{T}},$$
$$\boldsymbol{v}_4=(0,1,-1,-1)^{\mathrm{T}}.$$

Solution Suppose the coordinate of $\boldsymbol{\xi}$ at basis $\boldsymbol{v}_1,\boldsymbol{v}_2,\boldsymbol{v}_3,\boldsymbol{v}_4$ is (k_1,k_2,k_3,k_4), then

$$\boldsymbol{\xi}=k_1\boldsymbol{v}_1+k_2\boldsymbol{v}_2+k_3\boldsymbol{v}_3+k_4\boldsymbol{v}_4.$$

Write the vector equation by components, we get a system of equations

$$\begin{cases} k_1+2k_2+k_3=0, \\ k_1+k_2+k_3+k_4=0, \\ 3k_2-k_4=0, \\ k_1+k_2-k_4=1. \end{cases}$$

Solve the system so that

$$k_1=1,\quad k_2=0,$$
$$k_3=-1,\quad k_4=0.$$

Thus, the coordinate of $\boldsymbol{\xi}$ at basis $\boldsymbol{v}_1,\boldsymbol{v}_2,\boldsymbol{v}_3,\boldsymbol{v}_4$ is

$$(1,0,-1,0).$$

在基 $\boldsymbol{v}_1,\boldsymbol{v}_2,\boldsymbol{v}_3,\boldsymbol{v}_4$ 下的坐标,其中

$$\boldsymbol{v}_1=(1,1,0,1)^{\mathrm{T}},$$
$$\boldsymbol{v}_2=(2,1,3,1)^{\mathrm{T}},$$
$$\boldsymbol{v}_3=(1,1,0,0)^{\mathrm{T}},$$
$$\boldsymbol{v}_4=(0,1,-1,-1)^{\mathrm{T}}.$$

解 设 $\boldsymbol{\xi}$ 在基 $\boldsymbol{v}_1,\boldsymbol{v}_2,\boldsymbol{v}_3,\boldsymbol{v}_4$ 下的坐标为 (k_1,k_2,k_3,k_4),则

$$\boldsymbol{\xi}=k_1\boldsymbol{v}_1+k_2\boldsymbol{v}_2+k_3\boldsymbol{v}_3+k_4\boldsymbol{v}_4.$$

将向量等式按分量写出,得方程组

$$\begin{cases} k_1+2k_2+k_3=0, \\ k_1+k_2+k_3+k_4=0, \\ 3k_2-k_4=0, \\ k_1+k_2-k_4=1. \end{cases}$$

求解此方程组,得

$$k_1=1,\quad k_2=0,$$
$$k_3=-1,\quad k_4=0.$$

所以,$\boldsymbol{\xi}$ 在基 $\boldsymbol{v}_1,\boldsymbol{v}_2,\boldsymbol{v}_3,\boldsymbol{v}_4$ 下的坐标是

$$(1,0,-1,0).$$

3.5 Solution Structure of Systems of Linear Equations
3.5 线性方程组解的结构

In this section, we first give the discriminant theorem of solution for systems of linear equations, and then discuss the solution structure of systems of linear equations to solve the problem of solving the systems.

本节中我们先给出线性方程组解的判别定理,然后讨论线性方程组解的结构,以解决线性方程组的求解问题.

1. Discriminant Theorem of Solution for Systems of Linear Equations

Theorem 3.8 The necessary and sufficient condition for $m\times n$ system of homogeneous linear equations $\boldsymbol{Ax}=\boldsymbol{0}$ to have a non-zero solution is the rank of its coefficient matrix $\boldsymbol{A}$ is smaller than n, that is,

$$\mathrm{R}(\boldsymbol{A})<n.$$

1. 线性方程组解的判别定理

定理 3.8 $m\times n$ 齐次线性方程组 $\boldsymbol{Ax}=\boldsymbol{0}$ 有非零解的充要条件是其系数矩阵 $\boldsymbol{A}$ 的秩小于 n,即

$$\mathrm{R}(\boldsymbol{A})<n.$$

Theorem 3.9 The necessary and sufficient condition for $m\times n$ system of homogeneous linear equations $\boldsymbol{A}\boldsymbol{x}=\boldsymbol{0}$ to have only zero solution is the rank of its coefficient matrix $\boldsymbol{A}$ is equal to n, that is,

$$R(\boldsymbol{A})=n.$$

定理 3.9 $m\times n$ 齐次线性方程组 $\boldsymbol{A}\boldsymbol{x}=\boldsymbol{0}$ 只有零解的充要条件是其系数矩阵 $\boldsymbol{A}$ 的秩等于 n，即

$$R(\boldsymbol{A})=n.$$

Theorem 3.10 The necessary and sufficient condition for $m\times n$ system of non-homogeneous linear equations $\boldsymbol{A}\boldsymbol{x}=\boldsymbol{b}$ to have a solution is the rank of its coefficient matrix $\boldsymbol{A}$ is equal to the rank of its augmented matrix $\boldsymbol{B}=(\boldsymbol{A}\,|\,\boldsymbol{b})$, that is,

$$R(\boldsymbol{A})=R(\boldsymbol{B}).$$

And when $R(\boldsymbol{A})=R(\boldsymbol{B})=n$, the system has a unique solution. When $R(\boldsymbol{A})=R(\boldsymbol{B})=r<n$, the system has infinite solutions.

定理 3.10 $m\times n$ 非齐次线性方程组 $\boldsymbol{A}\boldsymbol{x}=\boldsymbol{b}$ 有解的充要条件是其系数矩阵 $\boldsymbol{A}$ 的秩等于增广矩阵 $\boldsymbol{B}=(\boldsymbol{A}\,|\,\boldsymbol{b})$ 的秩，即

$$R(\boldsymbol{A})=R(\boldsymbol{B}),$$

而且当 $R(\boldsymbol{A})=R(\boldsymbol{B})=n$ 时，该方程组有唯一解；当 $R(\boldsymbol{A})=R(\boldsymbol{B})=r<n$ 时，该方程组有无穷多个解.

2. Solution Structure of Systems of Linear Equations

A solution of an $m\times n$ system of linear equations can be regarded as an n-dimensional vector. What is the relationship among these vectors as the solutions of the system if the solution is not unique? Let us look at the case of the system of homogeneous linear equations first. Suppose a system of linear equations

$$\begin{cases} a_{11}x_1+a_{12}x_2+\cdots+a_{1n}x_n=0, \\ a_{21}x_1+a_{22}x_2+\cdots+a_{2n}x_n=0, \\ \cdots\cdots \\ a_{m1}x_1+a_{m2}x_2+\cdots+a_{mn}x_n=0. \end{cases} \tag{3.6}$$

Denote

$$\boldsymbol{A}=\begin{pmatrix} a_{11} & a_{12} & \cdots & a_{1n} \\ a_{21} & a_{22} & \cdots & a_{2n} \\ \vdots & \vdots & & \vdots \\ a_{m1} & a_{m2} & \cdots & a_{mn} \end{pmatrix}, \quad \boldsymbol{x}=\begin{pmatrix} x_1 \\ x_2 \\ \vdots \\ x_n \end{pmatrix}.$$

System (3.6) can be written as

$$\boldsymbol{A}\boldsymbol{x}=\boldsymbol{0}. \tag{3.7}$$

If $x_1=\xi_{11}, x_2=\xi_{21}, \cdots, x_n=\xi_{n1}$ is a solution of system (3.6), we call

$$\boldsymbol{x}=(\xi_{11},\xi_{21},\cdots,\xi_{n1})^{\mathrm{T}}$$

a **solution vector** of system (3.6), referred to as a **solution** for short.

2. 线性方程组解的结构

$m\times n$ 线性方程组的一个解可看作一个 n 维向量. 在解不唯一的情况下，作为 $m\times n$ 线性方程组的解的这些向量之间有什么关系呢？我们先看齐次线性方程组的情形. 设齐次线性方程组

$$\begin{cases} a_{11}x_1+a_{12}x_2+\cdots+a_{1n}x_n=0, \\ a_{21}x_1+a_{22}x_2+\cdots+a_{2n}x_n=0, \\ \cdots\cdots \\ a_{m1}x_1+a_{m2}x_2+\cdots+a_{mn}x_n=0. \end{cases} \tag{3.6}$$

记

$$\boldsymbol{A}=\begin{pmatrix} a_{11} & a_{12} & \cdots & a_{1n} \\ a_{21} & a_{22} & \cdots & a_{2n} \\ \vdots & \vdots & & \vdots \\ a_{m1} & a_{m2} & \cdots & a_{mn} \end{pmatrix}, \quad \boldsymbol{x}=\begin{pmatrix} x_1 \\ x_2 \\ \vdots \\ x_n \end{pmatrix},$$

则方程组(3.6)可写成

$$\boldsymbol{A}\boldsymbol{x}=\boldsymbol{0}. \tag{3.7}$$

若 $x_1=\xi_{11}, x_2=\xi_{21}, \cdots, x_n=\xi_{n1}$ 为方程组(3.6)的解，则称

$$\boldsymbol{x}=(\xi_{11},\xi_{21},\cdots,\xi_{n1})^{\mathrm{T}}$$

为方程组(3.6)的**解向量**，简称**解**.

Let us discuss the properties of the solution of system of homogeneous linear equations (3.7).

Property 1 Suppose $\boldsymbol{\xi}_1, \boldsymbol{\xi}_2$ are any two solutions (vectors) of system of homogeneous linear equations $\boldsymbol{Ax}=\boldsymbol{0}$, then $\boldsymbol{\xi}_1+\boldsymbol{\xi}_2$ is also a solution of the system.

In fact, since $\boldsymbol{A}\boldsymbol{\xi}_1=\boldsymbol{0}, \boldsymbol{A}\boldsymbol{\xi}_2=\boldsymbol{0}$, we have

$$\boldsymbol{A}(\boldsymbol{\xi}_1+\boldsymbol{\xi}_2)=\boldsymbol{A}\boldsymbol{\xi}_1+\boldsymbol{A}\boldsymbol{\xi}_2=\boldsymbol{0}.$$

Property 2 Suppose $\boldsymbol{\xi}$ is a solution of system of homogeneous linear equations $\boldsymbol{Ax}=\boldsymbol{0}$ and k is a real number, then $k\boldsymbol{\xi}$ is also a solution of the system.

In fact, since $\boldsymbol{A\xi}=\boldsymbol{0}$, we have

$$\boldsymbol{A}(k\boldsymbol{\xi})=k(\boldsymbol{A\xi})=k\boldsymbol{0}=\boldsymbol{0}.$$

From Property 1 and Property 2, we can obtain the following conclusion: If $\boldsymbol{\xi}_1, \boldsymbol{\xi}_2, \cdots, \boldsymbol{\xi}_t$ are any t solutions of system of homogeneous linear equations $\boldsymbol{Ax}=\boldsymbol{0}$, then

$$\boldsymbol{x}=k_1\boldsymbol{\xi}_1+k_2\boldsymbol{\xi}_2+\cdots+k_t\boldsymbol{\xi}_t$$

$(k_1, k_2, \cdots, k_t$ are arbitrary real numbers$)$

is also a solution of the system. That is to say, the linear combination of the solutions of a system of homogeneous linear equations is also a solution of the system.

Example 1 Suppose $\boldsymbol{Ax}=\boldsymbol{0}$ is an $m\times n$ system of homogeneous linear equations, then the set of the solutions of the system is

$$V=\{\boldsymbol{x}=(x_1, x_2, \cdots, x_n)^{\mathrm{T}}: \boldsymbol{Ax}=\boldsymbol{0}\}.$$

According to the properties of systems of homogeneous linear equations, V constitutes a vector space called the **solution space** of system of homogeneous linear equations $\boldsymbol{Ax}=\boldsymbol{0}$.

Definition 3.14 When a system of homogeneous linear equations has non-zero solutions, a maximal linearly independent group of the solution vector group is called a **basic solution system** of the system.

Apparently, a basic solution system of a system homogeneous linear equations is a basis of the solution space of the system.

It is known from Definition 3.14 and the non-uniqueness of the maximal linearly independent group of the vector group that system of homogeneous linear equations $\boldsymbol{Ax}=\boldsymbol{0}$

下面我们来讨论齐次线性方程组(3.7)的解的性质.

性质 1 设 $\boldsymbol{\xi}_1, \boldsymbol{\xi}_2$ 是齐次线性方程组 $\boldsymbol{Ax}=\boldsymbol{0}$ 的任意两个解(向量),则 $\boldsymbol{\xi}_1+\boldsymbol{\xi}_2$ 也是该方程组的解.

事实上,由于 $\boldsymbol{A}\boldsymbol{\xi}_1=\boldsymbol{0}, \boldsymbol{A}\boldsymbol{\xi}_2=\boldsymbol{0}$,所以有

$$\boldsymbol{A}(\boldsymbol{\xi}_1+\boldsymbol{\xi}_2)=\boldsymbol{A}\boldsymbol{\xi}_1+\boldsymbol{A}\boldsymbol{\xi}_2=\boldsymbol{0}.$$

性质 2 设 $\boldsymbol{\xi}$ 是齐次线性方程组 $\boldsymbol{Ax}=\boldsymbol{0}$ 的解,k 为实数,则 $k\boldsymbol{\xi}$ 也是该方程组的解.

事实上,由于 $\boldsymbol{A\xi}=\boldsymbol{0}$,所以有

$$\boldsymbol{A}(k\boldsymbol{\xi})=k(\boldsymbol{A\xi})=k\boldsymbol{0}=\boldsymbol{0}.$$

由性质 1 和性质 2 可以得到结论:若 $\boldsymbol{\xi}_1, \boldsymbol{\xi}_2, \cdots, \boldsymbol{\xi}_t$ 是齐次线性方程组 $\boldsymbol{Ax}=\boldsymbol{0}$ 的任意 t 个解,则

$$\boldsymbol{x}=k_1\boldsymbol{\xi}_1+k_2\boldsymbol{\xi}_2+\cdots+k_t\boldsymbol{\xi}_t$$

$(k_1, k_2, \cdots, k_t$ 为任意实数$)$

也是该方程组的解. 也就是说,齐次线性方程组的解的线性组合仍然是齐次线性方程组的解.

例 1 设 $\boldsymbol{Ax}=\boldsymbol{0}$ 是 $m\times n$ 齐次线性方程组,则它的解组成的集合为

$$V=\{\boldsymbol{x}=(x_1, x_2, \cdots, x_n)^{\mathrm{T}}: \boldsymbol{Ax}=\boldsymbol{0}\}.$$

根据齐次线性方程组解的性质,V 构成一个向量空间,称之为齐次线性方程组 $\boldsymbol{Ax}=\boldsymbol{0}$ 的**解空间**.

定义 3.14 齐次线性方程组有非零解时,解向量组的一个极大线性无关组称为齐次线性方程组的一个**基础解系**.

易知,齐次线性方程组的一个基础解系就是齐次线性方程组的解空间的一个基.

由定义 3.14 及向量组的极大线性无关组的不唯一性可知,有非零解的齐次线性方程组 $\boldsymbol{Ax}=\boldsymbol{0}$ 一定存在基础解系,且基础解系

with non-zero solutions must have a basic solution system, and the basic solution system is not unique, but the number of the solution vectors in the basic solution system is fixed. Moreover, if a basic solution system $\boldsymbol{\xi}_1$, $\boldsymbol{\xi}_2, \cdots, \boldsymbol{\xi}_s$ of system $\boldsymbol{Ax}=\boldsymbol{0}$ is found, then

$$\boldsymbol{x}=k_1\boldsymbol{\xi}_1+k_2\boldsymbol{\xi}_2+\cdots+k_s\boldsymbol{\xi}_s$$

($k_1, k_2, \cdots, k_s$ are arbitrary real numbers)

is also the solution of system $\boldsymbol{Ax}=\boldsymbol{0}$ and it contains all solutions of system $\boldsymbol{Ax}=\boldsymbol{0}$, known as the **general solution** of system $\boldsymbol{Ax}=\boldsymbol{0}$.

不唯一，但基础解系中解向量的个数是固定的. 而且，如果求出了方程组 $\boldsymbol{Ax}=\boldsymbol{0}$ 的一个基础解系 $\boldsymbol{\xi}_1, \boldsymbol{\xi}_2, \cdots, \boldsymbol{\xi}_s$，则

$$\boldsymbol{x}=k_1\boldsymbol{\xi}_1+k_2\boldsymbol{\xi}_2+\cdots+k_s\boldsymbol{\xi}_s$$

（$k_1, k_2, \cdots, k_s$ 为任意实数）

也是方程组 $\boldsymbol{Ax}=\boldsymbol{0}$ 的解，且它包含了方程组 $\boldsymbol{Ax}=\boldsymbol{0}$ 的所有解，称之为方程组 $\boldsymbol{Ax}=\boldsymbol{0}$ 的**通解**.

In order to find a basic solution system of system homogeneous linear equations $\boldsymbol{Ax}=\boldsymbol{0}$, we first discuss the number of solution vectors in the basic solution system. In this regard, we can prove that the following conclusion is established:

为了求得齐次线性方程组 $\boldsymbol{Ax}=\boldsymbol{0}$ 的一个基础解系，先讨论基础解系中解向量的个数. 对此，可以证明有如下结论成立：

Theorem 3.11 Suppose $\boldsymbol{Ax}=\boldsymbol{0}$ is an $m\times n$ system of homogeneous linear equations. If $\mathrm{R}(\boldsymbol{A})=r<n$, then the basic solution system of system $\boldsymbol{Ax}=\boldsymbol{0}$ constitutes of $n-r$ solution vectors.

定理 3.11 设 $\boldsymbol{Ax}=\boldsymbol{0}$ 是 $m\times n$ 齐次线性方程组. 如果 $\mathrm{R}(\boldsymbol{A})=r<n$，则方程组 $\boldsymbol{Ax}=\boldsymbol{0}$ 的基础解系由 $n-r$ 个解向量组成.

According to Theorem 3.11, as long as we find $n-r$ linearly independent solution vectors $\boldsymbol{\xi}_1, \boldsymbol{\xi}_2, \cdots, \boldsymbol{\xi}_{n-r}$ of system of homogeneous linear equations $\boldsymbol{Ax}=\boldsymbol{0}$, then they form a basic solution system of system $\boldsymbol{Ax}=\boldsymbol{0}$. This gives a method for finding a basic solution system of a system homogeneous linear equations. We use the following example for illustration.

由定理 3.11，只要求出齐次线性方程组 $\boldsymbol{Ax}=\boldsymbol{0}$ 的 $n-r$ 个线性无关的解向量 $\boldsymbol{\xi}_1, \boldsymbol{\xi}_2, \cdots, \boldsymbol{\xi}_{n-r}$，则它们就构成方程组 $\boldsymbol{Ax}=\boldsymbol{0}$ 的一个基础解系. 这就给出了一个求齐次线性方程组基础解系的方法. 我们用下面的例子来做具体说明.

Example 2 Find a basic solution system and the general solution of system of homogeneous linear equations

$$\begin{cases} x_1-2x_2+x_3+2x_4=0, \\ x_1-2x_2+2x_3+x_4=0, \\ x_1-2x_2+3x_4=0. \end{cases}$$

例 2 求齐次线性方程组

$$\begin{cases} x_1-2x_2+x_3+2x_4=0, \\ x_1-2x_2+2x_3+x_4=0, \\ x_1-2x_2+3x_4=0 \end{cases}$$

的一个基础解系和通解.

Solution Apply elementary row transformations to coefficient matrix $\boldsymbol{A}$ of the system:

解 对该方程组的系数矩阵 $\boldsymbol{A}$ 施行初等行变换：

$$\boldsymbol{A}=\begin{pmatrix} 1 & -2 & 1 & 2 \\ 1 & -2 & 2 & 1 \\ 1 & -2 & 0 & 3 \end{pmatrix} \xrightarrow[r_3-r_1]{r_2-r_1} \begin{pmatrix} 1 & -2 & 1 & 2 \\ 0 & 0 & 1 & -1 \\ 0 & 0 & -1 & 1 \end{pmatrix} \xrightarrow[r_3+r_2]{r_1-r_2} \begin{pmatrix} 1 & -2 & 0 & 3 \\ 0 & 0 & 1 & -1 \\ 0 & 0 & 0 & 0 \end{pmatrix} \triangleq \boldsymbol{B}.$$

We get $R(\boldsymbol{A})=2$, then the number of solution vectors in the basic solution system is $4-2=2$.

From reduced echelon matrix $\boldsymbol{B}$, we get the general formal solution

$$\begin{cases} x_1=2x_2-3x_4, \\ x_3=x_4, \end{cases} \tag{3.8}$$

where x_2, x_4 are free unknown variables. In order to get linearly independent solution vectors, let

$$\begin{pmatrix} x_2 \\ x_4 \end{pmatrix}=\begin{pmatrix} 1 \\ 0 \end{pmatrix}, \quad \begin{pmatrix} x_2 \\ x_4 \end{pmatrix}=\begin{pmatrix} 0 \\ 1 \end{pmatrix}$$

respectively. Substituting them in general formal solution (3.8), we obtain

$$\begin{pmatrix} x_1 \\ x_3 \end{pmatrix}=\begin{pmatrix} 2 \\ 0 \end{pmatrix}, \quad \begin{pmatrix} x_1 \\ x_3 \end{pmatrix}=\begin{pmatrix} -3 \\ 1 \end{pmatrix},$$

Therefore, we get a basic solution system

$$\boldsymbol{\xi}_1=(2,1,0,0)^{\mathrm{T}}, \quad \boldsymbol{\xi}_2=(-3,0,1,1)^{\mathrm{T}}.$$

So, the general solution of the system is

$$\boldsymbol{x}=c_1\boldsymbol{\xi}_1+c_2\boldsymbol{\xi}_2=c_1\begin{pmatrix} 2 \\ 1 \\ 0 \\ 0 \end{pmatrix}+c_2\begin{pmatrix} -3 \\ 0 \\ 1 \\ 1 \end{pmatrix}$$

(c_1, c_2 are arbitrary real numbers).

Remark In Example 2, it is known from the linear independence of $(1,0)^{\mathrm{T}}, (0,1)^{\mathrm{T}}$ that vector group $\boldsymbol{\xi}_1, \boldsymbol{\xi}_2$ is linearly independent. We can also find the other basic solution systems from general formal solution (3.8). For example, let

$$\begin{pmatrix} x_2 \\ x_4 \end{pmatrix}=\begin{pmatrix} 1 \\ 1 \end{pmatrix}, \quad \begin{pmatrix} x_2 \\ x_4 \end{pmatrix}=\begin{pmatrix} 1 \\ -1 \end{pmatrix}$$

respectively. Substituting them in general formal solution (3.8), we get

$$\begin{pmatrix} x_1 \\ x_3 \end{pmatrix}=\begin{pmatrix} -1 \\ 1 \end{pmatrix}, \quad \begin{pmatrix} x_1 \\ x_3 \end{pmatrix}=\begin{pmatrix} 5 \\ -1 \end{pmatrix}.$$

In this case, the basic solution system is

$$\boldsymbol{\xi}_1=(-1,1,1,1)^{\mathrm{T}}, \quad \boldsymbol{\xi}_2=(5,1,-1,-1)^{\mathrm{T}},$$

and the general solution is

$$\boldsymbol{x}=c_1\boldsymbol{\xi}_1+c_2\boldsymbol{\xi}_2 \quad (c_1, c_2 \text{ are arbitrary real numbers}).$$

In the following part, we discuss the system of non-

可得 $R(\boldsymbol{A})=2$，则基础解系中解向量的个数为 $4-2=2$.

由简化阶梯形矩阵 $\boldsymbol{B}$ 得到一般解

$$\begin{cases} x_1=2x_2-3x_4, \\ x_3=x_4, \end{cases} \tag{3.8}$$

其中 x_2, x_4 为自由未知量. 为了得到线性无关的解向量，分别令

$$\begin{pmatrix} x_2 \\ x_4 \end{pmatrix}=\begin{pmatrix} 1 \\ 0 \end{pmatrix}, \quad \begin{pmatrix} x_2 \\ x_4 \end{pmatrix}=\begin{pmatrix} 0 \\ 1 \end{pmatrix}.$$

代入一般解(3.8)，可得

$$\begin{pmatrix} x_1 \\ x_3 \end{pmatrix}=\begin{pmatrix} 2 \\ 0 \end{pmatrix}, \quad \begin{pmatrix} x_1 \\ x_3 \end{pmatrix}=\begin{pmatrix} -3 \\ 1 \end{pmatrix},$$

于是得到一个基础解系

$$\boldsymbol{\xi}_1=(2,1,0,0)^{\mathrm{T}}, \quad \boldsymbol{\xi}_2=(-3,0,1,1)^{\mathrm{T}}.$$

故该方程组的通解为

$$\boldsymbol{x}=c_1\boldsymbol{\xi}_1+c_2\boldsymbol{\xi}_2=c_1\begin{pmatrix} 2 \\ 1 \\ 0 \\ 0 \end{pmatrix}+c_2\begin{pmatrix} -3 \\ 0 \\ 1 \\ 1 \end{pmatrix}$$

(c_1, c_2 为任意实数).

注 在例 2 中，由 $(1,0)^{\mathrm{T}}, (0,1)^{\mathrm{T}}$ 线性无关可得向量组 $\boldsymbol{\xi}_1, \boldsymbol{\xi}_2$ 线性无关. 我们也可从一般解(3.8)求得另外的基础解系. 例如，分别令

$$\begin{pmatrix} x_2 \\ x_4 \end{pmatrix}=\begin{pmatrix} 1 \\ 1 \end{pmatrix}, \quad \begin{pmatrix} x_2 \\ x_4 \end{pmatrix}=\begin{pmatrix} 1 \\ -1 \end{pmatrix},$$

代入一般解(3.8)，可得

$$\begin{pmatrix} x_1 \\ x_3 \end{pmatrix}=\begin{pmatrix} -1 \\ 1 \end{pmatrix}, \quad \begin{pmatrix} x_1 \\ x_3 \end{pmatrix}=\begin{pmatrix} 5 \\ -1 \end{pmatrix},$$

此时的基础解系为

$$\boldsymbol{\xi}_1=(-1,1,1,1)^{\mathrm{T}}, \quad \boldsymbol{\xi}_2=(5,1,-1,-1)^{\mathrm{T}},$$

则通解为

$$\boldsymbol{x}=c_1\boldsymbol{\xi}_1+c_2\boldsymbol{\xi}_2 \quad (c_1, c_2 \text{为任意实数}).$$

下面讨论非齐次线性方程组.

homogeneous linear equations.

Suppose a system of non-homogeneous linear equations

$$\begin{cases} a_{11}x_1 + a_{12}x_2 + \cdots + a_{1n}x_n = b_1, \\ a_{21}x_1 + a_{22}x_2 + \cdots + a_{2n}x_n = b_2, \\ \quad \cdots\cdots \\ a_{m1}x_1 + a_{m2}x_2 + \cdots + a_{mn}x_n = b_m, \end{cases} \tag{3.9}$$

which can be written as

$$\boldsymbol{Ax} = \boldsymbol{b}, \tag{3.10}$$

where

$$\boldsymbol{A} = \begin{pmatrix} a_{11} & a_{12} & \cdots & a_{1n} \\ a_{21} & a_{22} & \cdots & a_{2n} \\ \vdots & \vdots & & \vdots \\ a_{m1} & a_{m2} & \cdots & a_{mn} \end{pmatrix},$$

$$\boldsymbol{x} = \begin{pmatrix} x_1 \\ x_2 \\ \vdots \\ x_n \end{pmatrix}, \quad \boldsymbol{b} = \begin{pmatrix} b_1 \\ b_2 \\ \vdots \\ b_m \end{pmatrix}.$$

The solutions of system of non-homogeneous linear equations (3.10) have the following properties:

Property 3 Suppose $\boldsymbol{\eta}_1, \boldsymbol{\eta}_2$ are any two solutions of system of non-homogeneous linear equations (3.10), then $\boldsymbol{\eta}_1 - \boldsymbol{\eta}_2$ is a solution of the corresponding system of homogeneous linear equations

$$\boldsymbol{Ax} = \boldsymbol{0} \tag{3.11}$$

As a matter of fact, since

$$\boldsymbol{A}\boldsymbol{\eta}_1 = \boldsymbol{b}, \quad \boldsymbol{A}\boldsymbol{\eta}_2 = \boldsymbol{b},$$

we have

$$\boldsymbol{A}(\boldsymbol{\eta}_1 - \boldsymbol{\eta}_2) = \boldsymbol{b} - \boldsymbol{b} = \boldsymbol{0}.$$

Property 4 Suppose $\boldsymbol{\eta}$ is a solution of system of non-homogeneous linear equations (3.10), $\boldsymbol{\xi}$ is a solution of corresponding system of homogeneous linear equations (3.11), then $\boldsymbol{\xi} + \boldsymbol{\eta}$ is a solution of system (3.10).

In fact, since

$$\boldsymbol{A\xi} = \boldsymbol{0}, \quad \boldsymbol{A\eta} = \boldsymbol{b},$$

we have

$$\boldsymbol{A}(\boldsymbol{\xi} + \boldsymbol{\eta}) = \boldsymbol{A\xi} + \boldsymbol{A\eta} = \boldsymbol{0} + \boldsymbol{b} = \boldsymbol{b}.$$

设非齐次线性方程组

$$\begin{cases} a_{11}x_1 + a_{12}x_2 + \cdots + a_{1n}x_n = b_1, \\ a_{21}x_1 + a_{22}x_2 + \cdots + a_{2n}x_n = b_2, \\ \quad \cdots\cdots \\ a_{m1}x_1 + a_{m2}x_2 + \cdots + a_{mn}x_n = b_m, \end{cases} \tag{3.9}$$

它可写成

$$\boldsymbol{Ax} = \boldsymbol{b}, \tag{3.10}$$

其中

$$\boldsymbol{A} = \begin{pmatrix} a_{11} & a_{12} & \cdots & a_{1n} \\ a_{21} & a_{22} & \cdots & a_{2n} \\ \vdots & \vdots & & \vdots \\ a_{m1} & a_{m2} & \cdots & a_{mn} \end{pmatrix},$$

$$\boldsymbol{x} = \begin{pmatrix} x_1 \\ x_2 \\ \vdots \\ x_n \end{pmatrix}, \quad \boldsymbol{b} = \begin{pmatrix} b_1 \\ b_2 \\ \vdots \\ b_m \end{pmatrix}.$$

非齐次线性方程组(3.10)的解具有如下性质：

性质 3 设 $\boldsymbol{\eta}_1, \boldsymbol{\eta}_2$ 是非齐次线性方程组(3.10)的任意两个解,则 $\boldsymbol{\eta}_1 - \boldsymbol{\eta}_2$ 是对应的齐次线性方程组

$$\boldsymbol{Ax} = \boldsymbol{0} \tag{3.11}$$

的解.

事实上,因为

$$\boldsymbol{A}\boldsymbol{\eta}_1 = \boldsymbol{b}, \quad \boldsymbol{A}\boldsymbol{\eta}_2 = \boldsymbol{b},$$

所以有

$$\boldsymbol{A}(\boldsymbol{\eta}_1 - \boldsymbol{\eta}_2) = \boldsymbol{b} - \boldsymbol{b} = \boldsymbol{0}.$$

性质 4 设 $\boldsymbol{\eta}$ 是非齐次线性方程组(3.10)的解,$\boldsymbol{\xi}$ 是对应的齐次线性方程组(3.11)的解,则 $\boldsymbol{\xi} + \boldsymbol{\eta}$ 是非齐次线性方程组(3.10)的解.

事实上,因为

$$\boldsymbol{A\xi} = \boldsymbol{0}, \quad \boldsymbol{A\eta} = \boldsymbol{b},$$

所以有

$$\boldsymbol{A}(\boldsymbol{\xi} + \boldsymbol{\eta}) = \boldsymbol{A\xi} + \boldsymbol{A\eta} = \boldsymbol{0} + \boldsymbol{b} = \boldsymbol{b}.$$

According to Property 3 and Property 4, we can obtain the following theorem about the solution structure of the system of non-homogenous linear equations:

由性质 3 和性质 4 可得下面关于非齐次线性方程组解的结构的定理：

Theorem 3.12 The general solution(which contains all the solutions) of system of non-homogeneous linear equations (3.10) is

$$\boldsymbol{x}=k_1\boldsymbol{\xi}_1+k_2\boldsymbol{\xi}_2+\cdots+k_r\boldsymbol{\xi}_r+\boldsymbol{\eta},$$

where $k_1, k_2, \cdots, k_r$ are arbitrary real numbers and $\boldsymbol{\xi}_1, \boldsymbol{\xi}_2, \cdots, \boldsymbol{\xi}_r$ is a basic solution system of corresponding system of homogeneous linear equations (3.11), $\boldsymbol{\eta}$ is a special solution of system (3.10).

定理 3.12 非齐次线性方程组(3.10)的通解(包含所有解)为

$$\boldsymbol{x}=k_1\boldsymbol{\xi}_1+k_2\boldsymbol{\xi}_2+\cdots+k_r\boldsymbol{\xi}_r+\boldsymbol{\eta},$$

其中 $k_1,k_2,\cdots,k_r$ 为任意实数，$\boldsymbol{\xi}_1,\boldsymbol{\xi}_2,\cdots,\boldsymbol{\xi}_r$ 为对应齐次线性方程组(3.11)的一个基础解系，$\boldsymbol{\eta}$ 是方程组(3.10)的一个特解.

In fact, since $\boldsymbol{\xi}_1, \boldsymbol{\xi}_2, \cdots, \boldsymbol{\xi}_r$ is a basic solution system of system of homogeneous linear equations (3.10),

$$k_1\boldsymbol{\xi}_1+k_2\boldsymbol{\xi}_2+\cdots+k_r\boldsymbol{\xi}_r$$

$$(k_1, k_2, \cdots, k_r \text{ are arbitrary real numbers})$$

is the general solution of system (3.11). Moreover, it is easy to know from Property 3 and Property 4 that the Theorem 3.12 is established.

事实上，由于 $\boldsymbol{\xi}_1,\boldsymbol{\xi}_2,\cdots,\boldsymbol{\xi}_r$ 为齐次线性方程组(3.11)的基础解系，所以

$$k_1\boldsymbol{\xi}_1+k_2\boldsymbol{\xi}_2+\cdots+k_r\boldsymbol{\xi}_r$$

$$(k_1,k_2,\cdots,k_r\text{为任意实数})$$

为方程组(3.11)的通解. 进一步，由性质 3 和性质 4 易知定理 3.12 成立.

Example 3 Find the general solution of system of non-homogeneous linear equations

$$\begin{cases} x_1+x_2+2x_3+2x_4=1, \\ 2x_1+x_2-x_3+x_4=3, \\ x_1-3x_3-x_4=2. \end{cases}$$

例 3 求非齐次线性方程组

$$\begin{cases} x_1+x_2+2x_3+2x_4=1, \\ 2x_1+x_2-x_3+x_4=3, \\ x_1-3x_3-x_4=2 \end{cases}$$

的通解.

Solution Apply elementary row transformations to the augmented matrix $(\boldsymbol{A}\mid\boldsymbol{b})$ of the system to transform it into a reduced echelon matrix:

解 对该方程组的增广矩阵$(\boldsymbol{A}\mid\boldsymbol{b})$施行初等行变换，将其化成简化阶梯形矩阵：

$$(\boldsymbol{A}\mid\boldsymbol{b})=\begin{pmatrix} 1 & 1 & 2 & 2 & 1 \\ 2 & 1 & -1 & 1 & 3 \\ 1 & 0 & -3 & -1 & 2 \end{pmatrix} \xrightarrow[r_3-r_1]{r_2-2r_1} \begin{pmatrix} 1 & 1 & 2 & 2 & 1 \\ 0 & -1 & -5 & -3 & 1 \\ 0 & -1 & -5 & -3 & 1 \end{pmatrix}$$

$$\xrightarrow[r_3-r_2]{r_1+r_2} \begin{pmatrix} 1 & 0 & -3 & -1 & 2 \\ 0 & -1 & -5 & -3 & 1 \\ 0 & 0 & 0 & 0 & 0 \end{pmatrix} \xrightarrow{-r_2} \begin{pmatrix} 1 & 0 & -3 & -1 & 2 \\ 0 & 1 & 5 & 3 & -1 \\ 0 & 0 & 0 & 0 & 0 \end{pmatrix}.$$

Thus, we get the general formal solution

$$\begin{cases} x_1=3x_3+x_4+2, \\ x_2=-5x_3-3x_4-1, \end{cases}$$

where x_3, x_4 are free unknown variables. Let

由此得一般解

$$\begin{cases} x_1=3x_3+x_4+2, \\ x_2=-5x_3-3x_4-1, \end{cases}$$

其中 x_3,x_4 为自由未知量. 取

$$\begin{pmatrix}x_3\\x_4\end{pmatrix}=\begin{pmatrix}0\\0\end{pmatrix},$$

then we obtain a special solution of the original system of equations:

$$\boldsymbol{\eta}=(2,-1,0,0)^{\mathrm{T}}.$$

The general formal solution of the corresponding system of homogeneous linear equations is

$$\begin{cases}x_1=3x_3+x_4,\\x_2=-5x_3-3x_4.\end{cases}$$

Let

$$\begin{pmatrix}x_3\\x_4\end{pmatrix}=\begin{pmatrix}1\\0\end{pmatrix},\quad \begin{pmatrix}x_3\\x_4\end{pmatrix}=\begin{pmatrix}0\\1\end{pmatrix}$$

respectively, we obtain a basic solution system of the corresponding system of homogeneous linear equations:

$$\boldsymbol{\xi}_1=(3,-5,1,0)^{\mathrm{T}},\quad \boldsymbol{\xi}_2=(1,-3,0,1)^{\mathrm{T}}.$$

So, the general solution of the original system of equations is

$$\begin{aligned}\boldsymbol{x}&=k_1\boldsymbol{\xi}_1+k_2\boldsymbol{\xi}_2+\boldsymbol{\eta}\\&=k_1\begin{pmatrix}3\\-5\\1\\0\end{pmatrix}+k_2\begin{pmatrix}1\\-3\\0\\1\end{pmatrix}+\begin{pmatrix}2\\-1\\0\\0\end{pmatrix}\end{aligned}$$

(k_1, k_2 are arbitrary real numbers).

$$\begin{pmatrix}x_3\\x_4\end{pmatrix}=\begin{pmatrix}0\\0\end{pmatrix},$$

得原方程组的一个特解

$$\boldsymbol{\eta}=(2,-1,0,0)^{\mathrm{T}}.$$

原方程组对应的齐次方程组的一般解为

$$\begin{cases}x_1=3x_3+x_4,\\x_2=-5x_3-3x_4.\end{cases}$$

分别取

$$\begin{pmatrix}x_3\\x_4\end{pmatrix}=\begin{pmatrix}1\\0\end{pmatrix},\quad \begin{pmatrix}x_3\\x_4\end{pmatrix}=\begin{pmatrix}0\\1\end{pmatrix},$$

得对应的齐次线性方程组的一个基础解系

$$\boldsymbol{\xi}_1=(3,-5,1,0)^{\mathrm{T}},\quad \boldsymbol{\xi}_2=(1,-3,0,1)^{\mathrm{T}}.$$

所以,原方程组的通解为

$$\begin{aligned}\boldsymbol{x}&=k_1\boldsymbol{\xi}_1+k_2\boldsymbol{\xi}_2+\boldsymbol{\eta}\\&=k_1\begin{pmatrix}3\\-5\\1\\0\end{pmatrix}+k_2\begin{pmatrix}1\\-3\\0\\1\end{pmatrix}+\begin{pmatrix}2\\-1\\0\\0\end{pmatrix}\end{aligned}$$

(k_1, k_2 为任意实数).

3.6 Inner Product and Orthogonality of Vectors
3.6 向量的内积与正交

We introduce this content mainly through column vectors as an example, and the corresponding content is also established for row vectors.

Definition 3.15 For any two n-dimensional vectors $\boldsymbol{x}=(x_1,x_2,\cdots,x_n)^{\mathrm{T}}$, $\boldsymbol{y}=(y_1,y_2,\cdots,y_n)^{\mathrm{T}}$,

$$\langle \boldsymbol{x},\boldsymbol{y}\rangle=x_1y_1+\cdots+x_ny_n$$

is called the **inner product** of vectors $\boldsymbol{x}$ and $\boldsymbol{y}$.

The inner product of vectors has the following properties:

(1) $\langle \boldsymbol{x},\boldsymbol{y}\rangle=\langle \boldsymbol{y},\boldsymbol{x}\rangle$.

对于这部分内容,我们主要以列向量为例进行介绍,相应的内容对行向量也同样成立.

定义 3.15 对于任意两个 n 维向量 $\boldsymbol{x}=(x_1,x_2,\cdots,x_n)^{\mathrm{T}}$, $\boldsymbol{y}=(y_1,y_2,\cdots,y_n)^{\mathrm{T}}$,称

$$\langle \boldsymbol{x},\boldsymbol{y}\rangle=x_1y_1+\cdots+x_ny_n$$

为向量 $\boldsymbol{x}$ 与 $\boldsymbol{y}$ 的**内积**.

向量的内积具有以下性质:

(1) $\langle \boldsymbol{x},\boldsymbol{y}\rangle=\langle \boldsymbol{y},\boldsymbol{x}\rangle$;

(2) For any real number k, $\langle k\boldsymbol{x},\boldsymbol{y}\rangle=k\langle \boldsymbol{x},\boldsymbol{y}\rangle$.

(3) $\langle \boldsymbol{x}+\boldsymbol{y},\boldsymbol{z}\rangle=\langle \boldsymbol{x},\boldsymbol{z}\rangle+\langle \boldsymbol{y},\boldsymbol{z}\rangle$.

(4) $\langle \boldsymbol{x},\boldsymbol{x}\rangle\geqslant 0$, if and only if $\boldsymbol{x}=\boldsymbol{0}$, we have

$$\langle \boldsymbol{x},\boldsymbol{x}\rangle=0.$$

Definition 3.16 Non-negative real number $\sqrt{\langle \boldsymbol{x},\boldsymbol{x}\rangle}$ is called the **magnitude** or **length** of vector $\boldsymbol{x}$, denoted by $|\boldsymbol{x}|$.

Apparently, the magnitude of vectors is usually positive. Only the magnitude of zero vectors is zero. The magnitude of vectors with this definition satisfy the following property:

$$|k\boldsymbol{x}|=|k||\boldsymbol{x}| \quad (k\in\mathbf{R}). \tag{3.12}$$

As a matter of fact,

$$|k\boldsymbol{x}|=\sqrt{\langle k\boldsymbol{x},k\boldsymbol{x}\rangle}=\sqrt{k^2\langle \boldsymbol{x},\boldsymbol{x}\rangle}=|k||\boldsymbol{x}|.$$

A vector with magnitude of 1 is called a **unit vector**. For a general vector $\boldsymbol{x}$, if $|\boldsymbol{x}|\neq 0$, from (3.12) we know that vector

$$\frac{1}{|\boldsymbol{x}|}\boldsymbol{x}$$

is a unit vector. Therefore, if we divide non-zero vector $\boldsymbol{x}$ by its magnitude, we can obtain a unit vector, which is usually called the **unitization** of $\boldsymbol{x}$.

Definition 3.17 If the inner product of vectors $\boldsymbol{x}$ and $\boldsymbol{y}$ is zero, that is,

$$\langle \boldsymbol{x},\boldsymbol{y}\rangle=0,$$

then we say that $\boldsymbol{x}$ and $\boldsymbol{y}$ are **orthonormal** or **perpendicular**, denoted by $\boldsymbol{x}\perp\boldsymbol{y}$.

From Definition 3.17, we know that the zero vector is orthonormal to any same-dimensional vector.

Definition 3.18 A group of vectors which are orthonormal to each other is called an **orthogonal vector group.**

Definition 3.19 Suppose vector group $\boldsymbol{\alpha}_1,\boldsymbol{\alpha}_2,\cdots,\boldsymbol{\alpha}_r$ is a basis of vector space V. If $\boldsymbol{\alpha}_1,\boldsymbol{\alpha}_2,\cdots,\boldsymbol{\alpha}_r$ are orthonormal to each other and are all unit vectors, then the vector group is called a **standard orthonormal basis** of V.

For example, vector group

$$\boldsymbol{\varepsilon}_1=(\sqrt{2}/2,\sqrt{2}/2,0,0)^{\mathrm{T}},$$
$$\boldsymbol{\varepsilon}_2=(\sqrt{2}/2,-\sqrt{2}/2,0,0)^{\mathrm{T}},$$

(2) 对于任意实数 k, $\langle k\boldsymbol{x},\boldsymbol{y}\rangle=k\langle \boldsymbol{x},\boldsymbol{y}\rangle$;

(3) $\langle \boldsymbol{x}+\boldsymbol{y},\boldsymbol{z}\rangle=\langle \boldsymbol{x},\boldsymbol{z}\rangle+\langle \boldsymbol{y},\boldsymbol{z}\rangle$;

(4) $\langle \boldsymbol{x},\boldsymbol{x}\rangle\geqslant 0$,当且仅当 $\boldsymbol{x}=\boldsymbol{0}$ 时,有

$$\langle \boldsymbol{x},\boldsymbol{x}\rangle=0.$$

定义 3.16 非负实数$\sqrt{\langle \boldsymbol{x},\boldsymbol{x}\rangle}$ 称为向量 $\boldsymbol{x}$ 的**模**或**长度**,记为 $|\boldsymbol{x}|$.

显然,向量的模一般是正数,只有零向量的模才是零. 这样定义的向量的模满足如下性质:

$$|k\boldsymbol{x}|=|k||\boldsymbol{x}| \quad (k\in\mathbf{R}). \tag{3.12}$$

事实上,

$$|k\boldsymbol{x}|=\sqrt{\langle k\boldsymbol{x},k\boldsymbol{x}\rangle}=\sqrt{k^2\langle \boldsymbol{x},\boldsymbol{x}\rangle}=|k||\boldsymbol{x}|.$$

模为 1 的向量称为**单位向量**. 对于一般的向量 $\boldsymbol{x}$,如果 $|\boldsymbol{x}|\neq 0$,由(3.12)式知,向量

$$\frac{1}{|\boldsymbol{x}|}\boldsymbol{x}$$

就是一个单位向量. 所以,如果用非零向量 $\boldsymbol{x}$ 的模去除向量 $\boldsymbol{x}$,可得到一个单位向量. 这通常称为把 $\boldsymbol{x}$ **单位化**.

定义 3.17 如果向量 $\boldsymbol{x}$ 与 $\boldsymbol{y}$ 的内积为零,即

$$\langle \boldsymbol{x},\boldsymbol{y}\rangle=0,$$

那么称 $\boldsymbol{x}$ 与 $\boldsymbol{y}$ **正交**或**垂直**,记为 $\boldsymbol{x}\perp\boldsymbol{y}$.

由定义 3.17 可看出,零向量与任意同维向量正交.

定义 3.18 一组两两正交的非零向量,称为**正交向量组**.

定义 3.19 设向量组 $\boldsymbol{\alpha}_1,\boldsymbol{\alpha}_2,\cdots,\boldsymbol{\alpha}_r$ 是向量空间 V 的一个基. 如果 $\boldsymbol{\alpha}_1,\boldsymbol{\alpha}_2,\cdots,\boldsymbol{\alpha}_r$ 两两正交,且都是单位向量,则称它是 V 的一个**标准正交基**.

例如,向量组

$$\boldsymbol{\varepsilon}_1=(\sqrt{2}/2,\sqrt{2}/2,0,0)^{\mathrm{T}},$$
$$\boldsymbol{\varepsilon}_2=(\sqrt{2}/2,-\sqrt{2}/2,0,0)^{\mathrm{T}},$$

$$\boldsymbol{\varepsilon}_3=(0,0,\sqrt{2}/2,\sqrt{2}/2)^{\mathrm{T}},$$
$$\boldsymbol{\varepsilon}_4=(0,0,\sqrt{2}/2,-\sqrt{2}/2)^{\mathrm{T}}$$

is a standard orthonormal basis of $\mathbf{R}^4$.

Suppose vector group $\boldsymbol{\alpha}_1,\boldsymbol{\alpha}_2,\cdots,\boldsymbol{\alpha}_r$ is a basis of vector space V. In the following, we try to find a standard orthonormal basis of V that is equivalent to $\boldsymbol{\alpha}_1,\boldsymbol{\alpha}_2,\cdots,\boldsymbol{\alpha}_r$. That is, to find a group of unit vectors $\boldsymbol{\varepsilon}_1,\boldsymbol{\varepsilon}_2,\cdots,\boldsymbol{\varepsilon}_r$ which is orthonormal to each other such that $\boldsymbol{\varepsilon}_1,\boldsymbol{\varepsilon}_2,\cdots,\boldsymbol{\varepsilon}_r$ is equivalent to $\boldsymbol{\alpha}_1,\boldsymbol{\alpha}_2,\cdots,\boldsymbol{\alpha}_r$. We can adopt the following method:

First, take

$$\boldsymbol{\beta}_1=\boldsymbol{\alpha}_1,$$
$$\boldsymbol{\beta}_2=\boldsymbol{\alpha}_2-\frac{\langle\boldsymbol{\beta}_1,\boldsymbol{\alpha}_2\rangle}{\langle\boldsymbol{\beta}_1,\boldsymbol{\beta}_1\rangle}\boldsymbol{\beta}_1,$$
$$\cdots\cdots$$
$$\boldsymbol{\beta}_r=\boldsymbol{\alpha}_r-\frac{\langle\boldsymbol{\beta}_1,\boldsymbol{\alpha}_r\rangle}{\langle\boldsymbol{\beta}_1,\boldsymbol{\beta}_1\rangle}\boldsymbol{\beta}_1-\frac{\langle\boldsymbol{\beta}_2,\boldsymbol{\alpha}_r\rangle}{\langle\boldsymbol{\beta}_2,\boldsymbol{\beta}_2\rangle}\boldsymbol{\beta}_2-\cdots-\frac{\langle\boldsymbol{\beta}_{r-1},\boldsymbol{\alpha}_r\rangle}{\langle\boldsymbol{\beta}_{r-1},\boldsymbol{\beta}_{r-1}\rangle}\boldsymbol{\beta}_{r-1}.$$

It is easy to prove that $\boldsymbol{\beta}_1,\boldsymbol{\beta}_2,\cdots,\boldsymbol{\beta}_r$ are orthonormal to each other and $\boldsymbol{\beta}_1,\boldsymbol{\beta}_2,\cdots,\boldsymbol{\beta}_r$ is equivalent to $\boldsymbol{\alpha}_1,\boldsymbol{\alpha}_2,\cdots,\boldsymbol{\alpha}_r$.

Then unitize $\boldsymbol{\beta}_1,\boldsymbol{\beta}_2,\cdots,\boldsymbol{\beta}_r$ and take

$$\boldsymbol{\varepsilon}_1=\frac{1}{|\boldsymbol{\beta}_1|}\boldsymbol{\beta}_1,\quad \boldsymbol{\varepsilon}_2=\frac{1}{|\boldsymbol{\beta}_2|}\boldsymbol{\beta}_2,\quad \cdots,$$
$$\boldsymbol{\varepsilon}_r=\frac{1}{|\boldsymbol{\beta}_r|}\boldsymbol{\beta}_r,$$

so that $\boldsymbol{\varepsilon}_1,\boldsymbol{\varepsilon}_2,\cdots,\boldsymbol{\varepsilon}_r$ is a standard orthonormal basis of V and is equivalent to $\boldsymbol{\alpha}_1,\boldsymbol{\alpha}_2,\cdots,\boldsymbol{\alpha}_r$.

The above process of deriving orthonormal vector group $\boldsymbol{\beta}_1,\boldsymbol{\beta}_2,\cdots,\boldsymbol{\beta}_r$ is called the **Schmidt orthonormalization**.

Example 1 Transform vector group

$$\boldsymbol{\alpha}_1=(1,1,0,0)^{\mathrm{T}},$$
$$\boldsymbol{\alpha}_2=(1,0,1,0)^{\mathrm{T}},$$
$$\boldsymbol{\alpha}_3=(-1,0,0,-1)^{\mathrm{T}},$$
$$\boldsymbol{\alpha}_4=(1,-1,-1,1)^{\mathrm{T}}$$

into a unit orthonormal vector group.

Solution Apply the Schmidt orthonormalization to $\boldsymbol{\alpha}_1,\boldsymbol{\alpha}_2,\boldsymbol{\alpha}_3,\boldsymbol{\alpha}_4$:

$$\boldsymbol{\beta}_1=\boldsymbol{\alpha}_1=(1,1,0,0)^{\mathrm{T}},$$

$$\boldsymbol{\varepsilon}_3=(0,0,\sqrt{2}/2,\sqrt{2}/2)^{\mathrm{T}},$$
$$\boldsymbol{\varepsilon}_4=(0,0,\sqrt{2}/2,-\sqrt{2}/2)^{\mathrm{T}}$$

就是 $\mathbf{R}^4$ 的一个标准正交基.

设向量组 $\boldsymbol{\alpha}_1,\boldsymbol{\alpha}_2,\cdots,\boldsymbol{\alpha}_r$ 是向量空间 V 的一个基. 下面我们来求 V 的一个与 $\boldsymbol{\alpha}_1,\boldsymbol{\alpha}_2,\cdots,\boldsymbol{\alpha}_r$ 等价的标准正交基. 这也就是要找一组两两正交的单位向量 $\boldsymbol{\varepsilon}_1,\boldsymbol{\varepsilon}_2,\cdots,\boldsymbol{\varepsilon}_r$，使得 $\boldsymbol{\varepsilon}_1,\boldsymbol{\varepsilon}_2,\cdots,\boldsymbol{\varepsilon}_r$ 与 $\boldsymbol{\alpha}_1,\boldsymbol{\alpha}_2,\cdots,\boldsymbol{\alpha}_r$ 等价. 我们可以采用以下方法：

首先，取

$$\boldsymbol{\beta}_1=\boldsymbol{\alpha}_1,$$
$$\boldsymbol{\beta}_2=\boldsymbol{\alpha}_2-\frac{\langle\boldsymbol{\beta}_1,\boldsymbol{\alpha}_2\rangle}{\langle\boldsymbol{\beta}_1,\boldsymbol{\beta}_1\rangle}\boldsymbol{\beta}_1,$$
$$\cdots\cdots$$
$$\boldsymbol{\beta}_r=\boldsymbol{\alpha}_r-\frac{\langle\boldsymbol{\beta}_1,\boldsymbol{\alpha}_r\rangle}{\langle\boldsymbol{\beta}_1,\boldsymbol{\beta}_1\rangle}\boldsymbol{\beta}_1-\frac{\langle\boldsymbol{\beta}_2,\boldsymbol{\alpha}_r\rangle}{\langle\boldsymbol{\beta}_2,\boldsymbol{\beta}_2\rangle}\boldsymbol{\beta}_2-\cdots-\frac{\langle\boldsymbol{\beta}_{r-1},\boldsymbol{\alpha}_r\rangle}{\langle\boldsymbol{\beta}_{r-1},\boldsymbol{\beta}_{r-1}\rangle}\boldsymbol{\beta}_{r-1}.$$

容易验证 $\boldsymbol{\beta}_1,\boldsymbol{\beta}_2,\cdots,\boldsymbol{\beta}_r$ 两两正交，且 $\boldsymbol{\beta}_1,\boldsymbol{\beta}_2,\cdots,\boldsymbol{\beta}_r$ 与 $\boldsymbol{\alpha}_1,\boldsymbol{\alpha}_2,\cdots,\boldsymbol{\alpha}_r$ 等价.

然后，把 $\boldsymbol{\beta}_1,\boldsymbol{\beta}_2,\cdots,\boldsymbol{\beta}_r$ 单位化，即取

$$\boldsymbol{\varepsilon}_1=\frac{1}{|\boldsymbol{\beta}_1|}\boldsymbol{\beta}_1,\quad \boldsymbol{\varepsilon}_2=\frac{1}{|\boldsymbol{\beta}_2|}\boldsymbol{\beta}_2,\quad \cdots,$$
$$\boldsymbol{\varepsilon}_r=\frac{1}{|\boldsymbol{\beta}_r|}\boldsymbol{\beta}_r,$$

则 $\boldsymbol{\varepsilon}_1,\boldsymbol{\varepsilon}_2,\cdots,\boldsymbol{\varepsilon}_r$ 就是 V 的一个标准正交基，且与 $\boldsymbol{\alpha}_1,\boldsymbol{\alpha}_2,\cdots,\boldsymbol{\alpha}_r$ 等价.

上述导出正交向量组 $\boldsymbol{\beta}_1,\boldsymbol{\beta}_2,\cdots,\boldsymbol{\beta}_r$ 的过程称为**施密特正交化**.

例 1 把向量组

$$\boldsymbol{\alpha}_1=(1,1,0,0)^{\mathrm{T}},$$
$$\boldsymbol{\alpha}_2=(1,0,1,0)^{\mathrm{T}},$$
$$\boldsymbol{\alpha}_3=(-1,0,0,-1)^{\mathrm{T}},$$
$$\boldsymbol{\alpha}_4=(1,-1,-1,1)^{\mathrm{T}}$$

化为单位正交向量组.

解 对 $\boldsymbol{\alpha}_1,\boldsymbol{\alpha}_2,\boldsymbol{\alpha}_3,\boldsymbol{\alpha}_4$ 进行施密特正交化：

$$\boldsymbol{\beta}_1=\boldsymbol{\alpha}_1=(1,1,0,0)^{\mathrm{T}},$$

$$\boldsymbol{\beta}_2=\boldsymbol{\alpha}_2-\frac{\langle\boldsymbol{\beta}_1,\boldsymbol{\alpha}_2\rangle}{\langle\boldsymbol{\beta}_1,\boldsymbol{\beta}_1\rangle}\boldsymbol{\beta}_1=\left(\frac{1}{2},-\frac{1}{2},1,0\right)^{\mathrm{T}},$$

$$\boldsymbol{\beta}_3=\boldsymbol{\alpha}_3-\frac{\langle\boldsymbol{\beta}_1,\boldsymbol{\alpha}_3\rangle}{\langle\boldsymbol{\beta}_1,\boldsymbol{\beta}_1\rangle}\boldsymbol{\beta}_1-\frac{\langle\boldsymbol{\beta}_2,\boldsymbol{\alpha}_3\rangle}{\langle\boldsymbol{\beta}_2,\boldsymbol{\beta}_2\rangle}\boldsymbol{\beta}_2=\left(-\frac{1}{3},\frac{1}{3},\frac{1}{3},-1\right)^{\mathrm{T}},$$

$$\boldsymbol{\beta}_4=\boldsymbol{\alpha}_4-\frac{\langle\boldsymbol{\beta}_1,\boldsymbol{\alpha}_4\rangle}{\langle\boldsymbol{\beta}_1,\boldsymbol{\beta}_1\rangle}\boldsymbol{\beta}_1-\frac{\langle\boldsymbol{\beta}_2,\boldsymbol{\alpha}_4\rangle}{\langle\boldsymbol{\beta}_2,\boldsymbol{\beta}_2\rangle}\boldsymbol{\beta}_2-\frac{\langle\boldsymbol{\beta}_3,\boldsymbol{\alpha}_4\rangle}{\langle\boldsymbol{\beta}_3,\boldsymbol{\beta}_3\rangle}\boldsymbol{\beta}_3=\left(\frac{1}{2},-\frac{1}{2},-\frac{1}{2},-\frac{1}{2}\right)^{\mathrm{T}}.$$

And then apply the unitization to $\boldsymbol{\beta}_1$, $\boldsymbol{\beta}_2$, $\boldsymbol{\beta}_3$, $\boldsymbol{\beta}_4$:

$$\boldsymbol{\varepsilon}_1=\frac{1}{|\boldsymbol{\beta}_1|}\boldsymbol{\beta}_1=\left(\frac{\sqrt{2}}{2},\frac{\sqrt{2}}{2},0,0\right)^{\mathrm{T}},$$

$$\boldsymbol{\varepsilon}_2=\frac{1}{|\boldsymbol{\beta}_2|}\boldsymbol{\beta}_2=\left(\frac{\sqrt{6}}{6},-\frac{\sqrt{6}}{6},\frac{\sqrt{6}}{3},0\right)^{\mathrm{T}},$$

$$\boldsymbol{\varepsilon}_3=\frac{1}{|\boldsymbol{\beta}_3|}\boldsymbol{\beta}_3=\left(-\frac{\sqrt{3}}{6},\frac{\sqrt{3}}{6},\frac{\sqrt{3}}{6},-\frac{\sqrt{3}}{2}\right)^{\mathrm{T}},$$

$$\boldsymbol{\varepsilon}_4=\frac{1}{|\boldsymbol{\beta}_4|}\boldsymbol{\beta}_4=\left(\frac{1}{2},-\frac{1}{2},-\frac{1}{2},-\frac{1}{2}\right)^{\mathrm{T}}.$$

Definition 3.20 If n-order matrix $\boldsymbol{A}$ satisfy

$$\boldsymbol{A}^{\mathrm{T}}\boldsymbol{A}=\boldsymbol{I}, \tag{3.13}$$

then $\boldsymbol{A}$ is called an **orthonormal matrix**.

Represent (3.13) in terms of the column vectors of $\boldsymbol{A}$ as

$$\begin{pmatrix}\boldsymbol{a}_1^{\mathrm{T}}\\ \boldsymbol{a}_2^{\mathrm{T}}\\ \vdots\\ \boldsymbol{a}_n^{\mathrm{T}}\end{pmatrix}(\boldsymbol{a}_1\quad \boldsymbol{a}_2\quad \cdots\quad \boldsymbol{a}_n)=\boldsymbol{I}.$$

These are n^2 relationships as

$$\boldsymbol{a}_i^{\mathrm{T}}\boldsymbol{a}_j=\begin{cases}1, & i=j,\\ 0, & i\neq j\end{cases}\quad (i,j=1,2,\cdots,n).$$

This demonstrates that the necessary and sufficient condition for square matrix $\boldsymbol{A}$ to be an orthonormal matrix is that the column vectors of $\boldsymbol{A}$ are unit vectors and are orthonormal to each other. Since $\boldsymbol{A}^{\mathrm{T}}\boldsymbol{A}=\boldsymbol{I}$ is equivalent to $\boldsymbol{A}\boldsymbol{A}^{\mathrm{T}}=\boldsymbol{I}$, this conclusion also holds for the row vectors of $\boldsymbol{A}$. This reveals that n column (or row) vectors of n-order orthonormal matrix $\boldsymbol{A}$ form a standard orthonormal basis of vector space $\mathbf{R}^n$.

$$\boldsymbol{\beta}_2=\boldsymbol{\alpha}_2-\frac{\langle\boldsymbol{\beta}_1,\boldsymbol{\alpha}_2\rangle}{\langle\boldsymbol{\beta}_1,\boldsymbol{\beta}_1\rangle}\boldsymbol{\beta}_1=\left(\frac{1}{2},-\frac{1}{2},1,0\right)^{\mathrm{T}},$$

$$\boldsymbol{\beta}_3=\boldsymbol{\alpha}_3-\frac{\langle\boldsymbol{\beta}_1,\boldsymbol{\alpha}_3\rangle}{\langle\boldsymbol{\beta}_1,\boldsymbol{\beta}_1\rangle}\boldsymbol{\beta}_1-\frac{\langle\boldsymbol{\beta}_2,\boldsymbol{\alpha}_3\rangle}{\langle\boldsymbol{\beta}_2,\boldsymbol{\beta}_2\rangle}\boldsymbol{\beta}_2=\left(-\frac{1}{3},\frac{1}{3},\frac{1}{3},-1\right)^{\mathrm{T}},$$

$$\boldsymbol{\beta}_4=\boldsymbol{\alpha}_4-\frac{\langle\boldsymbol{\beta}_1,\boldsymbol{\alpha}_4\rangle}{\langle\boldsymbol{\beta}_1,\boldsymbol{\beta}_1\rangle}\boldsymbol{\beta}_1-\frac{\langle\boldsymbol{\beta}_2,\boldsymbol{\alpha}_4\rangle}{\langle\boldsymbol{\beta}_2,\boldsymbol{\beta}_2\rangle}\boldsymbol{\beta}_2-\frac{\langle\boldsymbol{\beta}_3,\boldsymbol{\alpha}_4\rangle}{\langle\boldsymbol{\beta}_3,\boldsymbol{\beta}_3\rangle}\boldsymbol{\beta}_3=\left(\frac{1}{2},-\frac{1}{2},-\frac{1}{2},-\frac{1}{2}\right)^{\mathrm{T}}.$$

再将 $\boldsymbol{\beta}_1$，$\boldsymbol{\beta}_2$，$\boldsymbol{\beta}_3$，$\boldsymbol{\beta}_4$ 单位化：

$$\boldsymbol{\varepsilon}_1=\frac{1}{|\boldsymbol{\beta}_1|}\boldsymbol{\beta}_1=\left(\frac{\sqrt{2}}{2},\frac{\sqrt{2}}{2},0,0\right)^{\mathrm{T}},$$

$$\boldsymbol{\varepsilon}_2=\frac{1}{|\boldsymbol{\beta}_2|}\boldsymbol{\beta}_2=\left(\frac{\sqrt{6}}{6},-\frac{\sqrt{6}}{6},\frac{\sqrt{6}}{3},0\right)^{\mathrm{T}},$$

$$\boldsymbol{\varepsilon}_3=\frac{1}{|\boldsymbol{\beta}_3|}\boldsymbol{\beta}_3=\left(-\frac{\sqrt{3}}{6},\frac{\sqrt{3}}{6},\frac{\sqrt{3}}{6},-\frac{\sqrt{3}}{2}\right)^{\mathrm{T}},$$

$$\boldsymbol{\varepsilon}_4=\frac{1}{|\boldsymbol{\beta}_4|}\boldsymbol{\beta}_4=\left(\frac{1}{2},-\frac{1}{2},-\frac{1}{2},-\frac{1}{2}\right)^{\mathrm{T}}.$$

定义 3.20 如果 n 阶矩阵 $\boldsymbol{A}$ 满足

$$\boldsymbol{A}^{\mathrm{T}}\boldsymbol{A}=\boldsymbol{I}, \tag{3.13}$$

那么称 $\boldsymbol{A}$ 为**正交矩阵**.

(3.13)式可用 $\boldsymbol{A}$ 的列向量表示为

$$\begin{pmatrix}\boldsymbol{a}_1^{\mathrm{T}}\\ \boldsymbol{a}_2^{\mathrm{T}}\\ \vdots\\ \boldsymbol{a}_n^{\mathrm{T}}\end{pmatrix}(\boldsymbol{a}_1\quad \boldsymbol{a}_2\quad \cdots\quad \boldsymbol{a}_n)=\boldsymbol{I}.$$

这也就是 n^2 个关系式

$$\boldsymbol{a}_i^{\mathrm{T}}\boldsymbol{a}_j=\begin{cases}1, & i=j,\\ 0, & i\neq j\end{cases}\quad (i,j=1,2,\cdots,n).$$

这就说明，方阵 $\boldsymbol{A}$ 为正交矩阵的充要条件是 $\boldsymbol{A}$ 的列向量都是单位向量，且两两正交. 因为 $\boldsymbol{A}^{\mathrm{T}}\boldsymbol{A}=\boldsymbol{I}$ 与 $\boldsymbol{A}\boldsymbol{A}^{\mathrm{T}}=\boldsymbol{I}$ 等价，所以这一结论对 $\boldsymbol{A}$ 的行向量亦成立. 由此可见，n 阶正交矩阵 $\boldsymbol{A}$ 的 n 个列(或行)向量构成向量空间 $\mathbf{R}^n$ 的一个标准正交基.

For example, suppose a matrix

$$P=\begin{pmatrix} \frac{1}{2} & -\frac{1}{2} & \frac{1}{2} & -\frac{1}{2} \\ \frac{1}{2} & -\frac{1}{2} & -\frac{1}{2} & \frac{1}{2} \\ \frac{\sqrt{2}}{2} & \frac{\sqrt{2}}{2} & 0 & 0 \\ 0 & 0 & \frac{\sqrt{2}}{2} & \frac{\sqrt{2}}{2} \end{pmatrix}.$$

It can be verified that the column vectors of $\boldsymbol{P}$ are unit vectors and are orthonormal to each other. Therefore, $\boldsymbol{P}$ is an orthonormal matrix.

例如,设矩阵

$$P=\begin{pmatrix} \frac{1}{2} & -\frac{1}{2} & \frac{1}{2} & -\frac{1}{2} \\ \frac{1}{2} & -\frac{1}{2} & -\frac{1}{2} & \frac{1}{2} \\ \frac{\sqrt{2}}{2} & \frac{\sqrt{2}}{2} & 0 & 0 \\ 0 & 0 & \frac{\sqrt{2}}{2} & \frac{\sqrt{2}}{2} \end{pmatrix},$$

可以验证 $\boldsymbol{P}$ 的列向量都是单位向量,且两两正交,所以 $\boldsymbol{P}$ 是正交阵.

Exercise 3
习题 3

1. Suppose vectors $\boldsymbol{a}=(2,3,-1),\boldsymbol{b}=(1,0,2)$. Find:

(1) $\frac{1}{2}\boldsymbol{a}$; (2) $\boldsymbol{a}-\frac{3}{2}\boldsymbol{b}$.

2. Solve vector equation

$$-2(\boldsymbol{a}+\boldsymbol{x})+5(\boldsymbol{b}+\boldsymbol{x})+3(\boldsymbol{c}+\boldsymbol{x})=\boldsymbol{0},$$

where

$$\boldsymbol{a}=(1,0,1),\quad \boldsymbol{b}=(1,2,3),\quad \boldsymbol{c}=(0,1,1).$$

3. Known that vector group

$$\boldsymbol{a}_1=(1,0,2,3),\quad \boldsymbol{a}_2=(1,1,3,5),$$
$$\boldsymbol{a}_3=(1,-1,t+2,1),\quad \boldsymbol{a}_4=(1,2,4,t+9)$$

is linearly dependent. Find the value of t.

4. Suppose a three-order matrix

$$\boldsymbol{A}=\begin{pmatrix} 1 & 2 & -2 \\ 2 & 1 & 2 \\ 3 & 0 & 4 \end{pmatrix}$$

and a three-dimensional column vector

$$\boldsymbol{\alpha}=(a,1,1)^{\mathrm{T}}.$$

Known that vector group $\boldsymbol{A\alpha},\boldsymbol{\alpha}$ is linearly dependent. Find the value of a.

5. Suppose vector group $\boldsymbol{a}_1,\boldsymbol{a}_2,\boldsymbol{a}_3$ is linearly independent. Prove that vector group $\boldsymbol{a}_1+\boldsymbol{a}_2,\boldsymbol{a}_2+\boldsymbol{a}_3,\boldsymbol{a}_3+\boldsymbol{a}_1$

1. 设向量 $\boldsymbol{a}=(2,3,-1),\boldsymbol{b}=(1,0,2)$,求:

(1) $\frac{1}{2}\boldsymbol{a}$; (2) $\boldsymbol{a}-\frac{3}{2}\boldsymbol{b}$.

2. 解向量方程

$$-2(\boldsymbol{a}+\boldsymbol{x})+5(\boldsymbol{b}+\boldsymbol{x})+3(\boldsymbol{c}+\boldsymbol{x})=\boldsymbol{0},$$

其中

$$\boldsymbol{a}=(1,0,1),\quad \boldsymbol{b}=(1,2,3),\quad \boldsymbol{c}=(0,1,1).$$

3. 已知向量组

$$\boldsymbol{a}_1=(1,0,2,3),\quad \boldsymbol{a}_2=(1,1,3,5),$$
$$\boldsymbol{a}_3=(1,-1,t+2,1),\quad \boldsymbol{a}_4=(1,2,4,t+9)$$

线性相关,求 t 的值.

4. 设三阶矩阵

$$\boldsymbol{A}=\begin{pmatrix} 1 & 2 & -2 \\ 2 & 1 & 2 \\ 3 & 0 & 4 \end{pmatrix}$$

和三维列向量

$$\boldsymbol{\alpha}=(a,1,1)^{\mathrm{T}},$$

已知向量组 $\boldsymbol{A\alpha},\boldsymbol{\alpha}$ 线性相关,求 a 的值.

5. 设向量组 $\boldsymbol{a}_1,\boldsymbol{a}_2,\boldsymbol{a}_3$ 线性无关,证明:向量组 $\boldsymbol{a}_1+\boldsymbol{a}_2,\boldsymbol{a}_2+\boldsymbol{a}_3,\boldsymbol{a}_3+\boldsymbol{a}_1$ 也线性无关.

is also linearly independent.

6. Suppose vector group $\boldsymbol{a}_1, \boldsymbol{a}_2, \boldsymbol{a}_3, \boldsymbol{a}_4$ in vector space $\boldsymbol{V}$ is linearly independent. Question: Is vector group $\boldsymbol{a}_1+\boldsymbol{a}_2, \boldsymbol{a}_2+\boldsymbol{a}_3, \boldsymbol{a}_3+\boldsymbol{a}_4, \boldsymbol{a}_4+\boldsymbol{a}_1$ linearly independent? Illustrate your reasons.

7. Suppose $\boldsymbol{A}$ is an n-order matrix and determinant $\det(\boldsymbol{A})=0$. Explain that there must be a column vector of $\boldsymbol{A}$ that is a linear combination of the remaining column vectors of $\boldsymbol{A}$.

8. Find the rank of the following matrices by applying elementary row transformations:

(1) $\boldsymbol{A}=\begin{pmatrix} 6 & 1 & 1 & 7 \\ 4 & 0 & 4 & 1 \\ 1 & 2 & -9 & 0 \\ -1 & 3 & -16 & -1 \end{pmatrix}$;

(2) $\boldsymbol{A}=\begin{pmatrix} 0 & 1 & 1 & -1 & 2 \\ 0 & 2 & -2 & -2 & 0 \\ 0 & -1 & -1 & 1 & 1 \\ 1 & 1 & 0 & 1 & -1 \end{pmatrix}$.

9. In $\mathbf{R}^4$, find the bases and the dimensions of the subspace generated by the following vector group:

(1) $\boldsymbol{\alpha}_1=(2,1,3,1)^{\mathrm{T}}$,
$\boldsymbol{\alpha}_2=(1,2,0,1)^{\mathrm{T}}$,
$\boldsymbol{\alpha}_3=(-1,1,-3,0)^{\mathrm{T}}$,
$\boldsymbol{\alpha}_4=(1,1,1,1)^{\mathrm{T}}$;

(2) $\boldsymbol{\alpha}_1=(2,1,3,-1)^{\mathrm{T}}$,
$\boldsymbol{\alpha}_2=(-1,1,-3,1)^{\mathrm{T}}$,
$\boldsymbol{\alpha}_3=(4,5,3,-1)^{\mathrm{T}}$,
$\boldsymbol{\alpha}_4=(1,5,-3,1)^{\mathrm{T}}$;

(3) $\boldsymbol{\alpha}_1=(1,2,1,0)^{\mathrm{T}}$,
$\boldsymbol{\alpha}_2=(1,1,1,2)^{\mathrm{T}}$,
$\boldsymbol{\alpha}_3=(1,1,2,1)^{\mathrm{T}}$,
$\boldsymbol{\alpha}_4=(4,5,6,4)^{\mathrm{T}}$.

10. Find the basis and the dimension of subspace W of $\mathbf{R}^{2\times 3}$:

$$W=\left\{\begin{pmatrix} a & b & 0 \\ c & 0 & d \end{pmatrix}: a+b+d=0, a,b,c,d\in\mathbf{R}\right\}.$$

6. 设向量空间 V 中的向量组 $\boldsymbol{a}_1, \boldsymbol{a}_2, \boldsymbol{a}_3, \boldsymbol{a}_4$ 线性无关,试问:向量组 $\boldsymbol{a}_1+\boldsymbol{a}_2, \boldsymbol{a}_2+\boldsymbol{a}_3, \boldsymbol{a}_3+\boldsymbol{a}_4, \boldsymbol{a}_4+\boldsymbol{a}_1$ 是否线性无关?说明你的理由.

7. 设 $\boldsymbol{A}$ 是 n 阶矩阵,且行列式 $\det(\boldsymbol{A})=0$,说明 $\boldsymbol{A}$ 中必有一个列向量是其余列向量的线性组合.

8. 用初等变换求下列矩阵的秩:

(1) $\boldsymbol{A}=\begin{pmatrix} 6 & 1 & 1 & 7 \\ 4 & 0 & 4 & 1 \\ 1 & 2 & -9 & 0 \\ -1 & 3 & -16 & -1 \end{pmatrix}$;

(2) $\boldsymbol{A}=\begin{pmatrix} 0 & 1 & 1 & -1 & 2 \\ 0 & 2 & -2 & -2 & 0 \\ 0 & -1 & -1 & 1 & 1 \\ 1 & 1 & 0 & 1 & -1 \end{pmatrix}$.

9. 在 $\mathbf{R}^4$ 中,求由下列向量组生成的子空间的基与维数:

(1) $\boldsymbol{\alpha}_1=(2,1,3,1)^{\mathrm{T}}$,
$\boldsymbol{\alpha}_2=(1,2,0,1)^{\mathrm{T}}$,
$\boldsymbol{\alpha}_3=(-1,1,-3,0)^{\mathrm{T}}$,
$\boldsymbol{\alpha}_4=(1,1,1,1)^{\mathrm{T}}$;

(2) $\boldsymbol{\alpha}_1=(2,1,3,-1)^{\mathrm{T}}$,
$\boldsymbol{\alpha}_2=(-1,1,-3,1)^{\mathrm{T}}$,
$\boldsymbol{\alpha}_3=(4,5,3,-1)^{\mathrm{T}}$,
$\boldsymbol{\alpha}_4=(1,5,-3,1)^{\mathrm{T}}$;

(3) $\boldsymbol{\alpha}_1=(1,2,1,0)^{\mathrm{T}}$,
$\boldsymbol{\alpha}_2=(1,1,1,2)^{\mathrm{T}}$,
$\boldsymbol{\alpha}_3=(1,1,2,1)^{\mathrm{T}}$,
$\boldsymbol{\alpha}_4=(4,5,6,4)^{\mathrm{T}}$.

10. 求 $\mathbf{R}^{2\times 3}$ 的子空间

$$W=\left\{\begin{pmatrix} a & b & 0 \\ c & 0 & d \end{pmatrix}: a+b+d=0, a,b,c,d\in\mathbf{R}\right\}$$

的基与维数.

11. Suppose vector group $\boldsymbol{\alpha}_1, \boldsymbol{\alpha}_2, \boldsymbol{\alpha}_3, \boldsymbol{\alpha}_4$ in vector space V is linearly independent. Find a basis and the dimension of vector space W generated by vector group $\boldsymbol{\alpha}_1+\boldsymbol{\alpha}_2, \boldsymbol{\alpha}_2+\boldsymbol{\alpha}_3, \boldsymbol{\alpha}_3+\boldsymbol{\alpha}_4, \boldsymbol{\alpha}_4+\boldsymbol{\alpha}_1$.

12. In $\mathbf{R}^4$, find the coordinate of vector $\boldsymbol{\xi}$ at basis $\boldsymbol{\eta}_1$, $\boldsymbol{\eta}_2, \boldsymbol{\eta}_3\ \boldsymbol{\eta}_4$:

(1) $\boldsymbol{\eta}_1=(1,1,1,1)^{\mathrm{T}}$,
$\boldsymbol{\eta}_2=(1,1,-1,-1)^{\mathrm{T}}$,
$\boldsymbol{\eta}_3=(1,-1,1,-1)^{\mathrm{T}}$,
$\boldsymbol{\eta}_4=(1,-1,-1,1)^{\mathrm{T}}$,
$\boldsymbol{\xi}=(1,2,1,1)^{\mathrm{T}}$;

(2) $\boldsymbol{\eta}_1(1,2,-1,0)^{\mathrm{T}}$,
$\boldsymbol{\eta}_2=(1,-1,1,1)^{\mathrm{T}}$,
$\boldsymbol{\eta}_3=(-1,2,1,1)^{\mathrm{T}}$,
$\boldsymbol{\eta}_4=(-1,-1,0,1)^{\mathrm{T}}$,
$\boldsymbol{\xi}=(1,0,0,1)^{\mathrm{T}}$.

13. Find a basic solution system and the general solution of system of non-homogeneous linear equations

$$\begin{cases} x_1+x_2+x_3+x_4+x_5=0, \\ 3x_1+2x_2+x_3+x_4-3x_5=0, \\ x_2+2x_3+2x_4+6x_5=0, \\ 5x_1+4x_2+3x_3+3x_4-x_5=0. \end{cases}$$

14. Find the general solution of system of non-homogeneous linear equations

$$\begin{cases} x_1+3x_2+5x_3-4x_4=1, \\ x_1+3x_2+2x_3-2x_4+x_5=-1, \\ x_1-2x_2+x_3-x_4-x_5=3, \\ x_1-4x_2+x_3+x_4-x_5=3, \\ x_1+2x_2+x_3-x_4+x_5=-1. \end{cases}$$

15. Suppose matrices

$$\boldsymbol{A}=\begin{pmatrix} 1 & 2 & 1 & 2 \\ 0 & 1 & c & c \\ 1 & c & 0 & 1 \end{pmatrix}, \quad \boldsymbol{b}=\begin{pmatrix} 3 \\ 2 \\ 1 \end{pmatrix},$$

and the dimension of the solution space of system of homogeneous linear equations $\boldsymbol{Ax}=\mathbf{0}$ is 2. Find parameter c and the general solution of system of non-homogeneous linear equations $\boldsymbol{Ax}=\boldsymbol{b}$.

16. What is the value of λ such that system of linear

11. 设向量空间 V 中的向量组 $\boldsymbol{\alpha}_1, \boldsymbol{\alpha}_2, \boldsymbol{\alpha}_3, \boldsymbol{\alpha}_4$ 线性无关，求由向量组 $\boldsymbol{\alpha}_1+\boldsymbol{\alpha}_2, \boldsymbol{\alpha}_2+\boldsymbol{\alpha}_3, \boldsymbol{\alpha}_3+\boldsymbol{\alpha}_4, \boldsymbol{\alpha}_4+\boldsymbol{\alpha}_1$ 生成的向量空间 W 的一个基及维数.

12. 在 $\mathbf{R}^4$ 中，求向量 $\boldsymbol{\xi}$ 在基 $\boldsymbol{\eta}_1, \boldsymbol{\eta}_2, \boldsymbol{\eta}_3\ \boldsymbol{\eta}_4$ 下的坐标：

(1) $\boldsymbol{\eta}_1=(1,1,1,1)^{\mathrm{T}}$,
$\boldsymbol{\eta}_2=(1,1,-1,-1)^{\mathrm{T}}$,
$\boldsymbol{\eta}_3=(1,-1,1,-1)^{\mathrm{T}}$,
$\boldsymbol{\eta}_4=(1,-1,-1,1)^{\mathrm{T}}$,
$\boldsymbol{\xi}=(1,2,1,1)^{\mathrm{T}}$;

(2) $\boldsymbol{\eta}_1(1,2,-1,0)^{\mathrm{T}}$,
$\boldsymbol{\eta}_2=(1,-1,1,1)^{\mathrm{T}}$,
$\boldsymbol{\eta}_3=(-1,2,1,1)^{\mathrm{T}}$,
$\boldsymbol{\eta}_4=(-1,-1,0,1)^{\mathrm{T}}$,
$\boldsymbol{\xi}=(1,0,0,1)^{\mathrm{T}}$.

13. 求齐次线性方程组

$$\begin{cases} x_1+x_2+x_3+x_4+x_5=0, \\ 3x_1+2x_2+x_3+x_4-3x_5=0, \\ x_2+2x_3+2x_4+6x_5=0, \\ 5x_1+4x_2+3x_3+3x_4-x_5=0 \end{cases}$$

的一个基础解系和通解.

14. 求非齐次线性方程组

$$\begin{cases} x_1+3x_2+5x_3-4x_4=1, \\ x_1+3x_2+2x_3-2x_4+x_5=-1, \\ x_1-2x_2+x_3-x_4-x_5=3, \\ x_1-4x_2+x_3+x_4-x_5=3, \\ x_1+2x_2+x_3-x_4+x_5=-1 \end{cases}$$

的通解.

15. 设矩阵

$$\boldsymbol{A}=\begin{pmatrix} 1 & 2 & 1 & 2 \\ 0 & 1 & c & c \\ 1 & c & 0 & 1 \end{pmatrix}, \quad \boldsymbol{b}=\begin{pmatrix} 3 \\ 2 \\ 1 \end{pmatrix},$$

且齐次线性方程组 $\boldsymbol{Ax}=\mathbf{0}$ 的解空间的维数为 2，求参数 c，并求非齐次线性方程组 $\boldsymbol{Ax}=\boldsymbol{b}$ 的通解.

16. λ 取何值时，线性方程组

equations

$$\begin{cases} -2x_1 + x_2 + x_3 = -2, \\ x_1 - 2x_2 + x_3 = \lambda, \\ x_1 + x_2 - 2x_3 = \lambda^2 \end{cases}$$

has solutions? And find the general solution of the system.

17. Transform vector group

$$\boldsymbol{\alpha}_1 = (1,1,-1,1)^{\mathrm{T}},$$
$$\boldsymbol{\alpha}_2 = (1,-1,-1,1)^{\mathrm{T}},$$
$$\boldsymbol{\alpha}_3 = (2,1,1,3)^{\mathrm{T}}$$

into a unit orthonormal vector group.

18. Find a standard orthonormal basis of the solution space (as a subspace of $\mathbf{R}^5$) of system of homogeneous linear equations

$$\begin{cases} 2x_1 + x_2 - x_3 + x_4 - 3x_5 = 0, \\ x_1 + x_2 - x_3 \qquad + x_5 = 0. \end{cases}$$

$$\begin{cases} -2x_1 + x_2 + x_3 = -2, \\ x_1 - 2x_2 + x_3 = \lambda, \\ x_1 + x_2 - 2x_3 = \lambda^2 \end{cases}$$

有解？并求其通解.

17. 把向量组

$$\boldsymbol{\alpha}_1 = (1,1,-1,1)^{\mathrm{T}},$$
$$\boldsymbol{\alpha}_2 = (1,-1,-1,1)^{\mathrm{T}},$$
$$\boldsymbol{\alpha}_3 = (2,1,1,3)^{\mathrm{T}}$$

化为单位正交向量组.

18. 求齐次线性方程组

$$\begin{cases} 2x_1 + x_2 - x_3 + x_4 - 3x_5 = 0, \\ x_1 + x_2 - x_3 \qquad + x_5 = 0 \end{cases}$$

的解空间(作为 $\mathbf{R}^5$ 的子空间)的一个标准正交基.

Chapter 4 Eigenvalues and Eigenvectors of Matrices
第4章 矩阵的特征值与特征向量

4.1 Eigenvalues and Eigenvectors of Matrices
4.1 矩阵的特征值与特征向量

We have already introduced the related theories of determinants, matrices and vector spaces. In this chapter, we continue to explore the related problems of matrices—eigenvalues and eigenvectors of matrices and the diagonalization of matrices. These contents have a wide range of application in areas such as engineering and economic management. It is assumed that the matrices we discuss are all real matrices.

前面我们已经介绍了行列式、矩阵、向量空间的相关理论. 在本章中,我们继续探讨矩阵的相关问题——矩阵的特征值与特征向量及矩阵的对角化等问题. 这些内容在工程技术、经济管理等领域中都有广泛的应用. 假定我们讨论的矩阵都是实矩阵.

1. Concepts of Eigenvalues and Eigenvectors

Definition 4.1 For square matrix $\boldsymbol{A}$, if there exist a number λ and a non-zero vector $\boldsymbol{\xi}$ such that

$$\boldsymbol{A\xi}=\lambda\boldsymbol{\xi}, \tag{4.1}$$

then we say that λ is an **eigenvalue** of $\boldsymbol{A}$ and non-zero vector $\boldsymbol{\xi}$ is an **eigenvector** corresponding to eigenvalue λ.

For example, suppose

$$\boldsymbol{A}=\begin{pmatrix}1 & 2\\ 2 & 1\end{pmatrix},\quad \boldsymbol{\xi}=\begin{pmatrix}1\\ 1\end{pmatrix},$$

then

$$\boldsymbol{A\xi}=\begin{pmatrix}1 & 2\\ 2 & 1\end{pmatrix}\begin{pmatrix}1\\ 1\end{pmatrix}=\begin{pmatrix}3\\ 3\end{pmatrix}=3\begin{pmatrix}1\\ 1\end{pmatrix}=3\boldsymbol{\xi}.$$

So, 3 is an eigenvalue of $\boldsymbol{A}$ and $\boldsymbol{\xi}=(1,1)^{\mathrm{T}}$ is an eigenvector corresponding to eigenvalue 3.

1. 特征值与特征向量的概念

定义 4.1 对于方阵 $\boldsymbol{A}$,如果存在数 λ 和非零向量 $\boldsymbol{\xi}$,使得

$$\boldsymbol{A\xi}=\lambda\boldsymbol{\xi}, \tag{4.1}$$

则称 λ 为 $\boldsymbol{A}$ 的**特征值**,并称非零向量 $\boldsymbol{\xi}$ 为对应于特征值 λ 的**特征向量**.

例如,设

$$\boldsymbol{A}=\begin{pmatrix}1 & 2\\ 2 & 1\end{pmatrix},\quad \boldsymbol{\xi}=\begin{pmatrix}1\\ 1\end{pmatrix},$$

则

$$\boldsymbol{A\xi}=\begin{pmatrix}1 & 2\\ 2 & 1\end{pmatrix}\begin{pmatrix}1\\ 1\end{pmatrix}=\begin{pmatrix}3\\ 3\end{pmatrix}=3\begin{pmatrix}1\\ 1\end{pmatrix}=3\boldsymbol{\xi}.$$

所以,3 是 $\boldsymbol{A}$ 的特征值,$\boldsymbol{\xi}=(1,1)^{\mathrm{T}}$ 是对应于特征值 3 的特征向量.

2. Method for Finding Eigenvalues and Eigenvectors

Now we discuss how to find the eigenvalues and the eigenvectors of a square matrix.

2. 特征值与特征向量的求法

现在我们讨论如何求方阵的特征值和特征向量.

It is obvious to see that (4.1) is equivalent to

$$(\lambda \boldsymbol{I}-\boldsymbol{A})\boldsymbol{\xi}=\boldsymbol{0}.$$

This shows that eigenvector $\boldsymbol{\xi}$ is a non-zero solution of system of homogeneous linear equations

$$(\lambda \boldsymbol{I}-\boldsymbol{A})\boldsymbol{x}=\boldsymbol{0}. \tag{4.2}$$

As we have already known, the necessary and sufficient condition for system of homogeneous linear equations (4.2) to have non-zero solutions is that the coefficient determinant of system (4.2) is zero, that is, $\det(\lambda \boldsymbol{I}-\boldsymbol{A})=0$. Thus, λ is an eigenvalue of $\boldsymbol{A}$ if and only if λ is a root of equation $\det(\lambda \boldsymbol{I}-\boldsymbol{A})=0$.

$\det(\lambda \boldsymbol{I}-\boldsymbol{A})$ is an n-order polynomial of λ called the **characteristic polynomial** of matrix $\boldsymbol{A}$. And $\det(\lambda \boldsymbol{I}-\boldsymbol{A})=0$ is called the **characteristic equation**. Thus, we know that all eigenvalues of $\boldsymbol{A}$ are all the zero points of characteristic polynomial $\det(\lambda \boldsymbol{I}-\boldsymbol{A})$, which are also all the roots of characteristic equation

$$\det(\lambda \boldsymbol{I}-\boldsymbol{A})=0.$$

And all the eigenvectors of $\boldsymbol{A}$ corresponding to eigenvalue λ are all non-zero solutions of system of homogeneous linear equations

$$(\lambda \boldsymbol{I}-\boldsymbol{A})\boldsymbol{x}=\boldsymbol{0}.$$

According to the fundamental theorem of Algebra, the characteristic equation $\det(\lambda \boldsymbol{I}-\boldsymbol{A})=0$ has n roots in the complex number field (the repeated root is counted repeatedly), thus $\boldsymbol{A}$ has n eigenvalues $\lambda_1,\lambda_2,\cdots,\lambda_n$ (which may have repeated eigenvalues). When λ_i is the k-repeated root, k_i is called the **algebraic multiplicity** of eigenvalue λ_i. Furthermore, the maximum number of linear independent eigenvectors corresponding to eigenvalue λ_i is called the **geometric multiplicity** of λ_i. It is easy to see that the geometric multiplicity of eigenvalue λ_i is the number of solution vectors in basic solution system of system of homogeneous linear equations $(\lambda \boldsymbol{I}-\boldsymbol{A})\boldsymbol{x}=\boldsymbol{0}$. In addition, it can be proved that the geometric multiplicity of an eigenvalue is not exceeding its algebraic multiplicity.

We can summarize the following steps in finding the eigenvalues and the eigenvectors of n-order matrix $\boldsymbol{A}$:

容易看出,(4.1)式等价于

$$(\lambda \boldsymbol{I}-\boldsymbol{A})\boldsymbol{\xi}=\boldsymbol{0}.$$

这说明,特征向量 $\boldsymbol{\xi}$ 是齐次线性方程组

$$(\lambda \boldsymbol{I}-\boldsymbol{A})\boldsymbol{x}=\boldsymbol{0} \tag{4.2}$$

的一个非零解. 而我们知道,齐次线性方程组(4.2)有非零解的充要条件是其系数行列式为零,即 $\det(\lambda \boldsymbol{I}-\boldsymbol{A})=0$. 所以,$\lambda$ 是 $\boldsymbol{A}$ 的特征值当且仅当 λ 是方程 $\det(\lambda \boldsymbol{I}-\boldsymbol{A})=0$ 的根.

$\det(\lambda \boldsymbol{I}-\boldsymbol{A})$是关于 λ 的 n 次多项式,称之为矩阵 $\boldsymbol{A}$ 的**特征多项式**,并称 $\det(\lambda \boldsymbol{I}-\boldsymbol{A})=0$ 为**特征方程**. 于是,可知 $\boldsymbol{A}$ 的全部特征值恰好是特征多项式 $\det(\lambda \boldsymbol{I}-\boldsymbol{A})$的所有零点,即特征方程

$$\det(\lambda \boldsymbol{I}-\boldsymbol{A})=0$$

的所有根,而 $\boldsymbol{A}$ 的对应于特征值 λ 的全部特征向量就是齐次线性方程组

$$(\lambda \boldsymbol{I}-\boldsymbol{A})\boldsymbol{x}=\boldsymbol{0}$$

的所有非零解.

根据代数学基本定理,特征方程 $\det(\lambda \boldsymbol{I}-\boldsymbol{A})=0$ 在复数范围内有 n 个根(重根按重数计算),因此 $\boldsymbol{A}$ 有 n 个特征值 $\lambda_1,\lambda_2,\cdots,\lambda_n$(可能有重的). 当 λ_i 是特征方程的 k_i 重根时,称 k_i 为特征值 λ_i 的**代数重数**. 此外,称对应于特征值 λ_i 的线性无关的特征向量的最大个数为 λ_i 的**几何重数**. 容易看出,特征值 λ_i 的几何重数就是齐次线性方程组 $(\lambda \boldsymbol{I}-\boldsymbol{A})\boldsymbol{x}=\boldsymbol{0}$ 的基础解系中所含解向量的个数. 另外,可以证明:特征值的几何重数不超过其代数重数.

综上所述,我们可以归纳出如下求 n 阶矩阵 $\boldsymbol{A}$ 的特征值与特征向量的步骤:

Step 1 Solve characteristic equation $\det(\lambda \boldsymbol{I}-\boldsymbol{A})=0$ to find all the inequality eigenvalues of $\boldsymbol{A}$: $\lambda_1, \lambda_2, \cdots, \lambda_t (t \leqslant n)$;

Step 2 For each eigenvalue λ_i, solve a basic solution system $\boldsymbol{\xi}_{i1}, \boldsymbol{\xi}_{i2}, \cdots, \boldsymbol{\xi}_{is_i}$ of system of homogeneous linear equations $(\lambda_i \boldsymbol{I}-\boldsymbol{A})\boldsymbol{x}=\boldsymbol{0}$ ($1 \leqslant s_i \leqslant r_i$, r_i, s_i are the algebraic multiplicity and the geometric multiplicity of λ_i respectively, $i=1,2,\cdots,t$), then all the eigenvectors corresponding to eigenvalue λ_i are

$$k_{i1}\boldsymbol{\xi}_{i1}+k_{i2}\boldsymbol{\xi}_{i2}+\cdots+k_{is_i}\boldsymbol{\xi}_{is_i}$$

$$(k_{i1}, k_{i2}, \cdots, k_{is_i} \text{ are not all zeros})$$

Apparently, the eigenvalues of n-order triangular matrix $\boldsymbol{T}=(t_{ij})$ are diagonal entries $t_{11}, t_{22}, \cdots, t_{nn}$ (which may have repeated values).

Example 1 Suppose a matrix

$$\boldsymbol{A}=\begin{pmatrix} 3 & 4 \\ 5 & 2 \end{pmatrix}.$$

Find the eigenvalues and the eigenvectors of matrix $\boldsymbol{A}$.

Solution Since the characteristic polynomial of matrix $\boldsymbol{A}$ is

$$\begin{aligned}\det(\lambda \boldsymbol{I}-\boldsymbol{A}) &= \begin{vmatrix} \lambda-3 & -4 \\ -5 & \lambda-2 \end{vmatrix} \\ &= \lambda^2-5\lambda-14 \\ &= (\lambda+2)(\lambda-7),\end{aligned}$$

the eigenvalues of matrix $\boldsymbol{A}$ are

$$\lambda_1=-2 \quad \text{and} \quad \lambda_2=7.$$

For $\lambda_1=-2$, solve system of homogeneous linear equations

$$(-2\boldsymbol{I}-\boldsymbol{A})\boldsymbol{x}=\boldsymbol{0}.$$

Since

$$-2\boldsymbol{I}-\boldsymbol{A}=\begin{pmatrix} -5 & -4 \\ -5 & -4 \end{pmatrix} \longrightarrow \begin{pmatrix} -5 & -4 \\ 0 & 0 \end{pmatrix} \longrightarrow \begin{pmatrix} 1 & \frac{4}{5} \\ 0 & 0 \end{pmatrix},$$

we get the general formal solution

$$x_1=-\frac{4}{5}x_2,$$

where x_2 is a free unknown variable. Let $x_2=1$. We can find a basic solution system

步骤 1 求解特征方程 $\det(\lambda \boldsymbol{I}-\boldsymbol{A})=0$，得到 $\boldsymbol{A}$ 的所有互异特征值 $\lambda_1, \lambda_2, \cdots, \lambda_t (t \leqslant n)$；

步骤 2 对于每个特征值 λ_i，求出齐次线性方程组 $(\lambda_i \boldsymbol{I}-\boldsymbol{A})\boldsymbol{x}=\boldsymbol{0}$ 的一个基础解系 $\boldsymbol{\xi}_{i1}, \boldsymbol{\xi}_{i2}, \cdots, \boldsymbol{\xi}_{is_i}$ ($1 \leqslant s_i \leqslant r_i$，$r_i$，$s_i$ 分别为 λ_i 的代数重数和几何重数，$i=1,2,\cdots,t$)，则对应于特征值 λ_i 的全部特征向量为

$$k_{i1}\boldsymbol{\xi}_{i1}+k_{i2}\boldsymbol{\xi}_{i2}+\cdots+k_{is_i}\boldsymbol{\xi}_{is_i}$$

$$(k_{i1}, k_{i2}, \cdots, k_{is_i} \text{ 不全为零}).$$

显然，n 阶三角形矩阵 $\boldsymbol{T}=(t_{ij})$ 的特征值是对角线元素 $t_{11}, t_{22}, \cdots, t_{nn}$（可能有重的）.

例 1 设矩阵

$$\boldsymbol{A}=\begin{pmatrix} 3 & 4 \\ 5 & 2 \end{pmatrix},$$

求 $\boldsymbol{A}$ 的特征值与特征向量.

解 由于矩阵 $\boldsymbol{A}$ 的特征多项式为

$$\begin{aligned}\det(\lambda \boldsymbol{I}-\boldsymbol{A}) &= \begin{vmatrix} \lambda-3 & -4 \\ -5 & \lambda-2 \end{vmatrix} \\ &= \lambda^2-5\lambda-14 \\ &= (\lambda+2)(\lambda-7),\end{aligned}$$

因此矩阵 $\boldsymbol{A}$ 的特征值为

$$\lambda_1=-2 \quad 和 \quad \lambda_2=7.$$

对于 $\lambda_1=-2$，求解齐次线性方程组

$$(-2\boldsymbol{I}-\boldsymbol{A})\boldsymbol{x}=\boldsymbol{0}.$$

由于

$$-2\boldsymbol{I}-\boldsymbol{A}=\begin{pmatrix} -5 & -4 \\ -5 & -4 \end{pmatrix} \longrightarrow \begin{pmatrix} -5 & -4 \\ 0 & 0 \end{pmatrix} \longrightarrow \begin{pmatrix} 1 & \frac{4}{5} \\ 0 & 0 \end{pmatrix},$$

可得一般解为

$$x_1=-\frac{4}{5}x_2,$$

其中 x_2 为自由未知量. 取 $x_2=1$，求得一个基础解系

$$\boldsymbol{\xi}_1=\left(-\frac{4}{5},1\right)^{\mathrm{T}}.$$

Thus, all the eigenvectors corresponding to eigenvalue $\lambda_1=-2$ of matrix $\boldsymbol{A}$ are $k_1\boldsymbol{\xi}_1(k_1\neq 0)$.

For $\lambda_2=7$, solve system of homogeneous linear equations

$$(7\boldsymbol{I}-\boldsymbol{A})\boldsymbol{x}=\boldsymbol{0}.$$

Since

$$7\boldsymbol{I}-\boldsymbol{A}=\begin{pmatrix}4&-4\\-5&5\end{pmatrix}\longrightarrow\begin{pmatrix}1&-1\\-1&1\end{pmatrix}\longrightarrow\begin{pmatrix}1&-1\\0&0\end{pmatrix},$$

we get the general formal solution

$$x_1=x_2,$$

where x_2 is a free unknown variable. Let $x_2=1$. We can find a basic solution system

$$\boldsymbol{\xi}_2=(1,1)^{\mathrm{T}}.$$

Thus, all the eigenvectors corresponding to eigenvalue $\lambda_2=7$ of matrix $\boldsymbol{A}$ are $k_2\boldsymbol{\xi}_2(k_2\neq 0)$.

Example 2 Find the eigenvalues and the eigenvectors of matrix

$$\boldsymbol{A}=\begin{pmatrix}3&2&4\\2&0&2\\4&2&3\end{pmatrix}$$

and point out the algebraic multiplicities and the geometric multiplicities of the eigenvalues.

Solution Since the characteristic polynomial of matrix $\boldsymbol{A}$ is

$$\det(\lambda\boldsymbol{I}-\boldsymbol{A})=\begin{vmatrix}\lambda-3&-2&-4\\-2&\lambda&-2\\-4&-2&\lambda-3\end{vmatrix}=(\lambda-8)(\lambda+1)^2,$$

matrix $\boldsymbol{A}$ has eigenvalues

$$\lambda_1=8,\quad \lambda_2=-1\text{(double roots)}.$$

For $\lambda_1=8$, solve system of homogeneous linear equations

$$(8\boldsymbol{I}-\boldsymbol{A})\boldsymbol{x}=\boldsymbol{0}.$$

Since

$$8\boldsymbol{I}-\boldsymbol{A}=\begin{pmatrix}5&-2&-4\\-2&8&-2\\-4&-2&5\end{pmatrix}\longrightarrow\begin{pmatrix}1&0&-1\\0&1&-\frac{1}{2}\\0&0&0\end{pmatrix},$$

$$\boldsymbol{\xi}_1=\left(-\frac{4}{5},1\right)^{\mathrm{T}}.$$

故 $\boldsymbol{A}$ 的对应于特征值 $\lambda_1=-2$ 的全部特征向量为 $k_1\boldsymbol{\xi}_1(k_1\neq 0)$.

对于 $\lambda_2=7$,求解齐次线性方程组

$$(7\boldsymbol{I}-\boldsymbol{A})\boldsymbol{x}=\boldsymbol{0}.$$

由于

$$7\boldsymbol{I}-\boldsymbol{A}=\begin{pmatrix}4&-4\\-5&5\end{pmatrix}\longrightarrow\begin{pmatrix}1&-1\\-1&1\end{pmatrix}\longrightarrow\begin{pmatrix}1&-1\\0&0\end{pmatrix},$$

可得一般解

$$x_1=x_2,$$

其中 x_2 为自由未知量. 取 $x_2=1$,求得一个基础解系

$$\boldsymbol{\xi}_2=(1,1)^{\mathrm{T}}.$$

故 $\boldsymbol{A}$ 的对应于特征值 $\lambda_2=7$ 的全部特征向量为 $k_2\boldsymbol{\xi}_2(k_2\neq 0)$.

例 2 求矩阵

$$\boldsymbol{A}=\begin{pmatrix}3&2&4\\2&0&2\\4&2&3\end{pmatrix}$$

的特征值与特征向量,并指出各特征值的代数重数和几何重数.

解 因为 $\boldsymbol{A}$ 的特征多项式为

$$\det(\lambda\boldsymbol{I}-\boldsymbol{A})=\begin{vmatrix}\lambda-3&-2&-4\\-2&\lambda&-2\\-4&-2&\lambda-3\end{vmatrix}=(\lambda-8)(\lambda+1)^2,$$

所以 $\boldsymbol{A}$ 的特征值为

$$\lambda_1=8,\quad \lambda_2=-1\text{(二重根)}.$$

对于 $\lambda_1=8$, 求解齐次线性方程组

$$(8\boldsymbol{I}-\boldsymbol{A})\boldsymbol{x}=\boldsymbol{0}.$$

由于

$$8\boldsymbol{I}-\boldsymbol{A}=\begin{pmatrix}5&-2&-4\\-2&8&-2\\-4&-2&5\end{pmatrix}\longrightarrow\begin{pmatrix}1&0&-1\\0&1&-\frac{1}{2}\\0&0&0\end{pmatrix},$$

we get the general formal solution

$$\begin{cases} x_1=x_3, \\ x_2=\frac{1}{2}x_3, \end{cases}$$

where x_3 is a free unknown variable. Let $x_1=1$. We can find a basic solution system

$$\boldsymbol{\xi}_1=\left(1,\frac{1}{2},1\right)^{\mathrm{T}}.$$

Thus, all the eigenvectors corresponding to eigenvalue $\lambda_1=8$ are $k_1\boldsymbol{\xi}_1(k_1\neq 0)$. For $\lambda_1=8$, the algebraic multiplicity is 1 and the geometric multiplicity is 1.

For $\lambda_2=-1$, solve system of homogeneous linear equations

$$(-\boldsymbol{I}-\boldsymbol{A})\boldsymbol{x}=\boldsymbol{0}.$$

Since

$$-\boldsymbol{I}-\boldsymbol{A}=\begin{pmatrix} -4 & -2 & -4 \\ -2 & -1 & -2 \\ -4 & -2 & -4 \end{pmatrix}\longrightarrow\begin{pmatrix} 1 & \frac{1}{2} & 1 \\ 0 & 0 & 0 \\ 0 & 0 & 0 \end{pmatrix},$$

we get the general formal solution

$$x_1=-\frac{1}{2}x_2-x_3,$$

where x_2 and x_3 are free unknown variables. Let

$$\begin{pmatrix} x_2 \\ x_3 \end{pmatrix}=\begin{pmatrix} 0 \\ 1 \end{pmatrix},\quad \begin{pmatrix} x_2 \\ x_3 \end{pmatrix}=\begin{pmatrix} 1 \\ 0 \end{pmatrix}$$

respectively. We can find a basic solution system

$$\boldsymbol{\xi}_2=\left(-\frac{1}{2},1,0\right)^{\mathrm{T}},\quad \boldsymbol{\xi}_3=(-1,0,1)^{\mathrm{T}}.$$

Thus, all the eigenvectors corresponding to eigenvalue $\lambda_2=-1$ are $k_2\boldsymbol{\xi}_2+k_3\boldsymbol{\xi}_3$ (k_2,k_3 are not all zeros). For $\lambda_2=-1$, the algebraic multiplicity is 2 and the geometric multiplicity is 2.

可得一般解为

$$\begin{cases} x_1=x_3, \\ x_2=\frac{1}{2}x_3, \end{cases}$$

其中 x_3 为自由未知量. 取 $x_3=1$,求得一个基础解系

$$\boldsymbol{\xi}_1=\left(1,\frac{1}{2},1\right)^{\mathrm{T}}.$$

故 $\boldsymbol{A}$ 的对应于特征值 $\lambda_1=8$ 的全部特征向量为 $k_1\boldsymbol{\xi}_1(k_1\neq 0)$,且 $\lambda_1=8$ 的代数重数为1,几何重数为1.

对于 $\lambda_2=-1$,求解齐次线性方程组

$$(-\boldsymbol{I}-\boldsymbol{A})\boldsymbol{x}=\boldsymbol{0}.$$

由于

$$-\boldsymbol{I}-\boldsymbol{A}=\begin{pmatrix} -4 & -2 & -4 \\ -2 & -1 & -2 \\ -4 & -2 & -4 \end{pmatrix}\longrightarrow\begin{pmatrix} 1 & \frac{1}{2} & 1 \\ 0 & 0 & 0 \\ 0 & 0 & 0 \end{pmatrix},$$

可得一般解为

$$x_1=-\frac{1}{2}x_2-x_3,$$

其中 x_2,x_3 为自由未知量. 分别取

$$\begin{pmatrix} x_2 \\ x_3 \end{pmatrix}=\begin{pmatrix} 0 \\ 1 \end{pmatrix},\quad \begin{pmatrix} x_2 \\ x_3 \end{pmatrix}=\begin{pmatrix} 1 \\ 0 \end{pmatrix},$$

求得一个基础解系

$$\boldsymbol{\xi}_2=\left(-\frac{1}{2},1,0\right)^{\mathrm{T}},\quad \boldsymbol{\xi}_3=(-1,0,1)^{\mathrm{T}}.$$

故 $\boldsymbol{A}$ 的对应于 $\lambda_2=-1$ 的全部特征向量为 $k_2\boldsymbol{\xi}_2+k_3\boldsymbol{\xi}_3$($k_2,k_3$ 不全为零),且 $\lambda_2=-1$ 的代数重数为2,几何重数为2.

3. Properties of Eigenvalues and Eigenvectors

The eigenvalues and the eigenvectors of matrices have many properties. Some common properties are given below without proof.

Property 1 Square matrices $\boldsymbol{A}$ and $\boldsymbol{A}^{\mathrm{T}}$ have the same eigenvalues.

Property 2 Suppose the eigenvalues of n-order matrix

3. 特征值与特征向量的性质

矩阵的特征值与特征向量有许多性质,下面不加证明地给出一些常用的性质.

性质 1 方阵 $\boldsymbol{A}$ 和 $\boldsymbol{A}^{\mathrm{T}}$ 有相同的特征值.

性质 2 设 n 阶矩阵 $\boldsymbol{A}=(a_{ij})$ 的特征值

$\boldsymbol{A}=(a_{ij})$ are $\lambda_1,\lambda_2,\cdots,\lambda_n$ (which may have repeated), then

(1) $\lambda_1+\lambda_2+\cdots+\lambda_n=\sum_{i=1}^{n}a_{ii}$;

(2) $\lambda_1\lambda_2\cdots\lambda_n=\det(\boldsymbol{A})$.

Generally, the sum of the diagonal entries of n-order matrix $\boldsymbol{A}$ is called the **trace** of matrix $\boldsymbol{A}$, denoted by $\mathrm{tr}(\boldsymbol{A})$, that is,

$$\mathrm{tr}(\boldsymbol{A})=\sum_{i=1}^{n}a_{ii}.$$

The (1) of Property 2 shows that the trace of n-order matrix $\boldsymbol{A}$ is equal to the sum of all eigenvalues $\lambda_1,\lambda_2,\cdots,\lambda_n$, that is,

$$\mathrm{tr}(\boldsymbol{A})=\lambda_1+\lambda_2+\cdots+\lambda_n.$$

From the (2) of Property 2, we can get the following corollary:

Corollary 1 Square matrix $\boldsymbol{A}$ is invertible if and only if all eigenvalues of $\boldsymbol{A}$ are not zeros.

Property 3 Suppose $\lambda_1,\lambda_2,\cdots,\lambda_t$ are distinct eigenvalues of n-order matrix $\boldsymbol{A}$, and $\boldsymbol{\xi}_i$ $(i=1,2,\cdots,t)$ are the eigenvectors corresponding to eigenvalues λ_i, then $\boldsymbol{\xi}_1,\boldsymbol{\xi}_2,\cdots,\boldsymbol{\xi}_t$ are linearly independent. That is to say, the eigenvectors in accordance with different eigenvalues are linearly independent.

Particularly, if n-order matrix $\boldsymbol{A}$ has n distinct eigenvalues, then there are n linearly independent eigenvectors of matrix $\boldsymbol{A}$.

Further, we can prove the following conclusion: If $\lambda_1,\lambda_2,\cdots,\lambda_t$ are distinct eigenvalues of n-order matrix $\boldsymbol{A}$, and $\boldsymbol{\xi}_{i1},\boldsymbol{\xi}_{i1},\cdots,\boldsymbol{\xi}_{is_i}$ are the linearly independent eigenvectors corresponding to λ_i, then vector group

$$\boldsymbol{\xi}_{11},\cdots,\boldsymbol{\xi}_{1s_1},\boldsymbol{\xi}_{21},\cdots,\boldsymbol{\xi}_{2s_2},\cdots,\boldsymbol{\xi}_{t1},\cdots,\boldsymbol{\xi}_{ts_t}$$

is linearly independent. Note that because the geometric multiplicity of the eigenvalue is no larger than the algebraic multiplicity, here we have

$$s_1+s_2+\cdots+s_t\leqslant n.$$

Property 4 Suppose λ is an eigenvalue of matrix $\boldsymbol{A}$, $\boldsymbol{\xi}$ is an eigenvector corresponding to eigenvalue λ.

(1) For any constant c, $c\lambda$ is an eigenvalue of $c\boldsymbol{A}$, and

为 $\lambda_1,\lambda_2,\cdots,\lambda_n$(可能有重的),则

(1) $\lambda_1+\lambda_2+\cdots+\lambda_n=\sum_{i=1}^{n}a_{ii}$;

(2) $\lambda_1\lambda_2\cdots\lambda_n=\det(\boldsymbol{A})$.

通常将 n 阶矩阵 $\boldsymbol{A}$ 的对角线元素之和称为矩阵 $\boldsymbol{A}$ 的**迹**,记作 $\mathrm{tr}(\boldsymbol{A})$,即

$$\mathrm{tr}(\boldsymbol{A})=\sum_{i=1}^{n}a_{ii}.$$

性质 2 中的(1)说明,n 阶矩阵 $\boldsymbol{A}$ 的迹 $\mathrm{tr}(\boldsymbol{A})$ 等于其所有特征值 $\lambda_1,\lambda_2,\cdots,\lambda_n$ 之和,即

$$\mathrm{tr}(\boldsymbol{A})=\lambda_1+\lambda_2+\cdots+\lambda_n.$$

由性质 2 中的(2)可得如下推论:

推论 1 方阵 $\boldsymbol{A}$ 可逆当且仅当 $\boldsymbol{A}$ 的特征值都不为零.

性质 3 设 $\lambda_1,\lambda_2,\cdots,\lambda_t$ 是 n 阶矩阵 $\boldsymbol{A}$ 的互异特征值,$\boldsymbol{\xi}_i$ $(i=1,2,\cdots,t)$ 是对应于 λ_i 的特征向量,则 $\boldsymbol{\xi}_1,\boldsymbol{\xi}_2,\cdots,\boldsymbol{\xi}_t$ 线性无关,即不同特征值所对应的特征向量线性无关.

特别地,如果 n 阶矩阵 $\boldsymbol{A}$ 有 n 个互异的特征值,那么矩阵 $\boldsymbol{A}$ 存在 n 个线性无关的特征向量.

进一步,我们还可以证明如下结论:若 $\lambda_1,\lambda_2,\cdots,\lambda_t$ 是 n 阶矩阵 $\boldsymbol{A}$ 的互异特征值,$\boldsymbol{\xi}_{i1},\boldsymbol{\xi}_{i1},\cdots,\boldsymbol{\xi}_{is_i}$ 是对应于 λ_i 的线性无关特征向量,则向量组

$$\boldsymbol{\xi}_{11},\cdots,\boldsymbol{\xi}_{1s_1},\boldsymbol{\xi}_{21},\cdots,\boldsymbol{\xi}_{2s_2},\cdots,\boldsymbol{\xi}_{t1},\cdots,\boldsymbol{\xi}_{ts_t}$$

是线性无关的. 注意,由于特征值的几何重数不超过其代数重数,这里有

$$s_1+s_2+\cdots+s_t\leqslant n.$$

性质 4 设 λ 为矩阵 $\boldsymbol{A}$ 的特征值,$\boldsymbol{\xi}$ 是矩阵 $\boldsymbol{A}$ 的对应于特征值 λ 的特征向量.

(1) 对于任意常数 c,$c\lambda$ 是 $c\boldsymbol{A}$ 的特征值,

$\boldsymbol{\xi}$ is the corresponding eigenvector.

(2) For any positive integer k, λ^k is an eigenvalue of $\boldsymbol{A}^k$, and $\boldsymbol{\xi}$ is the corresponding eigenvector.

(3) If $\boldsymbol{A}$ is inversible, then $\frac{1}{\lambda}$ is an eigenvalue of $\boldsymbol{A}^{-1}$, and $\boldsymbol{\xi}$ is the corresponding eigenvector.

Property 4 can be further concluded as follows: If λ is an eigenvalue of matrix $\boldsymbol{A}$ corresponding to eigenvector $\boldsymbol{\xi}$, $f(x)$ is a polynomial of x:

$$f(x)=a_0+a_1x+\cdots+a_mx^m$$

(m is a non-negative integer),

then $f(\lambda)$ is the eigenvalue of $f(\boldsymbol{A})$ and $\boldsymbol{\xi}$ is the corresponding eigenvector, where

$$f(\boldsymbol{A})=a_0\boldsymbol{I}+a_1\boldsymbol{A}+\cdots+a_m\boldsymbol{A}^m.$$

$f(\boldsymbol{A})$ is called a polynomial of $\boldsymbol{A}$.

Example 3 Suppose $\lambda_1=2$, $\lambda_2=3$ are the eigenvalues of two-order matrix $\boldsymbol{A}$. Try to calculate the eigenvalues of $\boldsymbol{A}^2$, $\boldsymbol{A}^{-1}$, $\boldsymbol{A}+2\boldsymbol{I}$.

Solution Since $\lambda_1=2,\lambda_2=3$ are the eigenvalues of two-order matrix $\boldsymbol{A}$, from Property 4, we know that $\lambda_1^2=2^2=4$, $\lambda_2^2=3^2=9$ are the eigenvalues of $\boldsymbol{A}^2$. Because $\boldsymbol{A}^2$ is a two-order matrix, it can only have no more than two eigenvalues, so the eigenvalues of $\boldsymbol{A}^2$ must be 4 and 9.

Similarly, the eigenvalues of $\boldsymbol{A}^{-1}$ are

$$\frac{1}{\lambda_1}=\frac{1}{2},\quad \frac{1}{\lambda_2}=\frac{1}{3}.$$

The eigenvalues of $\boldsymbol{A}+2\boldsymbol{I}$ are

$$\lambda_1+2=2+2=4,$$
$$\lambda_2+2=3+2=5.$$

The root of a real coefficient polynomial equation may be complex numbers, so the eigenvalues of a real matrix may be complex numbers. However, there is an important class of matrices—real symmetric matrices whose eigenvalues can not be complex numbers. We can prove the following theorem:

Theorem 4.1 If $\boldsymbol{A}$ is a real symmetric matrix, then all the eigenvalues of $\boldsymbol{A}$ are real numbers.

$\boldsymbol{\xi}$ 是对应的特征向量；

(2) 对于任意正整数 k，λ^k 是 $\boldsymbol{A}^k$ 的特征值，$\boldsymbol{\xi}$ 是对应的特征向量；

(3) 如果 $\boldsymbol{A}$ 可逆，那么 $\frac{1}{\lambda}$ 是 $\boldsymbol{A}^{-1}$ 的特征值，$\boldsymbol{\xi}$ 是对应的特征向量.

性质 4 可以进一步推广如下：若 λ 是 $\boldsymbol{A}$ 的对应于特征向量 $\boldsymbol{\xi}$ 的特征值，$f(x)$ 是一个关于 x 的多项式：

$$f(x)=a_0+a_1x+\cdots+a_mx^m$$

(m 为非负整数)，

则 $f(\lambda)$ 是 $f(\boldsymbol{A})$ 的特征值，$\boldsymbol{\xi}$ 是对应的特征向量，其中

$$f(\boldsymbol{A})=a_0\boldsymbol{I}+a_1\boldsymbol{A}+\cdots+a_m\boldsymbol{A}^m,$$

称之为关于 $\boldsymbol{A}$ 的多项式.

例 3 设 $\lambda_1=2,\lambda_2=3$ 是二阶矩阵 $\boldsymbol{A}$ 的特征值，试确定 $\boldsymbol{A}^2,\boldsymbol{A}^{-1},\boldsymbol{A}+2\boldsymbol{I}$ 的特征值.

解 由于 $\boldsymbol{A}$ 的特征值为 $\lambda_1=2,\lambda_2=3$，由性质 4 知 $\lambda_1^2=2^2=4,\lambda_2^2=3^2=9$ 是 $\boldsymbol{A}^2$ 的特征值. 因为 $\boldsymbol{A}^2$ 是二阶矩阵，只能有不超过两个特征值，所以 $\boldsymbol{A}^2$ 的特征值一定是 4，9.

同样，$\boldsymbol{A}^{-1}$ 的特征值为

$$\frac{1}{\lambda_1}=\frac{1}{2},\quad \frac{1}{\lambda_2}=\frac{1}{3},$$

$\boldsymbol{A}+2\boldsymbol{I}$ 的特征值为

$$\lambda_1+2=2+2=4,$$
$$\lambda_2+2=3+2=5.$$

一个实系数多项式方程的根可能是复数，所以实矩阵的特征值可能是复数. 但是，有一类重要的矩阵——实对称矩阵，它们的特征值不可能是复数. 也就是说，我们可以证明如下定理：

定理 4.1 如果 $\boldsymbol{A}$ 是实对称矩阵，那么 $\boldsymbol{A}$ 的所有特征值都是实数.

4.2 Similar Matrices

4.2 相似矩阵

In this section, we introduce a special matrix class—similar matrices. We will see that similar matrices have many properties in common. Therefore, we can use the similarity of matrices to obtain some of the properties of complicated matrices by studying simple matrices.

Definition 4.2 Suppose $\boldsymbol{A}$ and $\boldsymbol{B}$ are both n-order matrices. If there exists an invertible n-order matrix $\boldsymbol{S}$ such that

$$\boldsymbol{B}=\boldsymbol{S}^{-1}\boldsymbol{A}\boldsymbol{S},$$

then we say that $\boldsymbol{A}$ is **similar** to $\boldsymbol{B}$, denoted by $\boldsymbol{A}\sim\boldsymbol{B}$. The operation $\boldsymbol{S}^{-1}\boldsymbol{A}\boldsymbol{S}$ applied on $\boldsymbol{A}$ is called a **similarity transformation**, and $\boldsymbol{S}$ is called a **similarity transformation matrix**.

Evidently, similarity is a kind of relationship between matrices of the same order. It can be proved that this relationship is an equivalence relationship, that is, it has the following properties:

(1) **Reflexivity**: Square matrix $\boldsymbol{A}$ is similar to $\boldsymbol{A}$.

(2) **Symmetry**: If $\boldsymbol{A}$ is similar to $\boldsymbol{B}$, then $\boldsymbol{B}$ is similar to $\boldsymbol{A}$.

(3) **Transitivity**: If $\boldsymbol{A}$ is similar to $\boldsymbol{B}$, and $\boldsymbol{B}$ is similar to $\boldsymbol{C}$, then $\boldsymbol{A}$ is similar to $\boldsymbol{C}$.

For similar matrices, there is the following fundamental theorem:

Theorem 4.2 If n-order matrix $\boldsymbol{A}$ is similar to $\boldsymbol{B}$, then $\boldsymbol{A}$ and $\boldsymbol{B}$ have the same characteristic polynomial.

In fact, note that the characteristic polynomial of $\boldsymbol{S}^{-1}\boldsymbol{A}\boldsymbol{S}$ is

$$\begin{aligned}f(\lambda)&=\det(\lambda\boldsymbol{I}-\boldsymbol{S}^{-1}\boldsymbol{A}\boldsymbol{S})\\&=\det(\lambda\boldsymbol{S}^{-1}\boldsymbol{S}-\boldsymbol{S}^{-1}\boldsymbol{A}\boldsymbol{S})\\&=\det(\boldsymbol{S}^{-1}(\lambda\boldsymbol{I}-\boldsymbol{A})\boldsymbol{S})\\&=\det(\boldsymbol{S}^{-1})\det(\lambda\boldsymbol{I}-\boldsymbol{A})\det(\boldsymbol{S})\\&=(\det(\boldsymbol{S}^{-1})\det(\boldsymbol{S}))\det(\lambda\boldsymbol{I}-\boldsymbol{A})\\&=\det(\lambda\boldsymbol{I}-\boldsymbol{A}).\end{aligned}$$

在这一节中，我们介绍一种特殊的矩阵类——相似矩阵. 我们将会看到，相似矩阵具有很多共同的性质. 于是，我们可以借助矩阵的相似性，通过研究简单的矩阵来得到复杂矩阵的一些性质.

定义 4.2 设 $\boldsymbol{A}$，$\boldsymbol{B}$ 均是 n 阶矩阵. 若存在可逆的 n 阶矩阵 $\boldsymbol{S}$，使得

$$\boldsymbol{B}=\boldsymbol{S}^{-1}\boldsymbol{A}\boldsymbol{S},$$

则称矩阵 $\boldsymbol{A}$ 与 $\boldsymbol{B}$ **相似**，记作 $\boldsymbol{A}\sim\boldsymbol{B}$. 这时也称对 $\boldsymbol{A}$ 所做的运算 $\boldsymbol{S}^{-1}\boldsymbol{A}\boldsymbol{S}$ 为**相似变换**，并称 $\boldsymbol{S}$ 为**相似变换矩阵**.

可见，相似是同阶矩阵之间的一种关系. 可以证明这种关系是一种等价关系，即它具有以下性质：

(1) **自反性**：方阵 $\boldsymbol{A}$ 与 $\boldsymbol{A}$ 相似；

(2) **对称性**：若 $\boldsymbol{A}$ 与 $\boldsymbol{B}$ 相似，则 $\boldsymbol{B}$ 与 $\boldsymbol{A}$ 相似；

(3) **传递性**：若 $\boldsymbol{A}$ 与 $\boldsymbol{B}$ 相似，且 $\boldsymbol{B}$ 与 $\boldsymbol{C}$ 相似，则 $\boldsymbol{A}$ 与 $\boldsymbol{C}$ 相似.

对于相似矩阵，有如下基本定理：

定理 4.2 如果 n 阶矩阵 $\boldsymbol{A}$ 与 $\boldsymbol{B}$ 相似，那么 $\boldsymbol{A}$ 和 $\boldsymbol{B}$ 具有相同的特征多项式.

事实上，注意到 $\boldsymbol{S}^{-1}\boldsymbol{A}\boldsymbol{S}$ 的特征多项式为

$$\begin{aligned}f(\lambda)&=\det(\lambda\boldsymbol{I}-\boldsymbol{S}^{-1}\boldsymbol{A}\boldsymbol{S})\\&=\det(\lambda\boldsymbol{S}^{-1}\boldsymbol{S}-\boldsymbol{S}^{-1}\boldsymbol{A}\boldsymbol{S})\\&=\det(\boldsymbol{S}^{-1}(\lambda\boldsymbol{I}-\boldsymbol{A})\boldsymbol{S})\\&=\det(\boldsymbol{S}^{-1})\det(\lambda\boldsymbol{I}-\boldsymbol{A})\det(\boldsymbol{S})\\&=(\det(\boldsymbol{S}^{-1})\det(\boldsymbol{S}))\det(\lambda\boldsymbol{I}-\boldsymbol{A})\\&=\det(\lambda\boldsymbol{I}-\boldsymbol{A}),\end{aligned}$$

所以矩阵 $\boldsymbol{A}$ 和 $\boldsymbol{B}=\boldsymbol{S}^{-1}\boldsymbol{A}\boldsymbol{S}$ 具有相同的特征

Thus, matrix $\boldsymbol{A}$ and $\boldsymbol{B}=\boldsymbol{S}^{-1}\boldsymbol{A}\boldsymbol{S}$ have the same characteristic polynomial.

Theorem 4.2 illustrates that similar matrices have the same eigenvalues and their algebraic multiplicities. It is important to note that the converse proposition of Theorem 4.2 is not valid. That is to say, two matrices that have the same characteristic polynomial do not necessarily similar to each other. As a simple example, consider two matrices

$$\boldsymbol{A}=\begin{pmatrix}1 & 2\\ 0 & 1\end{pmatrix} \quad \text{and} \quad \boldsymbol{I}=\begin{pmatrix}1 & 0\\ 0 & 1\end{pmatrix}.$$

Apparently, $f(\lambda)=(1-\lambda)^2$ is the characteristic polynomial of matrices $\boldsymbol{A}$ and $\boldsymbol{I}$. But if $\boldsymbol{A}$ is similar to $\boldsymbol{I}$, there would exist an invertible two-order matrix $\boldsymbol{S}$ such that

$$\boldsymbol{I}=\boldsymbol{S}^{-1}\boldsymbol{A}\boldsymbol{S},$$

that is, $\boldsymbol{S}=\boldsymbol{A}\boldsymbol{S}$. From this, we get $\boldsymbol{S}\boldsymbol{S}^{-1}=\boldsymbol{A}$, that is, $\boldsymbol{I}=\boldsymbol{A}$. This is contradictory. So, matrices $\boldsymbol{I}$ and $\boldsymbol{A}$ are not possible to similar to each other. The above process also illustrates that the only matrix similar to identity matrix $\boldsymbol{I}$ is identity matrix $\boldsymbol{I}$.

From Theorem 4.2, we can easily get the following conclusions:

Corollary 1 If n-order matrix $\boldsymbol{A}$ is similar to diagonal matrix

$$\boldsymbol{\Lambda}=\operatorname{diag}(\lambda_1,\lambda_2,\cdots,\lambda_n),$$

then $\lambda_1,\lambda_2,\cdots,\lambda_n$ are n eigenvalues of $\boldsymbol{A}$ (might exist repeated).

Corollary 2 If matrix $\boldsymbol{A}$ is similar to $\boldsymbol{B}$, then

(1) $\operatorname{tr}(\boldsymbol{A})=\operatorname{tr}(\boldsymbol{B})$;

(2) $\det(\boldsymbol{A})=\det(\boldsymbol{B})$.

In addition, we can also prove that similar matrices have the following properties:

Property 1 If matrix $\boldsymbol{A}$ is similar to $\boldsymbol{B}$, then

$$\mathrm{R}(\boldsymbol{A})=\mathrm{R}(\boldsymbol{B}).$$

Property 2 If matrix $\boldsymbol{A}$ is similar to $\boldsymbol{B}$, then $\boldsymbol{A}^{\mathrm{T}}$ is similar to $\boldsymbol{B}^{\mathrm{T}}$, and $\boldsymbol{A}^k$ is similar to $\boldsymbol{B}^k$ (k is a positive integer).

Property 3 If matrix $\boldsymbol{A}$ is similar to $\boldsymbol{B}$, and $\boldsymbol{A}$ is invertible, then $\boldsymbol{B}$ is invertible, and $\boldsymbol{A}^{-1}$ is similar to $\boldsymbol{B}^{-1}$.

Property 4 If matrix $\boldsymbol{A}$ is similar to $\boldsymbol{B}$, then $f(\boldsymbol{A})$ is similar to $f(\boldsymbol{B})$, where $f(x)$ is a polynomial of x.

多项式.

定理 4.2 说明,相似矩阵具有相同的特征值及其代数重数. 需要注意的是,定理 4.2 的逆命题不成立. 也就是说,具有相同特征多项式的两个矩阵不一定是相似的. 作为一个简单的例子,考虑两个矩阵

$$\boldsymbol{A}=\begin{pmatrix}1 & 2\\ 0 & 1\end{pmatrix} \quad 和 \quad \boldsymbol{I}=\begin{pmatrix}1 & 0\\ 0 & 1\end{pmatrix}.$$

易见,$f(\lambda)=(1-\lambda)^2$ 同时是矩阵 $\boldsymbol{A}$ 和 $\boldsymbol{I}$ 的特征多项式. 但是,如果矩阵 $\boldsymbol{A}$ 和 $\boldsymbol{I}$ 是相似的,就会存在二阶可逆矩阵 $\boldsymbol{S}$,使得

$$\boldsymbol{I}=\boldsymbol{S}^{-1}\boldsymbol{A}\boldsymbol{S},$$

即 $\boldsymbol{S}=\boldsymbol{A}\boldsymbol{S}$. 由此得 $\boldsymbol{S}\boldsymbol{S}^{-1}=\boldsymbol{A}$,即 $\boldsymbol{I}=\boldsymbol{A}$,矛盾. 因此,矩阵 $\boldsymbol{A}$ 与 $\boldsymbol{I}$ 不可能是相似的. 上述过程也说明,与单位矩阵 $\boldsymbol{I}$ 相似的矩阵只能是它自身.

由定理 4.2 容易得到以下结论:

推论 1 若 n 阶矩阵 $\boldsymbol{A}$ 与对角矩阵

$$\boldsymbol{\Lambda}=\operatorname{diag}(\lambda_1,\lambda_2,\cdots,\lambda_n)$$

相似,则 $\lambda_1,\lambda_2,\cdots,\lambda_n$ 是 $\boldsymbol{A}$ 的 n 个特征值(可能有重的).

推论 2 若矩阵 $\boldsymbol{A}$ 与 $\boldsymbol{B}$ 相似,则

(1) $\operatorname{tr}(\boldsymbol{A})=\operatorname{tr}(\boldsymbol{B})$;

(2) $\det(\boldsymbol{A})=\det(\boldsymbol{B})$.

另外,还可以证明相似矩阵具有以下性质:

性质 1 若矩阵 $\boldsymbol{A}$ 与 $\boldsymbol{B}$ 相似,则

$$\mathrm{R}(\boldsymbol{A})=\mathrm{R}(\boldsymbol{B}).$$

性质 2 若矩阵 $\boldsymbol{A}$ 与 $\boldsymbol{B}$ 相似,则 $\boldsymbol{A}^{\mathrm{T}}$ 与 $\boldsymbol{B}^{\mathrm{T}}$ 相似,$\boldsymbol{A}^k$ 与 $\boldsymbol{B}^k$ 相似(k 为正整数).

性质 3 若矩阵 $\boldsymbol{A}$ 与 $\boldsymbol{B}$ 相似,且 $\boldsymbol{A}$ 可逆,则 $\boldsymbol{B}$ 可逆,且 $\boldsymbol{A}^{-1}$ 与 $\boldsymbol{B}^{-1}$ 相似.

性质 4 若矩阵 $\boldsymbol{A}$ 与 $\boldsymbol{B}$ 相似,则 $f(\boldsymbol{A})$ 与 $f(\boldsymbol{B})$ 相似,其中 $f(x)$ 是关于 x 的多项式.

4.3 Diagonalization of Matrices
4.3 矩阵对角化

The diagonal matrix is a simple matrix that is easy to perform various operations. If we can transform matrix $\boldsymbol{A}$ into a diagonal matrix by a similarity transformation, we can study matrix $\boldsymbol{A}$ through a simple diagonal matrix. In this section, we discuss how to transform matrix $\boldsymbol{A}$ into a diagonal matrix. We first discuss the condition for a matrix to be transformed into a diagonal matrix by a similarity transformation, and then give a specific method to turn it into a diagonal matrix.

对角矩阵是一种简单的矩阵，便于进行各种运算. 如果可以通过相似变换将矩阵 $\boldsymbol{A}$ 化为一个对角矩阵，那么我们就可以通过简单的对角矩阵来研究矩阵 $\boldsymbol{A}$. 本节中我们讨论如何将矩阵 $\boldsymbol{A}$ 化为对角矩阵. 我们先讨论一个矩阵可以通过相似变换化为对角矩阵的条件，再给出具体将其化为对角矩阵的方法.

1. Diagonalization Conditions of Matrices

Definition 4.3 If matrix $\boldsymbol{A}$ is similar to diagonal matrix $\boldsymbol{\Lambda}$, then we say that $\boldsymbol{A}$ is **diagonalizable**. Otherwise, we say that matrix $\boldsymbol{A}$ is **non-diagonalizable**.

Certainly, the non-diagonalizable matrix does exist. For example, it is easy to know that $\boldsymbol{A}=\begin{pmatrix}1 & 0\\ 1 & 1\end{pmatrix}$ is non-diagonalizable. In fact, if $\boldsymbol{A}$ can be diagonalized to $\boldsymbol{\Lambda}$, considering that the eigenvalues of $\boldsymbol{A}$ are $\lambda_1=\lambda_2=1$ and Corollary 1 in Section 4.2, then $\boldsymbol{\Lambda}=\boldsymbol{I}$. Because only the identity matrix is similar to the identity matrix, $\boldsymbol{I}=\boldsymbol{A}$. This is contradictory. What type of matrices can be diagonalized? For this question, the following theorem gives the answer:

Theorem 4.3 n-order matrix $\boldsymbol{A}$ is diagonalizable if and only if $\boldsymbol{A}$ has n linearly independent eigenvectors.

From Theorem 4.3, we can get the following conclusion:

Corollary 1 Suppose $\boldsymbol{A}$ is an n-order matrix. If $\boldsymbol{A}$ has n distinct eigenvalues, then $\boldsymbol{A}$ is diagonalizable.

According to Theorem 4.3 and the rule that geometric multiplicity does not exceed the algebraic multiplicity, we can also get the other two necessary and sufficient conditions

1. 矩阵可对角化的条件

定义 4.3 若矩阵 $\boldsymbol{A}$ 与对角矩阵 $\boldsymbol{\Lambda}$ 相似，则称矩阵 $\boldsymbol{A}$ **可对角化**；否则，称矩阵 $\boldsymbol{A}$ **不可对角化**.

当然，不可对角化的矩阵是存在的. 例如，易知矩阵 $\boldsymbol{A}=\begin{pmatrix}1 & 0\\ 1 & 1\end{pmatrix}$ 是不可对角化. 事实上，若 $\boldsymbol{A}$ 可对角化为 $\boldsymbol{\Lambda}$，由 $\boldsymbol{A}$ 的特征值是 $\lambda_1=\lambda_2=1$ 以及 4.2 节中的推论 1 知 $\boldsymbol{\Lambda}=\boldsymbol{I}$，而与单位矩阵相似的矩阵只有它自身，进而推出 $\boldsymbol{I}=\boldsymbol{A}$，矛盾. 那么，怎样的矩阵才是可对角化的呢？对于这一问题，下面的定理给出了答案：

定理 4.3 n 阶矩阵 $\boldsymbol{A}$ 可对角化当且仅当 $\boldsymbol{A}$ 有 n 个线性无关的特征向量.

由定理 4.3 可推得下面的结论：

推论 1 设 $\boldsymbol{A}$ 为 n 阶矩阵. 若 $\boldsymbol{A}$ 有 n 个互异的特征值，则 $\boldsymbol{A}$ 可对角化.

根据定理 4.3 以及特征值的几何重数不超过代数重数，我们还可以得到矩阵可对角化的另外两个充要条件.

for diagonalization of matrices.

Theorem 4.4 Matrix $\boldsymbol{A}$ is diagonalizable if and only if the algebraic multiplicity of any eigenvalue of $\boldsymbol{A}$ is equal to its geometric multiplicity.

Theorem 4.5 Matrix $\boldsymbol{A}$ is diagonalizable if and only if the algebraic multiplicity of any eigenvalue of $\boldsymbol{A}$ is equal to the number of linearly independent eigenvectors corresponding to the eigenvalue.

2. Diagonalization Method of Matrices

For a diagonalizable matrix, how to diagonalize it? As far as we know, if n-order matrix $\boldsymbol{A}$ is diagonalizable, then $\boldsymbol{A}$ has n linearly independent eigenvectors $\boldsymbol{\xi}_1, \boldsymbol{\xi}_2, \cdots, \boldsymbol{\xi}_n$. Suppose the eigenvalues corresponding to these eigenvectors are $\lambda_1, \lambda_2, \cdots, \lambda_n$ (might exist repeated eigenvalues) and let

$$\boldsymbol{S} = (\boldsymbol{\xi}_1, \boldsymbol{\xi}_2, \cdots, \boldsymbol{\xi}_n),$$
$$\boldsymbol{\Lambda} = \mathrm{diag}(\lambda_1, \lambda_2, \cdots, \lambda_n),$$

then $\boldsymbol{S}$ is invertible and $\boldsymbol{A}\boldsymbol{S} = \boldsymbol{S}\boldsymbol{\Lambda}$. Thus, we have

$$\boldsymbol{\Lambda} = \boldsymbol{S}^{-1}\boldsymbol{A}\boldsymbol{S}.$$

That is, similarity transformation $\boldsymbol{S}^{-1}\boldsymbol{A}\boldsymbol{S}$ transforms $\boldsymbol{A}$ into diagonal matrix $\boldsymbol{\Lambda}$.

Therefore, considering the method for finding the eigenvectors, we can conclude the following diagonalization steps of n-order matrix $\boldsymbol{A}$:

Step 1 Calculate all distinct eigenvalues $\lambda_1, \lambda_2, \cdots, \lambda_t$ of $\boldsymbol{A}$.

Step 2 For each eigenvalue $\lambda_i (i = 1, 2, \cdots, t)$, calculate a basic solution system $\boldsymbol{\xi}_{i1}, \boldsymbol{\xi}_{i2}, \cdots, \boldsymbol{\xi}_{ir_i}$ (r_i is the algebraic multiplicity of λ_i) of system of homogeneous linear equations $(\lambda_i \boldsymbol{I} - \boldsymbol{A})\boldsymbol{x} = \boldsymbol{0}$. Collect all these basic solution systems, we can find n linearly independent eigenvectors of matrix $\boldsymbol{A}$:

$$\boldsymbol{\xi}_{11}, \cdots, \boldsymbol{\xi}_{1r_1}, \boldsymbol{\xi}_{21} \cdots, \boldsymbol{\xi}_{2r_2}, \cdots, \boldsymbol{\xi}_{t1}, \cdots, \boldsymbol{\xi}_{tr_t}.$$

Step 3 Construct invertible matrix $\boldsymbol{S}$ with n linearly independent eigenvectors from Step 2:

$$\boldsymbol{S} = (\boldsymbol{\xi}_{11}, \cdots, \boldsymbol{\xi}_{1r_1}, \boldsymbol{\xi}_{21} \cdots, \boldsymbol{\xi}_{2r_2}, \cdots, \boldsymbol{\xi}_{t1}, \cdots, \boldsymbol{\xi}_{tr_t}).$$

Then we have

$$\boldsymbol{\Lambda} = \boldsymbol{S}^{-1}\boldsymbol{A}\boldsymbol{S},$$

定理 4.4 矩阵 $\boldsymbol{A}$ 可对角化当且仅当 $\boldsymbol{A}$ 的任一特征值的代数重数等于几何重数.

定理 4.5 矩阵 $\boldsymbol{A}$ 可对角化当且仅当 $\boldsymbol{A}$ 的任一特征值对应的线性无关特征向量的个数等于该特征值的代数重数.

2. 矩阵对角化的方法

对于可对角化的矩阵,如何将它进行对角化呢? 我们知道,如果 n 阶矩阵 $\boldsymbol{A}$ 可对角化,那么 $\boldsymbol{A}$ 有 n 个线性无关的特征向量 $\boldsymbol{\xi}_1, \boldsymbol{\xi}_2, \cdots, \boldsymbol{\xi}_n$. 设这些特征向量对应的特征值依次为 $\lambda_1, \lambda_2, \cdots, \lambda_n$ (可能有重的),并令

$$\boldsymbol{S} = (\boldsymbol{\xi}_1, \boldsymbol{\xi}_2, \cdots, \boldsymbol{\xi}_n),$$
$$\boldsymbol{\Lambda} = \mathrm{diag}(\lambda_1, \lambda_2, \cdots, \lambda_n),$$

则 $\boldsymbol{S}$ 可逆,且 $\boldsymbol{A}\boldsymbol{S} = \boldsymbol{S}\boldsymbol{\Lambda}$. 于是有

$$\boldsymbol{\Lambda} = \boldsymbol{S}^{-1}\boldsymbol{A}\boldsymbol{S},$$

即相似变换 $\boldsymbol{S}^{-1}\boldsymbol{A}\boldsymbol{S}$ 将 $\boldsymbol{A}$ 化为对角矩阵 $\boldsymbol{\Lambda}$.

因此,结合求特征向量的方法,我们可以归纳出如下将 n 阶矩阵 $\boldsymbol{A}$ 对角化的步骤:

步骤 1 求出 $\boldsymbol{A}$ 的所有互异特征值 $\lambda_1, \lambda_2, \cdots, \lambda_t$.

步骤 2 对于每个特征值 $\lambda_i (i = 1, 2, \cdots, t)$,求出齐次线性方程组 $(\lambda_i \boldsymbol{I} - \boldsymbol{A})\boldsymbol{x} = \boldsymbol{0}$ 的一个基础解系 $\boldsymbol{\xi}_{i1}, \boldsymbol{\xi}_{i2}, \cdots, \boldsymbol{\xi}_{ir_i}$ (r_i 为 λ_i 的代数重数),则将所有这些基础解系放在一起就得到 $\boldsymbol{A}$ 的 n 个线性无关特征向量:

$$\boldsymbol{\xi}_{11}, \cdots, \boldsymbol{\xi}_{1r_1}, \boldsymbol{\xi}_{21} \cdots, \boldsymbol{\xi}_{2r_2}, \cdots, \boldsymbol{\xi}_{t1}, \cdots, \boldsymbol{\xi}_{tr_t};$$

步骤 3 用上一步得到的 n 个线性无关特征向量构造可逆矩阵 $\boldsymbol{S}$:

$$\boldsymbol{S} = (\boldsymbol{\xi}_{11}, \cdots, \boldsymbol{\xi}_{1r_1}, \boldsymbol{\xi}_{21} \cdots, \boldsymbol{\xi}_{2r_2}, \cdots, \boldsymbol{\xi}_{t1}, \cdots, \boldsymbol{\xi}_{tr_t}),$$

则有

$$\boldsymbol{\Lambda} = \boldsymbol{S}^{-1}\boldsymbol{A}\boldsymbol{S},$$

where

$$\boldsymbol{\Lambda}=\operatorname{diag}(\lambda_1,\cdots,\lambda_1,\lambda_2,\cdots,\lambda_2,\cdots,\lambda_t,\cdots,\lambda_t)$$

is a diagonal matrix (the number of λ_i is r_i, $i=1,2,\cdots,t$). That is, $\boldsymbol{A}$ can be transformed into symmetric matrix $\boldsymbol{\Lambda}$.

Example 1 Suppose a matrix

$$\boldsymbol{A}=\begin{pmatrix}3 & 4\\ 5 & 2\end{pmatrix}.$$

Find a matrix $\boldsymbol{S}$ such that $\boldsymbol{S}^{-1}\boldsymbol{AS}$ is a diagonal matrix.

Solution From Example 1 of Section 4.1, we know that matrix $\boldsymbol{A}$ has eigenvalues $\lambda_1=-2$ and $\lambda_2=7$. For $\lambda_1=-2$, we obtain a basic solution system

$$\boldsymbol{\xi}_1=\left(-\frac{4}{5},1\right)^{\mathrm{T}}.$$

For $\lambda_2=7$, we get a basic solution system

$$\boldsymbol{\xi}_2=(1,1)^{\mathrm{T}}.$$

Let

$$\boldsymbol{S}=(\boldsymbol{\xi}_1,\boldsymbol{\xi}_2)=\begin{pmatrix}-\frac{4}{5} & 1\\ 1 & 1\end{pmatrix},$$

then we have

$$\boldsymbol{S}^{-1}\boldsymbol{AS}=\begin{pmatrix}-2 & 0\\ 0 & 7\end{pmatrix}.$$

That is, there exists a matrix $\boldsymbol{S}$ such that $\boldsymbol{S}^{-1}\boldsymbol{AS}$ is diagonal matrix

$$\boldsymbol{\Lambda}=\begin{pmatrix}-2 & 0\\ 0 & 7\end{pmatrix}.$$

Example 2 Based on the result of Example 1, calculate $\boldsymbol{A}^{10}$, where

$$\boldsymbol{A}=\begin{pmatrix}3 & 4\\ 5 & 2\end{pmatrix}.$$

Solution Since $\boldsymbol{\Lambda}=\boldsymbol{S}^{-1}\boldsymbol{AS}$, then $\boldsymbol{A}=\boldsymbol{S\Lambda S}^{-1}$. Thus

$$\begin{aligned}\boldsymbol{A}^{10}&=(\boldsymbol{S\Lambda S}^{-1})^{10}\\&=(\boldsymbol{S\Lambda S}^{-1})(\boldsymbol{S\Lambda S}^{-1})\cdots(\boldsymbol{S\Lambda S}^{-1})\\&=\boldsymbol{S\Lambda}^{10}\boldsymbol{S}^{-1}.\end{aligned}$$

According to Example 1, we obtain

$$\boldsymbol{S}=\begin{pmatrix}-\frac{4}{5} & 1\\ 1 & 1\end{pmatrix},$$

其中

$$\boldsymbol{\Lambda}=\operatorname{diag}(\lambda_1,\cdots,\lambda_1,\lambda_2,\cdots,\lambda_2,\cdots,\lambda_t,\cdots,\lambda_t)$$

为对角矩阵(这里有 r_i 个 λ_i, $i=1,2,\cdots,t$),即 $\boldsymbol{A}$ 可化为对称矩阵 $\boldsymbol{\Lambda}$.

例 1 设矩阵

$$\boldsymbol{A}=\begin{pmatrix}3 & 4\\ 5 & 2\end{pmatrix},$$

找一个矩阵 $\boldsymbol{S}$,使得 $\boldsymbol{S}^{-1}\boldsymbol{AS}$ 为对角矩阵.

解 由 4.1 节中的例 1 知,矩阵 $\boldsymbol{A}$ 有特征值 $\lambda_1=-2$ 和 $\lambda_2=7$,并且对于 $\lambda_1=-2$,求得一个基础解系

$$\boldsymbol{\xi}_1=\left(-\frac{4}{5},1\right)^{\mathrm{T}};$$

对于 $\lambda_2=7$,求得一个基础解系

$$\boldsymbol{\xi}_2=(1,1)^{\mathrm{T}}.$$

令

$$\boldsymbol{S}=(\boldsymbol{\xi}_1,\boldsymbol{\xi}_2)=\begin{pmatrix}-\frac{4}{5} & 1\\ 1 & 1\end{pmatrix},$$

则有

$$\boldsymbol{S}^{-1}\boldsymbol{AS}=\begin{pmatrix}-2 & 0\\ 0 & 7\end{pmatrix},$$

即存在矩阵 $\boldsymbol{S}$, 使得 $\boldsymbol{S}^{-1}\boldsymbol{AS}$ 为对角矩阵

$$\boldsymbol{\Lambda}=\begin{pmatrix}-2 & 0\\ 0 & 7\end{pmatrix}.$$

例 2 利用例 1 的结果来计算 $\boldsymbol{A}^{10}$,其中

$$\boldsymbol{A}=\begin{pmatrix}3 & 4\\ 5 & 2\end{pmatrix}.$$

解 由于 $\boldsymbol{\Lambda}=\boldsymbol{S}^{-1}\boldsymbol{AS}$,从而 $\boldsymbol{A}=\boldsymbol{S\Lambda S}^{-1}$,因此

$$\begin{aligned}\boldsymbol{A}^{10}&=(\boldsymbol{S\Lambda S}^{-1})^{10}\\&=(\boldsymbol{S\Lambda S}^{-1})(\boldsymbol{S\Lambda S}^{-1})\cdots(\boldsymbol{S\Lambda S}^{-1})\\&=\boldsymbol{S\Lambda}^{10}\boldsymbol{S}^{-1}.\end{aligned}$$

由例 1 得

$$\boldsymbol{S}=\begin{pmatrix}-\frac{4}{5} & 1\\ 1 & 1\end{pmatrix},$$

$$\boldsymbol{\Lambda}^{10}=\begin{pmatrix}(-2)^{10} & 0\\ 0 & 7^{10}\end{pmatrix}=\begin{pmatrix}2^{10} & 0\\ 0 & 7^{10}\end{pmatrix}.$$

We can also get

$$\boldsymbol{S}^{-1}=\begin{pmatrix}-\frac{5}{9} & \frac{5}{9}\\ \frac{5}{9} & \frac{4}{9}\end{pmatrix}.$$

Therefore,

$$\begin{aligned}\boldsymbol{A}^{10}&=\boldsymbol{S}\boldsymbol{\Lambda}^{10}\boldsymbol{S}^{-1}\\&=\begin{pmatrix}-\frac{4}{5} & 1\\ 1 & 1\end{pmatrix}\begin{pmatrix}2^{10} & 0\\ 0 & 7^{10}\end{pmatrix}\begin{pmatrix}-\frac{5}{9} & \frac{5}{9}\\ \frac{5}{9} & \frac{4}{9}\end{pmatrix}\\&=\begin{pmatrix}\frac{4}{9}\times 2^{10}+\frac{5}{9}\times 7^{10} & -\frac{4}{9}\times 2^{10}+\frac{4}{9}\times 7^{10}\\ -\frac{5}{9}\times 2^{10}+\frac{5}{9}\times 7^{10} & \frac{5}{9}\times 2^{10}+\frac{4}{9}\times 7^{10}\end{pmatrix}.\end{aligned}$$

Remark Example 2 illustrates that we can use the diagonalization of matrices to simplify the power operation of matrices. As a matter of fact, normally, if

$$\boldsymbol{A}=\boldsymbol{S}\boldsymbol{\Lambda}\boldsymbol{S}^{-1},$$

then we have

$$\boldsymbol{A}^{k}=\boldsymbol{S}\boldsymbol{\Lambda}^{k}\boldsymbol{S}^{-1},$$

where $\boldsymbol{\Lambda}$ is a diagonal matrix.

Example 3 Suppose a matrix

$$\boldsymbol{A}=\begin{pmatrix}4 & 6 & 0\\ -3 & -5 & 0\\ -3 & -6 & 1\end{pmatrix}.$$

Calculate a similarity transformation matrix $\boldsymbol{S}$ such that $\boldsymbol{S}^{-1}\boldsymbol{A}\boldsymbol{S}$ is a diagonal matrix.

Solution The characteristic polynomial of matrix $\boldsymbol{A}$ is

$$\det(\lambda\boldsymbol{I}-\boldsymbol{A})=\begin{vmatrix}\lambda-4 & -6 & 0\\ 3 & \lambda+5 & 0\\ 3 & 6 & \lambda-1\end{vmatrix}=(\lambda-1)^2(\lambda+2),$$

Thus, the eigenvalues of matrix $\boldsymbol{A}$ are $\lambda_1=-2$(the algebraic multiplicity is 1)and $\lambda_2=1$(the algebraic multiplicity is 2).

$$\boldsymbol{\Lambda}^{10}=\begin{pmatrix}(-2)^{10} & 0\\ 0 & 7^{10}\end{pmatrix}=\begin{pmatrix}2^{10} & 0\\ 0 & 7^{10}\end{pmatrix},$$

又求得

$$\boldsymbol{S}^{-1}=\begin{pmatrix}-\frac{5}{9} & \frac{5}{9}\\ \frac{5}{9} & \frac{4}{9}\end{pmatrix},$$

因此

$$\begin{aligned}\boldsymbol{A}^{10}&=\boldsymbol{S}\boldsymbol{\Lambda}^{10}\boldsymbol{S}^{-1}\\&=\begin{pmatrix}-\frac{4}{5} & 1\\ 1 & 1\end{pmatrix}\begin{pmatrix}2^{10} & 0\\ 0 & 7^{10}\end{pmatrix}\begin{pmatrix}-\frac{5}{9} & \frac{5}{9}\\ \frac{5}{9} & \frac{4}{9}\end{pmatrix}\\&=\begin{pmatrix}\frac{4}{9}\times 2^{10}+\frac{5}{9}\times 7^{10} & -\frac{4}{9}\times 2^{10}+\frac{4}{9}\times 7^{10}\\ -\frac{5}{9}\times 2^{10}+\frac{5}{9}\times 7^{10} & \frac{5}{9}\times 2^{10}+\frac{4}{9}\times 7^{10}\end{pmatrix}.\end{aligned}$$

注 例 2 说明,可以利用矩阵对角化来简化矩阵的幂运算. 其实,一般地,若

$$\boldsymbol{A}=\boldsymbol{S}\boldsymbol{\Lambda}\boldsymbol{S}^{-1},$$

则有

$$\boldsymbol{A}^{k}=\boldsymbol{S}\boldsymbol{\Lambda}^{k}\boldsymbol{S}^{-1},$$

其中 $\boldsymbol{\Lambda}$ 为对角矩阵.

例 3 设矩阵

$$\boldsymbol{A}=\begin{pmatrix}4 & 6 & 0\\ -3 & -5 & 0\\ -3 & -6 & 1\end{pmatrix},$$

求一个相似变换矩阵 $\boldsymbol{S}$,使得 $\boldsymbol{S}^{-1}\boldsymbol{A}\boldsymbol{S}$ 为对角矩阵.

解 矩阵 $\boldsymbol{A}$ 的特征多项式为

$$\det(\lambda\boldsymbol{I}-\boldsymbol{A})=\begin{vmatrix}\lambda-4 & -6 & 0\\ 3 & \lambda+5 & 0\\ 3 & 6 & \lambda-1\end{vmatrix}=(\lambda-1)^2(\lambda+2),$$

所以矩阵 $\boldsymbol{A}$ 的特征值为 $\lambda_1=-2$(代数重数为 1),$\lambda_2=1$(代数重数为 2).

When $\lambda_1=-2$, we solve system of homogeneous linear equations

$$(-2\boldsymbol{I}-\boldsymbol{A})\boldsymbol{x}=\boldsymbol{0}$$

and get a basic solution system

$$\boldsymbol{\xi}_1=(-1,1,1)^{\mathrm{T}}.$$

When $\lambda_2=1$, we solve system of homogeneous linear equations

$$(\boldsymbol{I}-\boldsymbol{A})\boldsymbol{x}=\boldsymbol{0},$$

and get a basic solution system

$$\boldsymbol{\xi}_2=(-2,1,0)^{\mathrm{T}},\quad \boldsymbol{\xi}_3=(0,0,1)^{\mathrm{T}}.$$

Let

$$\boldsymbol{S}=(\boldsymbol{\xi}_1,\boldsymbol{\xi}_2,\boldsymbol{\xi}_3)=\begin{pmatrix}-1&-2&0\\1&1&0\\1&0&1\end{pmatrix},$$

then we have

$$\boldsymbol{S}^{-1}\boldsymbol{A}\boldsymbol{S}=\begin{pmatrix}-2&0&0\\0&1&0\\0&0&1\end{pmatrix}.$$

当 $\lambda_1=-2$ 时,求解齐次线性方程组

$$(-2\boldsymbol{I}-\boldsymbol{A})\boldsymbol{x}=\boldsymbol{0},$$

得到一个基础解系

$$\boldsymbol{\xi}_1=(-1,1,1)^{\mathrm{T}}.$$

当 $\lambda_2=1$ 时,求解齐次线性方程组

$$(\boldsymbol{I}-\boldsymbol{A})\boldsymbol{x}=\boldsymbol{0},$$

得到一个基础解系

$$\boldsymbol{\xi}_2=(-2,1,0)^{\mathrm{T}},\quad \boldsymbol{\xi}_3=(0,0,1)^{\mathrm{T}}.$$

取

$$\boldsymbol{S}=(\boldsymbol{\xi}_1,\boldsymbol{\xi}_2,\boldsymbol{\xi}_3)=\begin{pmatrix}-1&-2&0\\1&1&0\\1&0&1\end{pmatrix},$$

则有

$$\boldsymbol{S}^{-1}\boldsymbol{A}\boldsymbol{S}=\begin{pmatrix}-2&0&0\\0&1&0\\0&0&1\end{pmatrix}.$$

3. Diagonalization of Real Symmetric Matrices

As far as we know, the eigenvalues of real symmetric matrices are real numbers. Then what other special properties do the eigenvectors and the eigenvalues of real symmetric matrices have? Here are two related theorems.

Theorem 4.6 For any eigenvalue of a real symmetric matrix, the algebraic multiplicity is equal to the geometric multiplicity.

Theorem 4.7 The eigenvectors corresponding to diverse eigenvalues of a real symmetric matrix are orthogonal to each other.

According to Theorem 4.4 and Theorem 4.6, we can further obtain a useful fact that all real symmetric matrices are diagonalizable. Moreover, we will see that the diagonalization of a real symmetric matrix can be achieved by a particular matrix—an orthogonal matrix.

Theorem 4.8 If $\boldsymbol{A}$ is an n-order real symmetric matrix, then there exists an n-order orthogonal matrix $\boldsymbol{Q}$ such that

$$\boldsymbol{Q}^{\mathrm{T}}\boldsymbol{A}\boldsymbol{Q}=\boldsymbol{\Lambda},$$

where $\boldsymbol{\Lambda}$ is a diagonal matrix.

3. 实对称矩阵的对角化

我们知道,实对称矩阵的特征值都是实数. 那么,关于实对称矩阵的特征值及特征向量,还会有什么特殊的性质呢? 对此有两个定理.

定理 4.6 实对称矩阵任一特征值的代数重数和几何重数相等.

定理 4.7 实对称矩阵的对应于不同特征值的特征向量必正交.

根据定理 4.4 和定理 4.6,可以得到这样一个有用的事实是:实对称矩阵都是可对角化的. 而且,我们还将看到,一个实对称矩阵的对角化可以通过一个特殊的矩阵——正交矩阵来完成.

定理 4.8 如果 $\boldsymbol{A}$ 是 n 阶实对称矩阵,那么存在 n 阶正交矩阵 $\boldsymbol{Q}$,使得

$$\boldsymbol{Q}^{\mathrm{T}}\boldsymbol{A}\boldsymbol{Q}=\boldsymbol{\Lambda},$$

其中 $\boldsymbol{\Lambda}$ 是对角矩阵.

Now, the remaining question is, for real symmetric matrix $\boldsymbol{A}$, how to construct an orthogonal similarity transformation matrix $\boldsymbol{Q}$ such that $\boldsymbol{Q}^{\mathrm{T}}\boldsymbol{A}\boldsymbol{Q}$ is a diagonal matrix? According to the definition and properties of orthogonal matrices and Theorem 4.7, considering the construction method of the similarity transformation matrix for a normal matrix, we can conclude the following steps to construct orthogonal similarity transformation matrix $\boldsymbol{Q}$:

Step 1 Calculate all diverse eigenvalues of $\boldsymbol{A}$:

$$\lambda_1, \lambda_2, \cdots, \lambda_t.$$

Step 2 For each eigenvalue $\lambda_i (i=1,2,\cdots,t)$, calculate a basic solution system of system of homogeneous linear equations $(\lambda_i \boldsymbol{I}-\boldsymbol{A})\boldsymbol{x}=\boldsymbol{0}$:

$$\boldsymbol{\xi}_{i1}, \boldsymbol{\xi}_{i2}, \cdots, \boldsymbol{\xi}_{ir_i}$$

(r_i is the algebraic multiplicity of $\lambda_i, i=1,2,\cdots,t$), and orthogonalize them with Schmidt orthogonalization method, and unitize them to get the orthogonal unit eigenvectors

$$\boldsymbol{\varepsilon}_{i1}, \boldsymbol{\varepsilon}_{i2}, \cdots, \boldsymbol{\varepsilon}_{ir_i}$$

corresponding to λ_i.

Step 3 Construct matrix

$$\boldsymbol{Q}=(\boldsymbol{\varepsilon}_{11},\cdots,\boldsymbol{\varepsilon}_{1r_1},\boldsymbol{\varepsilon}_{21},\cdots,\boldsymbol{\varepsilon}_{2r_2},\cdots,\boldsymbol{\varepsilon}_{t1},\cdots,\boldsymbol{\varepsilon}_{tr_t}),$$

then $\boldsymbol{Q}$ is an orthogonal matrix and

$$\boldsymbol{Q}^{\mathrm{T}}\boldsymbol{A}\boldsymbol{Q}=\boldsymbol{\Lambda},$$

where

$$\boldsymbol{\Lambda}=\mathrm{diag}(\lambda_1,\cdots,\lambda_1,\lambda_2,\cdots,\lambda_2,\cdots,\lambda_t,\cdots,\lambda_t)$$

is a diagonal matrix(the number of λ_i is $r_i, i=1,2,\cdots,t$).

Example 4 Suppose a matrix

$$\boldsymbol{A}=\begin{pmatrix}4&0&0\\0&3&1\\0&1&3\end{pmatrix}.$$

Find an orthogonal matrix $\boldsymbol{Q}$ and a diagonal matrix $\boldsymbol{\Lambda}$ that make

$$\boldsymbol{Q}^{\mathrm{T}}\boldsymbol{A}\boldsymbol{Q}=\boldsymbol{\Lambda}.$$

Solution Since

$$\det(\lambda\boldsymbol{I}-\boldsymbol{A})=\begin{vmatrix}\lambda-4&0&0\\0&\lambda-3&-1\\0&-1&\lambda-3\end{vmatrix}=(\lambda-4)^2(\lambda-2),$$

the eigenvalues of $\boldsymbol{A}$ are $\lambda_1=2$(the algebraic multiplicity

现在剩下的问题是:对于实对称矩阵 $\boldsymbol{A}$,如何构造正交的相似变换矩阵 $\boldsymbol{Q}$,使得 $\boldsymbol{Q}^{\mathrm{T}}\boldsymbol{A}\boldsymbol{Q}$ 为对角矩阵?根据正交矩阵的定义和特征,利用定理 4.7,再结合前面介绍的对角化一般矩阵时相似变换矩阵的构造方法,我们得到如下构造正交相似变换矩阵 $\boldsymbol{Q}$ 的方法:

步骤 1 求出 $\boldsymbol{A}$ 的所有互异特征值

$$\lambda_1, \lambda_2, \cdots, \lambda_t;$$

步骤 2 对于每个特征值 $\lambda_i (i=1,2,\cdots,t)$,求出齐次线性方程组 $(\lambda_i \boldsymbol{I}-\boldsymbol{A})\boldsymbol{x}=\boldsymbol{0}$ 的一个基础解系

$$\boldsymbol{\xi}_{i1}, \boldsymbol{\xi}_{i2}, \cdots, \boldsymbol{\xi}_{ir_i}$$

(r_i 为 λ_i 的代数重数,$i=1,2,\cdots,t$),并利用施密特正交化的方法将它们正交化,再单位化,得到 λ_i 对应的正交单位特征向量

$$\boldsymbol{\varepsilon}_{i1}, \boldsymbol{\varepsilon}_{i2}, \cdots, \boldsymbol{\varepsilon}_{ir_i};$$

步骤 3 构造矩阵

$$\boldsymbol{Q}=(\boldsymbol{\varepsilon}_{11},\cdots,\boldsymbol{\varepsilon}_{1r_1},\boldsymbol{\varepsilon}_{21},\cdots,\boldsymbol{\varepsilon}_{2r_2},\cdots,\boldsymbol{\varepsilon}_{t1},\cdots,\boldsymbol{\varepsilon}_{tr_t}),$$

则 $\boldsymbol{Q}$ 是正交矩阵,且

$$\boldsymbol{Q}^{\mathrm{T}}\boldsymbol{A}\boldsymbol{Q}=\boldsymbol{\Lambda},$$

其中

$$\boldsymbol{\Lambda}=\mathrm{diag}(\lambda_1,\cdots,\lambda_1,\lambda_2,\cdots,\lambda_2,\cdots,\lambda_t,\cdots,\lambda_t)$$

为对角矩阵(这里有 r_i 个 $\lambda_i, i=1,2,\cdots,t$).

例 4 设矩阵

$$\boldsymbol{A}=\begin{pmatrix}4&0&0\\0&3&1\\0&1&3\end{pmatrix},$$

求一个正交矩阵 $\boldsymbol{Q}$ 和一个对角矩阵 $\boldsymbol{\Lambda}$,使得

$$\boldsymbol{Q}^{\mathrm{T}}\boldsymbol{A}\boldsymbol{Q}=\boldsymbol{\Lambda}.$$

解 由于

$$\det(\lambda\boldsymbol{I}-\boldsymbol{A})=\begin{vmatrix}\lambda-4&0&0\\0&\lambda-3&-1\\0&-1&\lambda-3\end{vmatrix}=(\lambda-4)^2(\lambda-2),$$

因此 $\boldsymbol{A}$ 的特征值为 $\lambda_1=2$(代数重数为 1),

is 1) and $\lambda_2=4$(the algebraic multiplicity is 2).

When $\lambda_1=2$, we solve system of homogeneous linear equations

$$(2\boldsymbol{I}-\boldsymbol{A})\boldsymbol{x}=\boldsymbol{0}$$

and get a basic solution system

$$\boldsymbol{\xi}_1=(0,-1,1)^{\mathrm{T}}.$$

Unitizing $\boldsymbol{\xi}_1$, we get

$$\boldsymbol{\varepsilon}_1=\frac{1}{|\boldsymbol{\xi}_1|}\boldsymbol{\xi}_1=\frac{\sqrt{2}}{2}(0,-1,1)^{\mathrm{T}}.$$

When $\lambda_2=4$, we solve system of homogeneous linear equations

$$(4\boldsymbol{I}-\boldsymbol{A})\boldsymbol{x}=\boldsymbol{0}$$

and get a basic solution system

$$\boldsymbol{\xi}_2=(1,0,0)^{\mathrm{T}},$$

$$\boldsymbol{\xi}_3=(0,1,1)^{\mathrm{T}}.$$

Since $\boldsymbol{\xi}_2^{\mathrm{T}}\boldsymbol{\xi}_3=0$, $\boldsymbol{\xi}_2$ and $\boldsymbol{\xi}_3$ have already been orthogonalized. Unitizing them, we get

$$\boldsymbol{\varepsilon}_2=\frac{1}{|\boldsymbol{\xi}_2|}\boldsymbol{\xi}_2=(1,0,0)^{\mathrm{T}},$$

$$\boldsymbol{\varepsilon}_3=\frac{1}{|\boldsymbol{\xi}_3|}\boldsymbol{\xi}_3=\frac{\sqrt{2}}{2}(0,1,1)^{\mathrm{T}}.$$

Thus, we get an orthogonal matrix

$$\boldsymbol{Q}=(\boldsymbol{\varepsilon}_1,\boldsymbol{\varepsilon}_2,\boldsymbol{\varepsilon}_3)=\begin{pmatrix}0&1&0\\-\frac{\sqrt{2}}{2}&0&\frac{\sqrt{2}}{2}\\\frac{\sqrt{2}}{2}&0&\frac{\sqrt{2}}{2}\end{pmatrix},$$

and a diagonal matrix

$$\boldsymbol{\Lambda}=\begin{pmatrix}2&0&0\\0&4&0\\0&0&4\end{pmatrix},$$

so that $\boldsymbol{Q}^{\mathrm{T}}\boldsymbol{A}\boldsymbol{Q}=\boldsymbol{\Lambda}$ is established.

Example 5 Suppose a matrix

$$\boldsymbol{A}=\begin{pmatrix}2&2&-2\\2&5&-4\\-2&-4&5\end{pmatrix}.$$

$\lambda_2=4$ (代数重数为 2).

当 $\lambda_1=2$ 时,求解齐次线性方程组

$$(2\boldsymbol{I}-\boldsymbol{A})\boldsymbol{x}=\boldsymbol{0},$$

得到一个基础解系

$$\boldsymbol{\xi}_1=(0,-1,1)^{\mathrm{T}}.$$

将 $\boldsymbol{\xi}_1$ 单位化,得

$$\boldsymbol{\varepsilon}_1=\frac{1}{|\boldsymbol{\xi}_1|}\boldsymbol{\xi}_1=\frac{\sqrt{2}}{2}(0,-1,1)^{\mathrm{T}}.$$

当 $\lambda_2=4$ 时,求解齐次线性方程组

$$(4\boldsymbol{I}-\boldsymbol{A})\boldsymbol{x}=\boldsymbol{0},$$

得到一个基础解系

$$\boldsymbol{\xi}_2=(1,0,0)^{\mathrm{T}},$$

$$\boldsymbol{\xi}_3=(0,1,1)^{\mathrm{T}}.$$

由于 $\boldsymbol{\xi}_2^{\mathrm{T}}\boldsymbol{\xi}_3=0$,所以 $\boldsymbol{\xi}_2$ 与 $\boldsymbol{\xi}_3$ 已经是正交的. 将这两个向量单位化,得

$$\boldsymbol{\varepsilon}_2=\frac{1}{|\boldsymbol{\xi}_2|}\boldsymbol{\xi}_2=(1,0,0)^{\mathrm{T}},$$

$$\boldsymbol{\varepsilon}_3=\frac{1}{|\boldsymbol{\xi}_3|}\boldsymbol{\xi}_3=\frac{\sqrt{2}}{2}(0,1,1)^{\mathrm{T}}.$$

于是,我们得到一个正交矩阵

$$\boldsymbol{Q}=(\boldsymbol{\varepsilon}_1,\boldsymbol{\varepsilon}_2,\boldsymbol{\varepsilon}_3)=\begin{pmatrix}0&1&0\\-\frac{\sqrt{2}}{2}&0&\frac{\sqrt{2}}{2}\\\frac{\sqrt{2}}{2}&0&\frac{\sqrt{2}}{2}\end{pmatrix},$$

和一个对角矩阵

$$\boldsymbol{\Lambda}=\begin{pmatrix}2&0&0\\0&4&0\\0&0&4\end{pmatrix},$$

使得 $\boldsymbol{Q}^{\mathrm{T}}\boldsymbol{A}\boldsymbol{Q}=\boldsymbol{\Lambda}$ 成立.

例 5 设矩阵

$$\boldsymbol{A}=\begin{pmatrix}2&2&-2\\2&5&-4\\-2&-4&5\end{pmatrix},$$

Find an orthogonal matrix Q that makes $Q^T A Q$ a diagonal matrix.

Solution Since

$$\det(\lambda I - A) = \begin{vmatrix} \lambda-2 & -2 & 2 \\ -2 & \lambda-5 & 4 \\ 2 & 4 & \lambda-5 \end{vmatrix} = (\lambda-1)^2(\lambda-10),$$

the eigenvalues of matrix A are $\lambda_1 = 10$ (the algebraic multiplicity is 1) and $\lambda_2 = 1$ (the algebraic multiplicity is 2).

When $\lambda_1 = 10$, we solve system of homogeneous linear equations

$$(10I - A)x = 0$$

and obtain a basic solution system

$$\xi_1 = (1, 2, -2)^T.$$

Unitizing ξ_1, we get

$$\varepsilon_1 = \frac{1}{|\xi_1|}\xi_1 = \left(\frac{1}{3}, \frac{2}{3}, -\frac{2}{3}\right)^T.$$

When $\lambda_2 = 1$, we solve system of homogeneous linear equations

$$(I - A)x = 0$$

and obtain a basic solution system

$$\xi_2 = (0, 1, 1)^T,$$
$$\xi_3 = (2, 0, 1)^T.$$

We orthogonalize ξ_2, ξ_3 with Schmidt orthogonalization method:

$$\beta_2 = \xi_2,$$
$$\beta_3 = \xi_3 - \frac{\langle \beta_2, \xi_3 \rangle}{\langle \beta_2, \beta_2 \rangle}\beta_2 = (2, 0, 1)^T - \frac{1}{2}(0, 1, 1)^T = \left(2, -\frac{1}{2}, \frac{1}{2}\right)^T.$$

Then unitizing β_2, β_3, we get

$$\varepsilon_2 = \frac{1}{|\beta_2|}\beta_2 = \left(0, \frac{\sqrt{2}}{2}, \frac{\sqrt{2}}{2}\right)^T,$$
$$\varepsilon_3 = \frac{1}{|\beta_3|}\beta_3 = \left(\frac{2\sqrt{2}}{3}, -\frac{\sqrt{2}}{6}, \frac{\sqrt{2}}{6}\right)^T.$$

Let

求一个正交矩阵 Q，使得 $Q^T A Q$ 为对角矩阵.

解 由于

$$\det(\lambda I - A) = \begin{vmatrix} \lambda-2 & -2 & 2 \\ -2 & \lambda-5 & 4 \\ 2 & 4 & \lambda-5 \end{vmatrix} = (\lambda-1)^2(\lambda-10),$$

因此 A 的特征值为 $\lambda_1 = 10$（代数重数为 1），$\lambda_2 = 1$（代数重数为 2）.

当 $\lambda_1 = 10$ 时，求解齐次线性方程组

$$(10I - A)x = 0,$$

得到一个基础解系

$$\xi_1 = (1, 2, -2)^T.$$

将 ξ_1 单位化，得

$$\varepsilon_1 = \frac{1}{|\xi_1|}\xi_1 = \left(\frac{1}{3}, \frac{2}{3}, -\frac{2}{3}\right)^T.$$

当 $\lambda_2 = 1$ 时，求解齐次线性方程组

$$(I - A)x = 0,$$

得到一个基础解系

$$\xi_2 = (0, 1, 1)^T,$$
$$\xi_3 = (2, 0, 1)^T.$$

我们采用施密特正交化的方法将 ξ_2, ξ_3 正交化：

$$\beta_2 = \xi_2,$$
$$\beta_3 = \xi_3 - \frac{\langle \beta_2, \xi_3 \rangle}{\langle \beta_2, \beta_2 \rangle}\beta_2 = (2, 0, 1)^T - \frac{1}{2}(0, 1, 1)^T = \left(2, -\frac{1}{2}, \frac{1}{2}\right)^T.$$

再将 β_2, β_3 单位化，得

$$\varepsilon_2 = \frac{1}{|\beta_2|}\beta_2 = \left(0, \frac{\sqrt{2}}{2}, \frac{\sqrt{2}}{2}\right)^T,$$
$$\varepsilon_3 = \frac{1}{|\beta_3|}\beta_3 = \left(\frac{2\sqrt{2}}{3}, -\frac{\sqrt{2}}{6}, \frac{\sqrt{2}}{6}\right)^T.$$

取

$$Q=(\boldsymbol{\varepsilon}_1,\boldsymbol{\varepsilon}_2,\boldsymbol{\varepsilon}_3)=\begin{pmatrix} \dfrac{1}{3} & 0 & \dfrac{2\sqrt{2}}{3} \\[2mm] \dfrac{2}{3} & \dfrac{\sqrt{2}}{2} & -\dfrac{\sqrt{2}}{6} \\[2mm] -\dfrac{2}{3} & \dfrac{\sqrt{2}}{2} & \dfrac{\sqrt{2}}{6} \end{pmatrix},$$

then $\boldsymbol{Q}$ is an orthogonal matrix that makes $\boldsymbol{Q}^{\mathrm{T}}\boldsymbol{A}\boldsymbol{Q}=\boldsymbol{\Lambda}$ a diagonal matrix，where

$$\boldsymbol{\Lambda}=\begin{pmatrix} 10 & 0 & 0 \\ 0 & 1 & 0 \\ 0 & 0 & 1 \end{pmatrix}.$$

则 $\boldsymbol{Q}$ 是正交矩阵，使得 $\boldsymbol{Q}^{\mathrm{T}}\boldsymbol{A}\boldsymbol{Q}=\boldsymbol{\Lambda}$ 为对角矩阵，其中

$$Q=(\boldsymbol{\varepsilon}_1,\boldsymbol{\varepsilon}_2,\boldsymbol{\varepsilon}_3)=\begin{pmatrix} \dfrac{1}{3} & 0 & \dfrac{2\sqrt{2}}{3} \\[2mm] \dfrac{2}{3} & \dfrac{\sqrt{2}}{2} & -\dfrac{\sqrt{2}}{6} \\[2mm] -\dfrac{2}{3} & \dfrac{\sqrt{2}}{2} & \dfrac{\sqrt{2}}{6} \end{pmatrix},$$

$$\boldsymbol{\Lambda}=\begin{pmatrix} 10 & 0 & 0 \\ 0 & 1 & 0 \\ 0 & 0 & 1 \end{pmatrix}.$$

Exercise 4
习题 4

1. Find the eigenvalues and the eigenvectors of the following matrices and indicate the algebraic multiplicity and the geometric multiplicity of each eigenvalue：

(1) $\boldsymbol{A}=\begin{pmatrix} 1 & 2 & 2 \\ 2 & 1 & 2 \\ 2 & 2 & 1 \end{pmatrix}$;

(2) $\boldsymbol{A}=\begin{pmatrix} 2 & 2 & 4 \\ 2 & -1 & 2 \\ 4 & 2 & 2 \end{pmatrix}$.

2. Suppose $\lambda_1=-2$, $\lambda_2=1$ and $\lambda_3=4$ are all eigenvalues of three-order matrix $\boldsymbol{A}$. Find the eigenvalues of $\boldsymbol{A}^3$, $\boldsymbol{A}^{-1}$, $\boldsymbol{A}+3\boldsymbol{I}$.

3. Suppose four-order matrix $\boldsymbol{A}$ satisfies

$$\det(\boldsymbol{A}+\sqrt{3}\,\boldsymbol{I})=0 \quad \text{and} \quad \det(\boldsymbol{A})=9.$$

Calculate the eigenvalues of $(\det(\boldsymbol{A}))^2\boldsymbol{A}^{-1}$.

4. Suppose a matrix

$$\boldsymbol{A}=\begin{pmatrix} -1 & 2 & 2 \\ 2 & -1 & -2 \\ 2 & -2 & -2 \end{pmatrix}.$$

Find：

(1) the eigenvalues of $\boldsymbol{A}$;

1. 求下列矩阵的特征值和特征向量，并指出各特征值的代数重数和几何重数：

(1) $\boldsymbol{A}=\begin{pmatrix} 1 & 2 & 2 \\ 2 & 1 & 2 \\ 2 & 2 & 1 \end{pmatrix}$;

(2) $\boldsymbol{A}=\begin{pmatrix} 2 & 2 & 4 \\ 2 & -1 & 2 \\ 4 & 2 & 2 \end{pmatrix}$.

2. 设 $\lambda_1=-2$，$\lambda_2=1$，$\lambda_3=4$ 均是三阶矩阵 $\boldsymbol{A}$ 的特征值，试确定 $\boldsymbol{A}^3$，$\boldsymbol{A}^{-1}$，$\boldsymbol{A}+3\boldsymbol{I}$ 的特征值.

3. 设四阶矩阵 $\boldsymbol{A}$ 满足条件

$$\det(\boldsymbol{A}+\sqrt{3}\,\boldsymbol{I})=0, \quad \det(\boldsymbol{A})=9,$$

求 $(\det(\boldsymbol{A}))^2\boldsymbol{A}^{-1}$ 的特征值.

4. 设矩阵

$$\boldsymbol{A}=\begin{pmatrix} -1 & 2 & 2 \\ 2 & -1 & -2 \\ 2 & -2 & -2 \end{pmatrix},$$

求：

(1) $\boldsymbol{A}$ 的特征值;

(2) the eigenvalues of $\boldsymbol{I}+\boldsymbol{A}^{-1}$.

5. Suppose matrix

$$\boldsymbol{A}=\begin{pmatrix}1 & -3 & 3\\ 3 & a & 3\\ 6 & -6 & b\end{pmatrix}$$

has eigenvalues $\lambda_1=-2$ and $\lambda_2=4$. Find the values of a and b.

6. Known that vector $\boldsymbol{\alpha}=(1,k,1)^{\mathrm{T}}$ is an eigenvector of the inverse matrix of matrix

$$\boldsymbol{A}=\begin{pmatrix}2 & 1 & 1\\ 1 & 2 & 1\\ 1 & 1 & 2\end{pmatrix}.$$

Find the value of k.

7. Known that three-order matrix $\boldsymbol{A}$ has eigenvalues $1,-1,0$, the corresponding eigenvectors are

$$\boldsymbol{\xi}_1=\begin{pmatrix}1\\ 0\\ -1\end{pmatrix},\quad \boldsymbol{\xi}_2=\begin{pmatrix}0\\ 3\\ 2\end{pmatrix},\quad \boldsymbol{\xi}_3=\begin{pmatrix}-2\\ -1\\ 1\end{pmatrix}.$$

Calculate matrix $\boldsymbol{A}$.

8. Suppose matrix

$$\boldsymbol{A}=\begin{pmatrix}1 & 4 & 2\\ 0 & -3 & 4\\ 0 & 4 & 3\end{pmatrix}.$$

Calculate $\boldsymbol{A}^k$ (k is a positive integer).

9. Find the eigenvalues and the eigenvectors of the following matrices and determine whether the matrices are diagonalizable. If they are, find the diagonal matrices which are similar to them.

(1) $\boldsymbol{A}=\begin{pmatrix}1 & -2 & 2\\ -2 & -2 & 4\\ 2 & 4 & -2\end{pmatrix}$;

(2) $\boldsymbol{A}=\begin{pmatrix}3 & 0 & 1\\ 4 & -2 & -8\\ -4 & 0 & -1\end{pmatrix}$.

10. Suppose a matrix

$$\boldsymbol{A}=\begin{pmatrix}0 & -2 & a\\ 1 & 3 & 5\\ 0 & 0 & 2\end{pmatrix}$$

(2) 矩阵 $\boldsymbol{I}+\boldsymbol{A}^{-1}$ 的特征值.

5. 设矩阵

$$\boldsymbol{A}=\begin{pmatrix}1 & -3 & 3\\ 3 & a & 3\\ 6 & -6 & b\end{pmatrix}$$

有特征值 $\lambda_1=-2$,$\lambda_2=4$,求 a,b 的值.

6. 已知向量 $\boldsymbol{\alpha}=(1,k,1)^{\mathrm{T}}$ 是矩阵

$$\boldsymbol{A}=\begin{pmatrix}2 & 1 & 1\\ 1 & 2 & 1\\ 1 & 1 & 2\end{pmatrix}$$

的逆矩阵的特征向量,求 k 的值.

7. 已知三阶矩阵 $\boldsymbol{A}$ 的特征值为 $1,-1,0$,对应的特征向量分别为

$$\boldsymbol{\xi}_1=\begin{pmatrix}1\\ 0\\ -1\end{pmatrix},\quad \boldsymbol{\xi}_2=\begin{pmatrix}0\\ 3\\ 2\end{pmatrix},\quad \boldsymbol{\xi}_3=\begin{pmatrix}-2\\ -1\\ 1\end{pmatrix},$$

求矩阵 $\boldsymbol{A}$.

8. 设矩阵

$$\boldsymbol{A}=\begin{pmatrix}1 & 4 & 2\\ 0 & -3 & 4\\ 0 & 4 & 3\end{pmatrix},$$

求 $\boldsymbol{A}^k$(k 为正整数).

9. 求下列矩阵的特征值和特征向量,并判断矩阵是否可对角化. 若可对角化,试求与它们相似的对角矩阵.

(1) $\boldsymbol{A}=\begin{pmatrix}1 & -2 & 2\\ -2 & -2 & 4\\ 2 & 4 & -2\end{pmatrix}$;

(2) $\boldsymbol{A}=\begin{pmatrix}3 & 0 & 1\\ 4 & -2 & -8\\ -4 & 0 & -1\end{pmatrix}$.

10. 设矩阵

$$\boldsymbol{A}=\begin{pmatrix}0 & -2 & a\\ 1 & 3 & 5\\ 0 & 0 & 2\end{pmatrix},$$

and $\boldsymbol{A}$ is similar to a diagonal matrix. Find the value of a.

11. Find an orthogonal matrix $\boldsymbol{Q}$ such that $\boldsymbol{Q}^{\mathrm{T}}\boldsymbol{A}\boldsymbol{Q}$ is a diagonal matrix, where $\boldsymbol{A}$ is as follows:

(1) $\boldsymbol{A}=\begin{pmatrix} 2 & -2 & 0 \\ -2 & 1 & -2 \\ 0 & -2 & 0 \end{pmatrix}$;

(2) $\boldsymbol{A}=\begin{pmatrix} 0 & 0 & 4 & 1 \\ 0 & 0 & 1 & 4 \\ 4 & 1 & 0 & 0 \\ 1 & 4 & 0 & 0 \end{pmatrix}$;

(3) $\boldsymbol{A}=\begin{pmatrix} -1 & -3 & 3 & -3 \\ -3 & -1 & -3 & 3 \\ 3 & -3 & -1 & -3 \\ -3 & 3 & -3 & -1 \end{pmatrix}$;

(4) $\boldsymbol{A}=\begin{pmatrix} 1 & 1 & 1 & 1 \\ 1 & 1 & 1 & 1 \\ 1 & 1 & 1 & 1 \\ 1 & 1 & 1 & 1 \end{pmatrix}$.

12. Known that matrix

$$\boldsymbol{A}=\begin{pmatrix} 2 & a & 2 \\ 5 & b & 3 \\ -1 & 1 & 1 \end{pmatrix}$$

has eigenvalues ± 1. Is $\boldsymbol{A}$ diagonalizable? State the reason.

13. Known $\boldsymbol{\alpha}=(1,1,-1)^{\mathrm{T}}$ is an eigenvector of matrix

$$\boldsymbol{A}=\begin{pmatrix} 2 & -1 & 2 \\ 5 & a & 3 \\ -1 & b & -2 \end{pmatrix}.$$

(1) Seek the values of a and b, and find the eigenvalue corresponding to eigenvector $\boldsymbol{\alpha}$.

(2) Is $\boldsymbol{A}$ diagonalizable? State the reason.

14. Suppose a matrix

$$\boldsymbol{A}=\begin{pmatrix} 1 & 2 & 2 \\ 2 & 1 & 2 \\ 2 & 2 & 1 \end{pmatrix}.$$

Find an invertible matrix $\boldsymbol{S}$ such that $\boldsymbol{S}^{-1}\boldsymbol{A}\boldsymbol{S}$ is a diagonal matrix.

且 $\boldsymbol{A}$ 与对角矩阵相似，求 a 的值.

11. 求一个正交矩阵 $\boldsymbol{Q}$，使得 $\boldsymbol{Q}^{\mathrm{T}}\boldsymbol{A}\boldsymbol{Q}$ 为对角矩阵，其中 $\boldsymbol{A}$ 如下：

(1) $\boldsymbol{A}=\begin{pmatrix} 2 & -2 & 0 \\ -2 & 1 & -2 \\ 0 & -2 & 0 \end{pmatrix}$;

(2) $\boldsymbol{A}=\begin{pmatrix} 0 & 0 & 4 & 1 \\ 0 & 0 & 1 & 4 \\ 4 & 1 & 0 & 0 \\ 1 & 4 & 0 & 0 \end{pmatrix}$;

(3) $\boldsymbol{A}=\begin{pmatrix} -1 & -3 & 3 & -3 \\ -3 & -1 & -3 & 3 \\ 3 & -3 & -1 & -3 \\ -3 & 3 & -3 & -1 \end{pmatrix}$;

(4) $\boldsymbol{A}=\begin{pmatrix} 1 & 1 & 1 & 1 \\ 1 & 1 & 1 & 1 \\ 1 & 1 & 1 & 1 \\ 1 & 1 & 1 & 1 \end{pmatrix}$.

12. 已知矩阵

$$\boldsymbol{A}=\begin{pmatrix} 2 & a & 2 \\ 5 & b & 3 \\ -1 & 1 & 1 \end{pmatrix}$$

有特征值± 1. $\boldsymbol{A}$ 是否可对角化？说明理由.

13. 已经 $\boldsymbol{\alpha}=(1,1,-1)^{\mathrm{T}}$ 是矩阵

$$\boldsymbol{A}=\begin{pmatrix} 2 & -1 & 2 \\ 5 & a & 3 \\ -1 & b & -2 \end{pmatrix}$$

的一个特征向量.

(1) 试确定 a，b 的值及特征向量 $\boldsymbol{\alpha}$ 所对应的特征值.

(2) $\boldsymbol{A}$ 是否可对角化？说明理由.

14. 设矩阵

$$\boldsymbol{A}=\begin{pmatrix} 1 & 2 & 2 \\ 2 & 1 & 2 \\ 2 & 2 & 1 \end{pmatrix},$$

找一个可逆矩阵 $\boldsymbol{S}$，使得 $\boldsymbol{S}^{-1}\boldsymbol{A}\boldsymbol{S}$ 为对角矩阵.

15. Suppose a matrix

$$A=\begin{pmatrix}0&0&6&-5\\0&0&-5&4\\0&0&\frac{7}{2}&-\frac{3}{2}\\0&0&5&-2\end{pmatrix}.$$

(1) Find the eigenvalues and eigenvectors of $\boldsymbol{A}$.

(2) Find an invertible matrix $\boldsymbol{T}$ such that $\boldsymbol{T}^{-1}\boldsymbol{AT}$ is a diagonal matrix.

16. Suppose matrix

$$A=\begin{pmatrix}-2&0&0\\2&x&2\\3&1&1\end{pmatrix}$$

is similar to matrix

$$B=\begin{pmatrix}-1&0&0\\0&2&0\\0&0&y\end{pmatrix}.$$

(1) Find the values of x and y.

(2) Find an invertible matrix $\boldsymbol{P}$ such that

$$\boldsymbol{P}^{-1}\boldsymbol{AP}=\boldsymbol{B}.$$

15. 设矩阵

$$A=\begin{pmatrix}0&0&6&-5\\0&0&-5&4\\0&0&\frac{7}{2}&-\frac{3}{2}\\0&0&5&-2\end{pmatrix}.$$

(1) 求 $\boldsymbol{A}$ 的特征值与特征向量;

(2) 求一个可逆矩阵 $\boldsymbol{T}$,使得 $\boldsymbol{T}^{-1}\boldsymbol{AT}$ 为对角矩阵.

16. 设矩阵

$$A=\begin{pmatrix}-2&0&0\\2&x&2\\3&1&1\end{pmatrix}$$

与矩阵

$$B=\begin{pmatrix}-1&0&0\\0&2&0\\0&0&y\end{pmatrix}$$

相似.

(1) 求 x 和 y 的值;

(2) 求一个可逆矩阵 $\boldsymbol{P}$,使得

$$\boldsymbol{P}^{-1}\boldsymbol{AP}=\boldsymbol{B}.$$

Chapter 5 Quadratic Forms
第 5 章 二次型

In analytic geometry, to study the geometry properties of quadratic curve

$$ax^2+2bxy+cy^2=f,$$

we can choose a suitable coordinate rotation transformation

$$\begin{cases} x=x'\cos\theta-y'\sin\theta, \\ y=x'\sin\theta+y'\cos\theta \end{cases}$$

to transform the equation of the quadratic curve into standard form

$$a'x'^2+c'y'^2=1.$$

This is widely used in many theoretical as well as practical problems. In this chapter, we will generalize the question and focus on the simplification of general quadratic homogeneous polynomials.

在解析几何中,为了研究二次曲线

$$ax^2+2bxy+cy^2=f$$

的几何性质,可以选择适当的坐标旋转变换

$$\begin{cases} x=x'\cos\theta-y'\sin\theta, \\ y=x'\sin\theta+y'\cos\theta, \end{cases}$$

把该二次曲线的方程化为标准形式

$$a'x'^2+c'y'^2=1.$$

这种方法在许多理论或实际问题中经常用到. 本章中我们将把问题一般化,重点讨论一般二次齐次多项式的化简问题.

5.1 Quadratic Forms and Their Matrix Representations
5.1 二次型及其矩阵表示

1. Concept of Quadratic Forms

Definition 5.1 Quadratic homogeneous polynomial with n variables

$$f(x_1,x_2,\cdots,x_n)=a_{11}x_1^2+a_{22}x_2^2+\cdots+a_{nn}x_n^2 +2a_{12}x_1x_2+2a_{13}x_1x_3 +\cdots+2a_{n-1,n}x_{n-1}x_n \quad (5.1)$$

is called an ***n*-variable quadratic form** or **quadratic form** for short.

When $a_{ij}\,(i,j=1,2,\cdots,n;i\leqslant j)$ are real numbers, quadratic form (5.1) is called a **real quadratic form.** When $a_{ij}(i,j=1,2,\cdots,n;i\leqslant j)$ are complex numbers, quadratic

1. 二次型的概念

定义 5.1 称含有 n 个变量 $x_1,x_2,\cdots,x_n$ 的二次齐次多项式

$$f(x_1,x_2,\cdots,x_n)=a_{11}x_1^2+a_{22}x_2^2+\cdots+a_{nn}x_n^2 +2a_{12}x_1x_2+2a_{13}x_1x_3 +\cdots+2a_{n-1,n}x_{n-1}x_n \quad (5.1)$$

为一个 n **元二次型**,简称**二次型.**

当 $a_{ij}\,(i,j=1,2,\cdots,n;i\leqslant j)$ 为实数时,称二次型(5.1)为**实二次型**;当 $a_{ij}\,(i,j=1,2,\cdots,n;i\leqslant j)$ 为复数时,称二次型(5.1)为**复**

form (5.1) is called a **complex quadratic form**. In this chapter, we only discuss the real quadratic from.

For example,

$$f(x_1,x_2)=2x_1^2+3x_1x_2+5x_2^2,$$
$$f(x_1,x_2,x_3)=2x_1^2+x_1x_2-4x_1x_3+x_2^2+2x_2x_3-x_3^2$$

are two-variable quadratic form and three-variable quadratic form respectively.

2. Matrix Representations of Quadratic Forms

In (5.1), let $a_{ji}=a_{ij}$, then

$$2a_{ij}x_ix_j=a_{ij}x_ix_j+a_{ji}x_jx_i,$$

and (5.1) can be written as

$$\begin{aligned}f(x_1,x_2,\cdots,x_n)&=a_{11}x_1^2+a_{12}x_1x_2+\cdots+a_{1n}x_1x_n\\&\quad+a_{21}x_2x_1+a_{22}x_2^2+\cdots+a_{2n}x_2x_n\\&\quad+\cdots+a_{n1}x_nx_1+a_{n2}x_nx_2\\&\quad+\cdots+a_{nn}x_n^2\\&=\sum_{i=1}^{n}\sum_{j=1}^{n}a_{ij}x_ix_j.\end{aligned}\tag{5.2}$$

Using matrix multiplication, (5.2) can be described as

$$\begin{aligned}f(\boldsymbol{x})&=(x_1,x_2,\cdots,x_n)\begin{pmatrix}a_{11}&a_{12}&\cdots&a_{1n}\\a_{21}&a_{22}&\cdots&a_{2n}\\\vdots&\vdots&&\vdots\\a_{n1}&a_{n2}&\cdots&a_{nn}\end{pmatrix}\begin{pmatrix}x_1\\x_2\\\vdots\\x_n\end{pmatrix}\\&=\boldsymbol{x}^{\mathrm{T}}\boldsymbol{A}\boldsymbol{x},\end{aligned}\tag{5.3}$$

where

$$\boldsymbol{A}=\begin{pmatrix}a_{11}&a_{12}&\cdots&a_{1n}\\a_{21}&a_{22}&\cdots&a_{2n}\\\vdots&\vdots&&\vdots\\a_{n1}&a_{n2}&\cdots&a_{nn}\end{pmatrix},\quad \boldsymbol{x}=\begin{pmatrix}x_1\\x_2\\\vdots\\x_n\end{pmatrix}.$$

(5.3) is called the **matrix representation** of quadratic form (5.2). Symmetric matrix $\boldsymbol{A}$ is called the **matrix of the quadratic form**. Apparently, there is a one-to-one correspondence between symmetric matrix $\boldsymbol{A}$ and quadratic form $f(\boldsymbol{x})$. The rank of symmetric matrix $\boldsymbol{A}$ is called the **rank of quadratic form $f(\boldsymbol{x})$**.

二次型. 本章中我们仅讨论实二次型.

例如,

$$f(x_1,x_2)=2x_1^2+3x_1x_2+5x_2^2,$$
$$f(x_1,x_2,x_3)=2x_1^2+x_1x_2-4x_1x_3+x_2^2+2x_2x_3-x_3^2$$

分别为二元二次型和三元二次型.

2. 二次型的矩阵表示

在(5.1)式中,取 $a_{ji}=a_{ij}$,则

$$2a_{ij}x_ix_j=a_{ij}x_ix_j+a_{ji}x_jx_i,$$

于是(5.1)式可写成

$$\begin{aligned}f(x_1,x_2,\cdots,x_n)&=a_{11}x_1^2+a_{12}x_1x_2+\cdots+a_{1n}x_1x_n\\&\quad+a_{21}x_2x_1+a_{22}x_2^2+\cdots+a_{2n}x_2x_n\\&\quad+\cdots+a_{n1}x_nx_1+a_{n2}x_nx_2\\&\quad+\cdots+a_{nn}x_n^2\\&=\sum_{i=1}^{n}\sum_{j=1}^{n}a_{ij}x_ix_j.\end{aligned}\tag{5.2}$$

利用矩阵的乘法,(5.2)式可表示为

$$\begin{aligned}f(\boldsymbol{x})&=(x_1,x_2,\cdots,x_n)\begin{pmatrix}a_{11}&a_{12}&\cdots&a_{1n}\\a_{21}&a_{22}&\cdots&a_{2n}\\\vdots&\vdots&&\vdots\\a_{n1}&a_{n2}&\cdots&a_{nn}\end{pmatrix}\begin{pmatrix}x_1\\x_2\\\vdots\\x_n\end{pmatrix}\\&=\boldsymbol{x}^{\mathrm{T}}\boldsymbol{A}\boldsymbol{x},\end{aligned}\tag{5.3}$$

其中

$$\boldsymbol{A}=\begin{pmatrix}a_{11}&a_{12}&\cdots&a_{1n}\\a_{21}&a_{22}&\cdots&a_{2n}\\\vdots&\vdots&&\vdots\\a_{n1}&a_{n2}&\cdots&a_{nn}\end{pmatrix},\quad \boldsymbol{x}=\begin{pmatrix}x_1\\x_2\\\vdots\\x_n\end{pmatrix}.$$

称(5.3)式为二次型(5.2)的**矩阵形式**,其中对称矩阵 $\boldsymbol{A}$ 称为该**二次型的矩阵**. 显然,二次型 $f(\boldsymbol{x})$与对称矩阵 $\boldsymbol{A}$ 之间是一一对应的. 对称矩阵 $\boldsymbol{A}$ 的秩称为**二次型 $f(\boldsymbol{x})$的秩**.

Example 1 Write the matrix representation of quadratic form

$$f(x_1,x_2,x_3)=2x_1^2+3x_2^2+4x_1x_2+x_1x_3-6x_2x_3+x_3^2.$$

Solution The matrix of the quadratic form is

$$A=\begin{pmatrix}2 & 2 & \frac{1}{2}\\ 2 & 3 & -3\\ \frac{1}{2} & -3 & 1\end{pmatrix}.$$

Thus, the matrix representation of the quadratic form is

$$f(\boldsymbol{x})=\boldsymbol{x}^{\mathrm{T}}\boldsymbol{A}\boldsymbol{x}=(x_1,x_2,x_3)\begin{pmatrix}2 & 2 & \frac{1}{2}\\ 2 & 3 & -3\\ \frac{1}{2} & -3 & 1\end{pmatrix}\begin{pmatrix}x_1\\ x_2\\ x_3\end{pmatrix}.$$

Example 2 Find the rank of quadratic form

$$f(x_1,x_2,x_3)=x_1^2-x_2^2+2x_1x_2+2x_1x_3-x_3^2.$$

Solution The matrix of the quadratic form is

$$A=\begin{pmatrix}1 & 1 & 1\\ 1 & -1 & 0\\ 1 & 0 & -1\end{pmatrix}.$$

Because

$$A=\begin{pmatrix}1 & 1 & 1\\ 1 & -1 & 0\\ 1 & 0 & -1\end{pmatrix}\longrightarrow\begin{pmatrix}1 & 1 & 1\\ 0 & 1 & -1\\ 0 & 1 & 2\end{pmatrix}\longrightarrow\begin{pmatrix}1 & 1 & 1\\ 0 & 1 & -1\\ 0 & 0 & 3\end{pmatrix},$$

we have $R(\boldsymbol{A})=3$. Thus, the rank of the quadratic form is 3.

3. Linear Transformations and Congruent Matrices

Definition 5.2 If variables $x_1, x_2, \cdots, x_n$ and $y_1, y_2, \cdots, y_n$ have the following relationship:

例 1 写出二次型

$$f(x_1,x_2,x_3)=2x_1^2+3x_2^2+4x_1x_2+x_1x_3-6x_2x_3+x_3^2$$

的矩阵形式.

解 该二次型的矩阵为

$$A=\begin{pmatrix}2 & 2 & \frac{1}{2}\\ 2 & 3 & -3\\ \frac{1}{2} & -3 & 1\end{pmatrix},$$

所以该二次型的矩阵形式为

$$f(\boldsymbol{x})=\boldsymbol{x}^{\mathrm{T}}\boldsymbol{A}\boldsymbol{x}=(x_1,x_2,x_3)\begin{pmatrix}2 & 2 & \frac{1}{2}\\ 2 & 3 & -3\\ \frac{1}{2} & -3 & 1\end{pmatrix}\begin{pmatrix}x_1\\ x_2\\ x_3\end{pmatrix}.$$

例 2 求二次型

$$f(x_1,x_2,x_3)=x_1^2-x_2^2+2x_1x_2+2x_1x_3-x_3^2$$

的秩.

解 该二次型的矩阵为

$$A=\begin{pmatrix}1 & 1 & 1\\ 1 & -1 & 0\\ 1 & 0 & -1\end{pmatrix}.$$

因为

$$A=\begin{pmatrix}1 & 1 & 1\\ 1 & -1 & 0\\ 1 & 0 & -1\end{pmatrix}\longrightarrow\begin{pmatrix}1 & 1 & 1\\ 0 & 1 & -1\\ 0 & 1 & 2\end{pmatrix}\longrightarrow\begin{pmatrix}1 & 1 & 1\\ 0 & 1 & -1\\ 0 & 0 & 3\end{pmatrix},$$

所以有 $R(\boldsymbol{A})=3$. 于是,该二次型的秩为 3.

3. 线性变换与合同矩阵

定义 5.2 若变量 $x_1,x_2,\cdots,x_n$ 和变量 $y_1,y_2,\cdots,y_n$ 具有如下关系式:

$$\begin{cases} x_1 = c_{11}y_1 + c_{12}y_2 + \cdots + c_{1n}y_n, \\ x_2 = c_{21}y_1 + c_{22}y_2 + \cdots + c_{2n}y_n, \\ \cdots\cdots \\ x_n = c_{n1}y_1 + c_{n2}y_2 + \cdots + c_{nn}y_n, \end{cases} \tag{5.4}$$

then the relationship is called a **linear transformation** from $x_1, x_2, \cdots, x_n$ to $y_1, y_2, \cdots, y_n$.

Denote

$$C = \begin{pmatrix} c_{11} & c_{12} & \cdots & c_{1n} \\ c_{21} & c_{22} & \cdots & c_{2n} \\ \vdots & \vdots & & \vdots \\ c_{n1} & c_{n2} & \cdots & c_{nn} \end{pmatrix},$$

$$x = \begin{pmatrix} x_1 \\ x_2 \\ \vdots \\ x_n \end{pmatrix}, \quad y = \begin{pmatrix} y_1 \\ y_2 \\ \vdots \\ y_n \end{pmatrix},$$

then linear transformation (5.4) can be expressed as

$$\boldsymbol{x} = \boldsymbol{C}\boldsymbol{y},$$

where $\boldsymbol{C}$ is called the **matrix of the linear transformation**. If $\boldsymbol{C}$ is an invertible matrix, then $\boldsymbol{x}=\boldsymbol{C}\boldsymbol{y}$ is called an **invertible (non-degenerate) linear transformation**. If $\boldsymbol{C}$ is an orthogonal matrix, then $\boldsymbol{x}=\boldsymbol{C}\boldsymbol{y}$ is called an **orthogonal linear transformation**.

Example 3 For quadratic form

$$f(x_1, x_2) = x_1^2 + x_1x_2 + x_2^2,$$

we can apply invertible linear transformation

$$\begin{cases} x_1 = y_1 + y_2, \\ x_2 = y_1 - y_2, \end{cases}$$

and get

$$\begin{aligned} f(x_1, x_2) &= (y_1+y_2)^2 + (y_1+y_2)(y_1-y_2) \\ &\quad + (y_1-y_2)^2 \\ &= y_1^2 + 2y_1y_2 + y_2^2 + y_1^2 - y_2^2 \\ &\quad + y_1^2 - 2y_1y_2 + y_2^2 \\ &= 3y_1^2 + y_2^2. \end{aligned}$$

This indicates the quadratic form of variables x_1, x_2 can be transformed into the quadratic form of variables y_1, y_2 through an invertible linear transformation.

For a general quadratic form

$$\begin{cases} x_1 = c_{11}y_1 + c_{12}y_2 + \cdots + c_{1n}y_n, \\ x_2 = c_{21}y_1 + c_{22}y_2 + \cdots + c_{2n}y_n, \\ \cdots\cdots \\ x_n = c_{n1}y_1 + c_{n2}y_2 + \cdots + c_{nn}y_n, \end{cases} \tag{5.4}$$

则称此关系式为由 $x_1, x_2, \cdots, x_n$ 到 $y_1, y_2, \cdots, y_n$ 的一个**线性变换**.

记

$$C = \begin{pmatrix} c_{11} & c_{12} & \cdots & c_{1n} \\ c_{21} & c_{22} & \cdots & c_{2n} \\ \vdots & \vdots & & \vdots \\ c_{n1} & c_{n2} & \cdots & c_{nn} \end{pmatrix},$$

$$x = \begin{pmatrix} x_1 \\ x_2 \\ \vdots \\ x_n \end{pmatrix}, \quad y = \begin{pmatrix} y_1 \\ y_2 \\ \vdots \\ y_n \end{pmatrix},$$

则线性变换(5.4)可表示为

$$\boldsymbol{x} = \boldsymbol{C}\boldsymbol{y},$$

其中 $\boldsymbol{C}$ 称为该**线性变换的矩阵**. 如果 $\boldsymbol{C}$ 是可逆矩阵,那么称 $\boldsymbol{x}=\boldsymbol{C}\boldsymbol{y}$ 为**可逆(非退化)线性变换**. 如果 $\boldsymbol{C}$ 是正交矩阵,那么称 $\boldsymbol{x}=\boldsymbol{C}\boldsymbol{y}$ 为**正交线性变换**.

例 3 对于二次型

$$f(x_1, x_2) = x_1^2 + x_1x_2 + x_2^2,$$

做可逆线性变换

$$\begin{cases} x_1 = y_1 + y_2, \\ x_2 = y_1 - y_2, \end{cases}$$

可得到

$$\begin{aligned} f(x_1, x_2) &= (y_1+y_2)^2 + (y_1+y_2)(y_1-y_2) \\ &\quad + (y_1-y_2)^2 \\ &= y_1^2 + 2y_1y_2 + y_2^2 + y_1^2 - y_2^2 \\ &\quad + y_1^2 - 2y_1y_2 + y_2^2 \\ &= 3y_1^2 + y_2^2. \end{aligned}$$

由此可见,关于变量 x_1, x_2 的二次型经过可逆线性变换后可化为关于变量 y_1, y_2 的二次型.

对于一般的二次型

$$f(\boldsymbol{x})=\boldsymbol{x}^{\mathrm{T}}\boldsymbol{A}\boldsymbol{x},$$

we can apply invertible linear transformation $\boldsymbol{x}=\boldsymbol{C}\boldsymbol{y}$ and get

$$f(\boldsymbol{x})=\boldsymbol{x}^{\mathrm{T}}\boldsymbol{A}\boldsymbol{x}=(\boldsymbol{C}\boldsymbol{y})^{\mathrm{T}}\boldsymbol{A}(\boldsymbol{C}\boldsymbol{y})=\boldsymbol{y}^{\mathrm{T}}(\boldsymbol{C}^{\mathrm{T}}\boldsymbol{A}\boldsymbol{C})\boldsymbol{y}.$$

Let $\boldsymbol{B}=\boldsymbol{C}^{\mathrm{T}}\boldsymbol{A}\boldsymbol{C}$, then

$$f(\boldsymbol{x})=\boldsymbol{x}^{\mathrm{T}}\boldsymbol{A}\boldsymbol{x}=\boldsymbol{y}^{\mathrm{T}}\boldsymbol{B}\boldsymbol{y}\triangleq g(\boldsymbol{y}).$$

That is to say, quadratic form $f(\boldsymbol{x})$ of variables $x_1,x_2,\cdots,x_n$ can be transformed into quadratic form $g(\boldsymbol{y})=\boldsymbol{y}^{\mathrm{T}}\boldsymbol{B}\boldsymbol{y}$ of variables $y_1,y_2,\cdots,y_n$ through invertible linear transformation $\boldsymbol{x}=\boldsymbol{C}\boldsymbol{y}$, and

$$\boldsymbol{B}=\boldsymbol{C}^{\mathrm{T}}\boldsymbol{A}\boldsymbol{C}.$$

Definition 5.3 We say that two quadratic forms $f(\boldsymbol{x})=\boldsymbol{x}^{\mathrm{T}}\boldsymbol{A}\boldsymbol{x}$ and $g(\boldsymbol{y})=\boldsymbol{y}^{\mathrm{T}}\boldsymbol{B}\boldsymbol{y}$ are **equivalent** if there exists an invertible linear transformation $\boldsymbol{x}=\boldsymbol{C}\boldsymbol{y}$ such that $f(\boldsymbol{x})$ can be transformed into $g(\boldsymbol{y})$.

Example 4 From Example 3, we know that quadratic form

$$f(x_1,x_2)=x_1^2+x_1x_2+x_2^2=(x_1,x_2)\begin{pmatrix}1&\frac{1}{2}\\\frac{1}{2}&1\end{pmatrix}\begin{pmatrix}x_1\\x_2\end{pmatrix}$$

can be transformed into

$$\begin{aligned}f(x_1,x_2)&=(x_1,x_2)\begin{pmatrix}1&\frac{1}{2}\\\frac{1}{2}&1\end{pmatrix}\begin{pmatrix}x_1\\x_2\end{pmatrix}\\&=(y_1,y_2)\begin{pmatrix}1&1\\1&-1\end{pmatrix}^{\mathrm{T}}\begin{pmatrix}1&\frac{1}{2}\\\frac{1}{2}&1\end{pmatrix}\begin{pmatrix}1&1\\1&-1\end{pmatrix}\begin{pmatrix}y_1\\y_2\end{pmatrix}\\&=(y_1,y_2)\begin{pmatrix}3&0\\0&1\end{pmatrix}\begin{pmatrix}y_1\\y_2\end{pmatrix}=3y_1^2+y_2^2,\end{aligned}$$

through invertible linear transformation

$$\begin{pmatrix}x_1\\x_2\end{pmatrix}=\begin{pmatrix}1&1\\1&-1\end{pmatrix}\begin{pmatrix}y_1\\y_2\end{pmatrix}.$$

Thus, these two quadratic forms are equivalent. The matrix of the original quadratic form is

$$f(\boldsymbol{x})=\boldsymbol{x}^{\mathrm{T}}\boldsymbol{A}\boldsymbol{x},$$

做可逆线性变换 $\boldsymbol{x}=\boldsymbol{C}\boldsymbol{y}$,可得到

$$f(\boldsymbol{x})=\boldsymbol{x}^{\mathrm{T}}\boldsymbol{A}\boldsymbol{x}=(\boldsymbol{C}\boldsymbol{y})^{\mathrm{T}}\boldsymbol{A}(\boldsymbol{C}\boldsymbol{y})=\boldsymbol{y}^{\mathrm{T}}(\boldsymbol{C}^{\mathrm{T}}\boldsymbol{A}\boldsymbol{C})\boldsymbol{y}.$$

令 $\boldsymbol{B}=\boldsymbol{C}^{\mathrm{T}}\boldsymbol{A}\boldsymbol{C}$,则

$$f(\boldsymbol{x})=\boldsymbol{x}^{\mathrm{T}}\boldsymbol{A}\boldsymbol{x}=\boldsymbol{y}^{\mathrm{T}}\boldsymbol{B}\boldsymbol{y}\triangleq g(\boldsymbol{y}).$$

也就是说,关于变量 $x_1,x_2,\cdots,x_n$ 的二次型 $f(\boldsymbol{x})$经过可逆线性变换 $\boldsymbol{x}=\boldsymbol{C}\boldsymbol{y}$,可化为关于变量 $y_1,y_2,\cdots,y_n$ 的二次型 $g(\boldsymbol{y})=\boldsymbol{y}^{\mathrm{T}}\boldsymbol{B}\boldsymbol{y}$,且

$$\boldsymbol{B}=\boldsymbol{C}^{\mathrm{T}}\boldsymbol{A}\boldsymbol{C}.$$

定义 5.3 若能利用一个可逆线性变换 $\boldsymbol{x}=\boldsymbol{C}\boldsymbol{y}$ 将二次型 $f(\boldsymbol{x})=\boldsymbol{x}^{\mathrm{T}}\boldsymbol{A}\boldsymbol{x}$ 化为二次型 $g(\boldsymbol{y})=\boldsymbol{y}^{\mathrm{T}}\boldsymbol{B}\boldsymbol{y}$,则称这两个二次型是**等价的**.

例 4 由例 3 知,二次型

$$f(x_1,x_2)=x_1^2+x_1x_2+x_2^2=(x_1,x_2)\begin{pmatrix}1&\frac{1}{2}\\\frac{1}{2}&1\end{pmatrix}\begin{pmatrix}x_1\\x_2\end{pmatrix}$$

经过可逆线性变换

$$\begin{pmatrix}x_1\\x_2\end{pmatrix}=\begin{pmatrix}1&1\\1&-1\end{pmatrix}\begin{pmatrix}y_1\\y_2\end{pmatrix}$$

可化为

$$\begin{aligned}f(x_1,x_2)&=(x_1,x_2)\begin{pmatrix}1&\frac{1}{2}\\\frac{1}{2}&1\end{pmatrix}\begin{pmatrix}x_1\\x_2\end{pmatrix}\\&=(y_1,y_2)\begin{pmatrix}1&1\\1&-1\end{pmatrix}^{\mathrm{T}}\begin{pmatrix}1&\frac{1}{2}\\\frac{1}{2}&1\end{pmatrix}\begin{pmatrix}1&1\\1&-1\end{pmatrix}\begin{pmatrix}y_1\\y_2\end{pmatrix}\\&=(y_1,y_2)\begin{pmatrix}3&0\\0&1\end{pmatrix}\begin{pmatrix}y_1\\y_2\end{pmatrix}=3y_1^2+y_2^2.\end{aligned}$$

所以,这两个二次型等价. 原二次型的矩阵为

$$A=\begin{pmatrix}1 & \frac{1}{2}\\ \frac{1}{2} & 1\end{pmatrix}$$

and the matrix of the new quadratic form is

$$B=\begin{pmatrix}3 & 0\\ 0 & 1\end{pmatrix}.$$

A, B and the matrix of invertible linear transformation,

$$C=\begin{pmatrix}1 & 1\\ 1 & -1\end{pmatrix},$$

fulfill the equation

$$B=C^{T}AC.$$

Normally, here we give the concept of congruent matrices.

Definition 5.4 Suppose A and B are both n-order matrices. We say that A is **congruent** with B, if there exists an invertible matrix C such that

$$B=C^{T}AC.$$

In Example 4, according to Definition 5.4, the matrix of the original quadratic form and the matrix of the new quadratic form are congruent. That is to say, matrices

$$A=\begin{pmatrix}1 & \frac{1}{2}\\ \frac{1}{2} & 1\end{pmatrix} \text{ and } B=\begin{pmatrix}3 & 0\\ 0 & 1\end{pmatrix}$$

are congruent.

Apparently, the matrices of the equivalent quadratic forms are congruent.

The congruent matrices have the following fundamental properties:

(1) **Reflexivity**: For any square matrix A, A is congruent with itself.

(2) **Symmetry**: If A is congruent with B, then B is congruent with A.

(3) **Transitivity**: If A is congruent with B, and B is congruent with C, then A is congruent with C.

For two congruent matrices A and B, the following conclusion is easily proved:

$$A=\begin{pmatrix}1 & \frac{1}{2}\\ \frac{1}{2} & 1\end{pmatrix},$$

新二次型的矩阵为

$$B=\begin{pmatrix}3 & 0\\ 0 & 1\end{pmatrix},$$

它们与可逆线性变换的矩阵

$$C=\begin{pmatrix}1 & 1\\ 1 & -1\end{pmatrix}$$

之间满足等式

$$B=C^{T}AC.$$

一般地,我们给出合同矩阵的概念.

定义 5.4 设 A,B 均为 n 阶矩阵. 若存在可逆矩阵 C,使得

$$B=C^{T}AC,$$

则称矩阵 A 与 B **合同**.

由定义 5.4,例 4 中原二次型的矩阵与新二次型的矩阵合同,即矩阵

$$A=\begin{pmatrix}1 & \frac{1}{2}\\ \frac{1}{2} & 1\end{pmatrix} \text{ 与 } B=\begin{pmatrix}3 & 0\\ 0 & 1\end{pmatrix}$$

合同.

显然,等价二次型的矩阵是合同的.

合同矩阵具有如下基本性质:

(1) **自反性**: 对于任意方阵 A, A 与 A 合同;

(2) **对称性**:若 A 与 B 合同,则 B 与 A 合同;

(3) **传递性**:若 A 与 B 合同,B 与 C 合同,则 A 与 C 合同.

对于两个合同矩阵,容易证明下面的结论成立:

Theorem 5.1 Matrices $\boldsymbol{A}$ and $\boldsymbol{B}$ have the same rank if $\boldsymbol{A}$ is congruent with $\boldsymbol{B}$, that is,

$$\mathrm{R}(\boldsymbol{A})=\mathrm{R}(\boldsymbol{B}).$$

定理 5.1 若矩阵 $\boldsymbol{A}$ 与 $\boldsymbol{B}$ 合同,则 $\boldsymbol{A}$ 与 $\boldsymbol{B}$ 的秩相同,即

$$\mathrm{R}(\boldsymbol{A})=\mathrm{R}(\boldsymbol{B}).$$

5.2 Standard Forms of Quadratic Forms
5.2 二次型的标准形

1. Standard Forms of Quadratic Forms

Definition 5.5 If quadratic form

$$f(\boldsymbol{x})=\boldsymbol{x}^{\mathrm{T}}\boldsymbol{A}\boldsymbol{x} \quad (\boldsymbol{x}=(x_1,x_2,\cdots,x_n)^{\mathrm{T}})$$

can be simplified into a quadratic form that only contains square term

$$d_1y_1^2+d_2y_2^2+\cdots+d_ny_n^2 \tag{5.5}$$

through invertible linear transformation

$$\boldsymbol{x}=\boldsymbol{C}\boldsymbol{y} \quad (\boldsymbol{y}=(y_1,y_2,\cdots,y_n)^{\mathrm{T}}),$$

then (5.5) is called the **standard form** of quadratic form $f(\boldsymbol{x})$.

As will be easily seen, the transformation process for transforming a quadratic form into a standard form is actually to find an invertible matrix $\boldsymbol{C}$ for known symmetrical matrix $\boldsymbol{A}$ such that $\boldsymbol{C}^{\mathrm{T}}\boldsymbol{A}\boldsymbol{C}$ is a diagonal matrix.

In Example 3 of Section 5.1, quadratic form

$$f(x_1,x_2)=x_1^2+x_1x_2+x_2^2$$

can be transformed into

$$3y_1^2+y_2^2$$

through invertible linear transformation

$$\begin{cases}x_1=y_1+y_2,\\x_2=y_1-y_2.\end{cases}$$

This is a standard form of quadratic form

$$f(x_1,x_2)=x_1^2+x_1x_2+x_2^2.$$

1. 二次型的标准形

定义 5.5 若二次型

$$f(\boldsymbol{x})=\boldsymbol{x}^{\mathrm{T}}\boldsymbol{A}\boldsymbol{x} \quad (\boldsymbol{x}=(x_1,x_2,\cdots,x_n)^{\mathrm{T}})$$

经过可逆线性变换

$$\boldsymbol{x}=\boldsymbol{C}\boldsymbol{y} \quad (\boldsymbol{y}=(y_1,y_2,\cdots,y_n)^{\mathrm{T}})$$

化为只含有平方项的二次型

$$d_1y_1^2+d_2y_2^2+\cdots+d_ny_n^2, \tag{5.5}$$

则称(5.5)式为二次型 $f(\boldsymbol{x})$ 的**标准形**.

不难看出,化二次型为标准形,实际上就是对于已知对称矩阵 $\boldsymbol{A}$,寻找可逆矩阵 $\boldsymbol{C}$,使得 $\boldsymbol{C}^{\mathrm{T}}\boldsymbol{A}\boldsymbol{C}$ 为对角矩阵.

在 5.1 节的例 3 中,二次型

$$f(x_1,x_2)=x_1^2+x_1x_2+x_2^2$$

经过可逆线性变换

$$\begin{cases}x_1=y_1+y_2,\\x_2=y_1-y_2\end{cases}$$

可化为

$$3y_1^2+y_2^2.$$

这就是二次型

$$f(x_1,x_2)=x_1^2+x_1x_2+x_2^2$$

的一个标准形.

2. Method for Transforming Quadratic Forms into Standard Forms

1) Complete Square Method

Here we introduce this method by examples.

2. 化二次型为标准形的方法

1) 配方法

我们通过例子来介绍这一方法.

Example 1 Convert quadratic form

$$f(x_1,x_2,x_3)=x_1^2+2x_1x_2+4x_2x_3+x_3^2$$

into the standard form with the complete square method, and give the corresponding invertible linear transformation.

Solution There is a term x_1^2 in the quadratic form, so we need to merge all the terms with x_1, and apply the complete square method to x_1:

$$\begin{aligned} f(x_1,x_2,x_3) &= (x_1^2+2x_1x_2)+4x_2x_3+x_3^2 \\ &= (x_1^2+2x_1x_2+x_2^2)-x_2^2+4x_2x_3+x_3^2 \\ &= (x_1+x_2)^2-x_2^2+4x_2x_3+x_3^2. \end{aligned}$$

The rest terms have x_2^2, so we need to merge all the terms with x_2, and apply the complete square method to x_2:

$$\begin{aligned} f(x_1,x_2,x_3) &= (x_1+x_2)^2-x_2^2+4x_2x_3+x_3^2 \\ &= (x_1+x_2)^2-(x_2^2-4x_2x_3)+x_3^2 \\ &= (x_1+x_2)^2-(x_2^2-4x_2x_3+4x_3^2)+5x_3^2 \\ &= (x_1+x_2)^2-(x_2-2x_3)^2+5x_3^2. \end{aligned}$$

Let

$$\begin{cases} y_1 = x_1+x_2, \\ y_2 = x_2-2x_3, \\ y_3 = x_3, \end{cases}$$

then

$$\begin{cases} x_1 = y_1-y_2-2y_3, \\ x_2 = y_2+2y_3, \\ x_3 = y_3. \end{cases}$$

Thus, through this invertible linear transformation, the original quadratic form can be converted into the standard from:

$$f(x_1,x_2,x_3)=y_1^2-y_2^2+5y_3^2.$$

例 1 利用配方法化二次型

$$f(x_1,x_2,x_3)=x_1^2+2x_1x_2+4x_2x_3+x_3^2$$

为标准形,并写出所做的可逆线性变换.

解 该二次型中含有 x_1^2,所以把含 x_1 的各项归并在一起,并对 x_1 进行配方:

$$\begin{aligned} & f(x_1,x_2,x_3) \\ &= (x_1^2+2x_1x_2)+4x_2x_3+x_3^2 \\ &= (x_1^2+2x_1x_2+x_2^2)-x_2^2+4x_2x_3+x_3^2 \\ &= (x_1+x_2)^2-x_2^2+4x_2x_3+x_3^2. \end{aligned}$$

剩余项中含有 x_2^2,所以把含 x_2 的各项归并在一起,并对 x_2 进行配方:

$$\begin{aligned} & f(x_1,x_2,x_3) \\ &= (x_1+x_2)^2-x_2^2+4x_2x_3+x_3^2 \\ &= (x_1+x_2)^2-(x_2^2-4x_2x_3)+x_3^2 \\ &= (x_1+x_2)^2-(x_2^2-4x_2x_3+4x_3^2)+5x_3^2 \\ &= (x_1+x_2)^2-(x_2-2x_3)^2+5x_3^2. \end{aligned}$$

令

$$\begin{cases} y_1 = x_1+x_2, \\ y_2 = x_2-2x_3, \\ y_3 = x_3, \end{cases}$$

则

$$\begin{cases} x_1 = y_1-y_2-2y_3, \\ x_2 = y_2+2y_3, \\ x_3 = y_3. \end{cases}$$

于是,经过该可逆线性变换,原二次型可化为标准形:

$$f(x_1,x_2,x_3)=y_1^2-y_2^2+5y_3^2.$$

Example 2 Convert quadratic form

$$f(x_1,x_2,x_3)=2x_1x_2+2x_1x_3-6x_2x_3$$

into the standard form with the complete square method, and give the corresponding invertible linear transformation.

Solution There is no square term so that we can choose an appropriate invertible linear transformation to convert it into a quadratic form with square terms. Then we can use the same method as the solution of Example 1.

例 2 利用配方法化二次型

$$f(x_1,x_2,x_3)=2x_1x_2+2x_1x_3-6x_2x_3$$

为标准形,并写出所做的可逆线性变换.

解 该二次型中没有平方项,可选择适当的可逆线性变换,将它化成含有平方项的二次型,再按照例 1 的方法将其化成标准形.

Let

$$\begin{cases} x_1 = y_1 + y_2, \\ x_2 = y_1 - y_2, \\ x_3 = y_3, \end{cases}$$

that is,

$$\boldsymbol{x} = \boldsymbol{C}_1 \boldsymbol{y},$$

where

$$\boldsymbol{C}_1 = \begin{pmatrix} 1 & 1 & 0 \\ 1 & -1 & 0 \\ 0 & 0 & 1 \end{pmatrix}, \quad \det(\boldsymbol{C}_1) = -2 \neq 0.$$

Then the original quadratic form is transformed into

$$\begin{aligned} & f(x_1, x_2, x_3) \\ &= 2(y_1+y_2)(y_1-y_2) + 2(y_1+y_2)y_3 \\ &\quad -6(y_1-y_2)y_3 \\ &= 2y_1^2 - 2y_2^2 - 4y_1y_3 + 8y_2y_3. \end{aligned}$$

There are terms y_1^2 and y_2^2 in this quadratic form. We can apply the complete square method to them and get

$$\begin{aligned} & f(x_1, x_2, x_3) \\ &= 2y_1^2 - 2y_2^2 - 4y_1y_3 + 8y_2y_3 \\ &= 2(y_1-y_3)^2 - 2(y_2-2y_3)^2 + 6y_3^2. \end{aligned}$$

Let

$$\begin{cases} z_1 = y_1 - y_3, \\ z_2 = y_2 - 2y_3, \\ z_3 = y_3, \end{cases}$$

then

$$\begin{cases} y_1 = z_1 + z_3, \\ y_2 = z_2 + 2z_3, \\ y_3 = z_3, \end{cases}$$

that is,

$$\boldsymbol{y} = \boldsymbol{C}_2 \boldsymbol{z},$$

where

$$\boldsymbol{C}_2 = \begin{pmatrix} 1 & 0 & 1 \\ 0 & 1 & 2 \\ 0 & 0 & 1 \end{pmatrix}, \quad \det(\boldsymbol{C}_2) = 1 \neq 0.$$

And we get

$$f(x_1, x_2, x_3) = 2z_1^2 - 2z_2^2 + 6z_3^2.$$

This is the standard form of the original quadratic form. The invertible linear transformation to transform the original

令

$$\begin{cases} x_1 = y_1 + y_2, \\ x_2 = y_1 - y_2, \\ x_3 = y_3, \end{cases}$$

即

$$\boldsymbol{x} = \boldsymbol{C}_1 \boldsymbol{y},$$

其中

$$\boldsymbol{C}_1 = \begin{pmatrix} 1 & 1 & 0 \\ 1 & -1 & 0 \\ 0 & 0 & 1 \end{pmatrix}, \quad \det(\boldsymbol{C}_1) = -2 \neq 0,$$

则原二次型化为

$$\begin{aligned} & f(x_1, x_2, x_3) \\ &= 2(y_1+y_2)(y_1-y_2) + 2(y_1+y_2)y_3 \\ &\quad -6(y_1-y_2)y_3 \\ &= 2y_1^2 - 2y_2^2 - 4y_1y_3 + 8y_2y_3. \end{aligned}$$

这时二次型中含有 y_1^2 和 y_2^2，对它们进行配方，得

$$\begin{aligned} & f(x_1, x_2, x_3) \\ &= 2y_1^2 - 2y_2^2 - 4y_1y_3 + 8y_2y_3 \\ &= 2(y_1-y_3)^2 - 2(y_2-2y_3)^2 + 6y_3^2. \end{aligned}$$

令

$$\begin{cases} z_1 = y_1 - y_3, \\ z_2 = y_2 - 2y_3, \\ z_3 = y_3, \end{cases}$$

则

$$\begin{cases} y_1 = z_1 + z_3, \\ y_2 = z_2 + 2z_3, \\ y_3 = z_3, \end{cases}$$

即

$$\boldsymbol{y} = \boldsymbol{C}_2 \boldsymbol{z},$$

其中

$$\boldsymbol{C}_2 = \begin{pmatrix} 1 & 0 & 1 \\ 0 & 1 & 2 \\ 0 & 0 & 1 \end{pmatrix}, \quad \det(\boldsymbol{C}_2) = 1 \neq 0,$$

得到

$$f(x_1, x_2, x_3) = 2z_1^2 - 2z_2^2 + 6z_3^2,$$

这就是原二次型的标准形. 把原二次型化为标准形所做的可逆线性变换为

quadratic form into the standard form is

$$\boldsymbol{x}=\boldsymbol{C}_1\boldsymbol{y}=\boldsymbol{C}_1(\boldsymbol{C}_2\boldsymbol{z})=(\boldsymbol{C}_1\boldsymbol{C}_2)\boldsymbol{z}=\boldsymbol{C}\boldsymbol{z},$$

where

$$\boldsymbol{C}=\boldsymbol{C}_1\boldsymbol{C}_2=\begin{pmatrix}1&1&0\\1&-1&0\\0&0&1\end{pmatrix}\begin{pmatrix}1&0&1\\0&1&2\\0&0&1\end{pmatrix}=\begin{pmatrix}1&1&3\\1&-1&-1\\0&0&1\end{pmatrix},$$

That is, the invertible linear transformation is

$$\begin{cases}x_1=z_1+z_2+3z_3,\\x_2=z_1-z_2-z_3,\\x_3=z_3.\end{cases}$$

Normally, we can prove the following result:

Theorem 5.2 Any quadratic form can be transformed into the standard form through an invertible linear transformation.

Further, it is easy to get the following theorem:

Theorem 5.3 Any real symmetric matrix is congruent with a diagonal matrix.

2) Elementary Transformation Method

Suppose quadratic form $f(\boldsymbol{x})=\boldsymbol{x}^{\mathrm{T}}\boldsymbol{A}\boldsymbol{x}$ can be transformed into standard form

$$f(\boldsymbol{x})=\boldsymbol{y}^{\mathrm{T}}\boldsymbol{B}\boldsymbol{y}$$

through invertible linear transformation $\boldsymbol{x}=\boldsymbol{C}\boldsymbol{y}$, then

$$\boldsymbol{B}=\boldsymbol{C}^{\mathrm{T}}\boldsymbol{A}\boldsymbol{C}$$

and $\boldsymbol{B}$ is a diagonal matrix. It is easily proved that $\boldsymbol{B}$ can be reached from $\boldsymbol{A}$ through pairing elementary transformations (pairing elementary transformations means if we apply an elementary row transformation to a matrix, then we need to apply a corresponding elementary column transformation simultaneously). And if we apply the same elementary column transformations to identity matrix $\boldsymbol{I}$, when $\boldsymbol{A}$ is transformed into diagonal matrix $\boldsymbol{B}$, $\boldsymbol{I}$ is transformed into matrix $\boldsymbol{C}$. Therefore, we have the following **elementary transformation method** to transform quadratic form $f(\boldsymbol{x})=\boldsymbol{x}^{\mathrm{T}}\boldsymbol{A}\boldsymbol{x}$ into the standard form:

$$\begin{pmatrix}\boldsymbol{A}\\\hline\boldsymbol{I}\end{pmatrix}\xrightarrow{\text{Pairing elementary transformations}}\begin{pmatrix}\boldsymbol{B}\\\hline\boldsymbol{C}\end{pmatrix}.$$

$$\boldsymbol{x}=\boldsymbol{C}_1\boldsymbol{y}=\boldsymbol{C}_1(\boldsymbol{C}_2\boldsymbol{z})=(\boldsymbol{C}_1\boldsymbol{C}_2)\boldsymbol{z}=\boldsymbol{C}\boldsymbol{z},$$

其中

$$\boldsymbol{C}=\boldsymbol{C}_1\boldsymbol{C}_2=\begin{pmatrix}1&1&0\\1&-1&0\\0&0&1\end{pmatrix}\begin{pmatrix}1&0&1\\0&1&2\\0&0&1\end{pmatrix}=\begin{pmatrix}1&1&3\\1&-1&-1\\0&0&1\end{pmatrix},$$

即所做的可逆线性变换为

$$\begin{cases}x_1=z_1+z_2+3z_3,\\x_2=z_1-z_2-z_3,\\x_3=z_3.\end{cases}$$

一般地,可以证明如下结论成立:

定理 5.2 任一二次型都可以通过可逆线性变换化为标准形.

进一步,容易得到下面的定理:

定理 5.3 任一实对称矩阵都与一个对角形矩阵合同.

2) 初等变换法

设二次型 $f(\boldsymbol{x})=\boldsymbol{x}^{\mathrm{T}}\boldsymbol{A}\boldsymbol{x}$ 经过可逆线性变换 $\boldsymbol{x}=\boldsymbol{C}\boldsymbol{y}$ 可化为标准形

$$f(\boldsymbol{x})=\boldsymbol{y}^{\mathrm{T}}\boldsymbol{B}\boldsymbol{y},$$

则

$$\boldsymbol{B}=\boldsymbol{C}^{\mathrm{T}}\boldsymbol{A}\boldsymbol{C},$$

且 $\boldsymbol{B}$ 为对角矩阵. 可以证明,这时 $\boldsymbol{B}$ 可由 $\boldsymbol{A}$ 经过若干成对初等变换(成对初等变换,是指若对一个矩阵施行一次初等行变换,则同时对它施行一次相应的初等列变换)得到,并且如果对单位矩阵 $\boldsymbol{I}$ 施行相同的初等列变换,那么当 $\boldsymbol{A}$ 化为对角矩阵 $\boldsymbol{B}$ 时,$\boldsymbol{I}$ 就化为矩阵 $\boldsymbol{C}$. 于是,我们有如下化二次型 $f(\boldsymbol{x})=\boldsymbol{x}^{\mathrm{T}}\boldsymbol{A}\boldsymbol{x}$ 为标准形的**初等变换法**:

$$\begin{pmatrix}\boldsymbol{A}\\\hline\boldsymbol{I}\end{pmatrix}\xrightarrow{\text{成对初等变换}}\begin{pmatrix}\boldsymbol{B}\\\hline\boldsymbol{C}\end{pmatrix},$$

其中施行成对初等变换时初等行变换只对 $\boldsymbol{A}$ 施行;$\boldsymbol{B}$ 为对角矩阵,这时 $\boldsymbol{y}^{\mathrm{T}}\boldsymbol{B}\boldsymbol{y}$ 即为 $f(\boldsymbol{x})$

When applying pairing elementary transformations, we only apply elementary row transformations to matrix $\boldsymbol{A}$. $\boldsymbol{B}$ is a diagonal matrix so that $\boldsymbol{y}^{\mathrm{T}}\boldsymbol{B}\boldsymbol{y}$ is the standard form of $f(\boldsymbol{x})$. And the corresponding invertible linear transformation is $\boldsymbol{x}=\boldsymbol{C}\boldsymbol{y}$. This is also a method to transform symmetric matrix $\boldsymbol{A}$ into its congruent diagonal matrix $\boldsymbol{B}$.

的标准形，所做的可逆线性变换为 $\boldsymbol{x}=\boldsymbol{C}\boldsymbol{y}$. 这种初等变换法也是将对称矩阵 $\boldsymbol{A}$ 化为与其合同的对角矩阵 $\boldsymbol{B}$ 的方法.

Example 3 Use the elementary transformation method to transform quadratic form

$$f(x_1,x_2,x_3)=x_1^2+2x_1x_2+4x_1x_3+2x_2x_3+3x_3^2$$

into the standard form and write the corresponding invertible linear transformation.

例 3 利用初等变换法把二次型

$$f(x_1,x_2,x_3)=x_1^2+2x_1x_2+4x_1x_3+2x_2x_3+3x_3^2$$

化成标准形，并写出所做的可逆线性变换.

Solution The matrix of the quadratic form is

$$\boldsymbol{A}=\begin{pmatrix}1&1&2\\1&0&1\\2&1&3\end{pmatrix}.$$

解 该二次型的矩阵为

$$\boldsymbol{A}=\begin{pmatrix}1&1&2\\1&0&1\\2&1&3\end{pmatrix}.$$

Construct a matrix $\left(\frac{\boldsymbol{A}}{\boldsymbol{I}}\right)$ and apply pairing elementary transformations to it:

构造矩阵 $\left(\frac{\boldsymbol{A}}{\boldsymbol{I}}\right)$，并对它施行成对的初等变换：

$$\left(\frac{\boldsymbol{A}}{\boldsymbol{I}}\right)=\begin{pmatrix}1&1&2\\1&0&1\\2&1&3\\1&0&0\\0&1&0\\0&0&1\end{pmatrix}\xrightarrow[r_3-2r_1]{r_2-r_1}\begin{pmatrix}1&1&2\\0&-1&-1\\0&-1&-1\\1&0&0\\0&1&0\\0&0&1\end{pmatrix}\xrightarrow[c_3-2c_1]{c_2-c_1}\begin{pmatrix}1&0&0\\0&-1&-1\\0&-1&-1\\1&-1&-2\\0&1&0\\0&0&1\end{pmatrix}$$

$$\xrightarrow{r_3-r_2}\begin{pmatrix}1&0&0\\0&-1&-1\\0&0&0\\1&-1&-2\\0&1&0\\0&0&1\end{pmatrix}\xrightarrow{c_3-c_2}\begin{pmatrix}1&0&0\\0&-1&0\\0&0&0\\1&-1&-1\\0&1&-1\\0&0&1\end{pmatrix}=\left(\frac{\boldsymbol{B}}{\boldsymbol{C}}\right).$$

Thus

$$\boldsymbol{B}=\boldsymbol{C}^{\mathrm{T}}\boldsymbol{A}\boldsymbol{C}=\begin{pmatrix}1&0&0\\0&-1&0\\0&0&0\end{pmatrix}.$$

于是

$$\boldsymbol{B}=\boldsymbol{C}^{\mathrm{T}}\boldsymbol{A}\boldsymbol{C}=\begin{pmatrix}1&0&0\\0&-1&0\\0&0&0\end{pmatrix}.$$

Let $\boldsymbol{x}=\boldsymbol{C}\boldsymbol{y}$, then quadratic form $f(x_1,x_2,x_3)$ is transformed into standard form

令 $\boldsymbol{x}=\boldsymbol{C}\boldsymbol{y}$，则二次型 $f(x_1,x_2,x_3)$ 化成标准形

$$y_1^2-y_2^2.$$

3) Orthogonal Transformation Method

According to Section 4.3, any real symmetric matrix $\boldsymbol{A}$ is orthogonally similar to a diagonal matrix. There always exists an orthogonal matrix $\boldsymbol{Q}$ such that

$$\boldsymbol{Q}^{-1}\boldsymbol{A}\boldsymbol{Q}=\mathrm{diag}(\lambda_1,\lambda_2,\cdots,\lambda_n)=\begin{pmatrix}\lambda_1 & 0 & \cdots & 0\\ 0 & \lambda_2 & \cdots & 0\\ \vdots & \vdots & & \vdots\\ 0 & 0 & \cdots & \lambda_n\end{pmatrix},$$

where $\lambda_1,\lambda_2,\cdots,\lambda_n$ are all the eigenvalues of $\boldsymbol{A}$. Therefore, we have the following theorem for the standardization of quadratic forms:

Theorem 5.4 For a real quadratic form

$$f(x_1,x_2,\cdots,x_n)=\boldsymbol{x}^{\mathrm{T}}\boldsymbol{A}\boldsymbol{x},$$

there always exists an orthogonal matrix $\boldsymbol{Q}$ such that the quadratic form can be transformed into standard form

$$\lambda_1y_1^2+\lambda_2y_2^2+\cdots+\lambda_ny_n^2$$

through orthogonal linear transformation $\boldsymbol{x}=\boldsymbol{Q}\boldsymbol{y}$, where $\lambda_1,\lambda_2,\cdots,\lambda_n$ are all the eigenvalues of $\boldsymbol{A}$.

In Section 4.3, we have displayed the method on creating orthogonal matrix $\boldsymbol{Q}$ to diagonalize n-order real symmetric matrix $\boldsymbol{A}$: Find n linear independent eigenvectors of matrix $\boldsymbol{A}$. Orthogonalize and unitize these eigenvectors denoted by $\boldsymbol{\beta}_1,\boldsymbol{\beta}_2,\cdots,\boldsymbol{\beta}_n$. Thus, $\boldsymbol{\beta}_1,\boldsymbol{\beta}_2,\cdots,\boldsymbol{\beta}_n$ are the column vectors of orthogonal matrix $\boldsymbol{Q}$, that is,

$$\boldsymbol{Q}=(\boldsymbol{\beta}_1,\boldsymbol{\beta}_2,\cdots,\boldsymbol{\beta}_n).$$

The orthogonal matrix is the matrix $\boldsymbol{Q}$ of the orthogonal linear transformation in Theorem 5.4. Therefore, here we display a method for transforming a quadratic form into the standard form which is called the **orthogonal transformation method.**

Example 4 Use the orthogonal transformation method to transform quadratic form

$$f(x_1,x_2,x_3)=x_1^2+x_2^2+x_3^2+2x_1x_2+2x_1x_3+2x_2x_3$$

into the standard form and write the corresponding orthogonal linear transformation.

Solution The matrix of the quadratic form is

$$y_1^2-y_2^2.$$

3）正交变换法

根据4.3节可知，任一实对称矩阵$\boldsymbol{A}$都正交相似于一个对角矩阵，即存在正交矩阵$\boldsymbol{Q}$，使得

$$\boldsymbol{Q}^{-1}\boldsymbol{A}\boldsymbol{Q}=\mathrm{diag}(\lambda_1,\lambda_2,\cdots,\lambda_n)=\begin{pmatrix}\lambda_1 & 0 & \cdots & 0\\ 0 & \lambda_2 & \cdots & 0\\ \vdots & \vdots & & \vdots\\ 0 & 0 & \cdots & \lambda_n\end{pmatrix},$$

其中$\lambda_1,\lambda_2,\cdots,\lambda_n$是$\boldsymbol{A}$的全部特征值. 于是，我们可得到如下关于二次型标准化的定理：

定理 5.4 对于任一实二次型

$$f(x_1,x_2,\cdots,x_n)=\boldsymbol{x}^{\mathrm{T}}\boldsymbol{A}\boldsymbol{x},$$

一定存在正交矩阵$\boldsymbol{Q}$，使得经过正交线性变换$\boldsymbol{x}=\boldsymbol{Q}\boldsymbol{y}$后，该二次型化为标准形

$$\lambda_1y_1^2+\lambda_2y_2^2+\cdots+\lambda_ny_n^2,$$

其中$\lambda_1,\lambda_2,\cdots,\lambda_n$是$\boldsymbol{A}$的全部特征值.

在4.3节中，我们给出了构造正交矩阵$\boldsymbol{Q}$，使n阶实对称矩阵$\boldsymbol{A}$对角化的方法：求出矩阵$\boldsymbol{A}$的n个线性无关特征向量，并将其正交化和单位化，记为$\boldsymbol{\beta}_1,\boldsymbol{\beta}_2,\cdots,\boldsymbol{\beta}_n$，则以$\boldsymbol{\beta}_1,\boldsymbol{\beta}_2,\cdots,\boldsymbol{\beta}_n$为列的矩阵就是正交矩阵$\boldsymbol{Q}$，即

$$\boldsymbol{Q}=(\boldsymbol{\beta}_1,\boldsymbol{\beta}_2,\cdots,\boldsymbol{\beta}_n).$$

这个正交矩阵也就是定理5.4中正交线性变换的矩阵$\boldsymbol{Q}$，因此这就给出了将二次型化为标准形的一种方法，称之为**正交变换法**.

例 4 利用正交线性变换，把二次型

$$f(x_1,x_2,x_3)=x_1^2+x_2^2+x_3^2+2x_1x_2+2x_1x_3+2x_2x_3$$

化为标准形，并写出所做的正交线性变换.

解 所给二次型的矩阵是

$$A=\begin{pmatrix}1&1&1\\1&1&1\\1&1&1\end{pmatrix}.$$

Since

$$\det(\lambda I-A)=\lambda^2(\lambda-3),$$

the eigenvalues of matrix A are

$$\lambda_1=\lambda_2=0,\quad \lambda_3=3.$$

For eigenvalues $\lambda_1=\lambda_2=0$, solve system of linear equations

$$(0I-A)x=0.$$

Because

$$0I-A=\begin{pmatrix}-1&-1&-1\\-1&-1&-1\\-1&-1&-1\end{pmatrix}\longrightarrow\begin{pmatrix}-1&-1&-1\\0&0&0\\0&0&0\end{pmatrix},$$

the system of equations with the same solution is given by

$$x_1=-x_2-x_3.$$

We can obtain a basic solution system of this system:

$$\xi_1=(-1,1,0)^T,\quad \xi_2=(-1,0,1)^T.$$

Orthogonalizing p_1,p_2, we get

$$\alpha_1=\xi_1=(-1,1,0)^T,$$

$$\alpha_2=\xi_2-\frac{\langle\xi_2,\alpha_1\rangle}{\langle\alpha_1,\alpha_1\rangle}\alpha_1=\left(-\frac{1}{2},-\frac{1}{2},1\right)^T.$$

And applying unitization operation to α_1,α_2, we obtain

$$\beta_1=\left(-\frac{\sqrt{2}}{2},\frac{\sqrt{2}}{2},0\right)^T,$$

$$\beta_2=\left(-\frac{\sqrt{6}}{6},-\frac{\sqrt{6}}{6},\frac{\sqrt{6}}{3}\right)^T,$$

For eigenvalue $\lambda_3=3$, solve system of linear equations

$$(3I-A)x=0.$$

Because

$$3I-A=\begin{pmatrix}2&-1&-1\\-1&2&-1\\-1&-1&2\end{pmatrix}\longrightarrow\begin{pmatrix}1&0&-1\\0&1&-1\\0&0&0\end{pmatrix},$$

the system of equations with the same solution is given by

$$A=\begin{pmatrix}1&1&1\\1&1&1\\1&1&1\end{pmatrix}.$$

因为

$$\det(\lambda I-A)=\lambda^2(\lambda-3),$$

所以 A 的特征值为

$$\lambda_1=\lambda_2=0,\quad \lambda_3=3.$$

对于特征值 $\lambda_1=\lambda_2=0$,求解线性方程组

$$(0I-A)x=0.$$

由于

$$0I-A=\begin{pmatrix}-1&-1&-1\\-1&-1&-1\\-1&-1&-1\end{pmatrix}\longrightarrow\begin{pmatrix}-1&-1&-1\\0&0&0\\0&0&0\end{pmatrix},$$

所以同解方程组为

$$x_1=-x_2-x_3.$$

求得它的一个基础解系

$$\xi_1=(-1,1,0)^T,\quad \xi_2=(-1,0,1)^T.$$

将 p_1,p_2 正交化,得

$$\alpha_1=\xi_1=(-1,1,0)^T,$$

$$\alpha_2=\xi_2-\frac{\langle\xi_2,\alpha_1\rangle}{\langle\alpha_1,\alpha_1\rangle}\alpha_1=\left(-\frac{1}{2},-\frac{1}{2},1\right)^T.$$

再将 α_1,α_2 单位化,得

$$\beta_1=\left(-\frac{\sqrt{2}}{2},\frac{\sqrt{2}}{2},0\right)^T,$$

$$\beta_2=\left(-\frac{\sqrt{6}}{6},-\frac{\sqrt{6}}{6},\frac{\sqrt{6}}{3}\right)^T,$$

对于特征值 $\lambda_3=3$,求解线性方程组

$$(3I-A)x=0.$$

由于

$$3I-A=\begin{pmatrix}2&-1&-1\\-1&2&-1\\-1&-1&2\end{pmatrix}\longrightarrow\begin{pmatrix}1&0&-1\\0&1&-1\\0&0&0\end{pmatrix},$$

所以同解方程组为

$$\begin{cases} x_1 = x_3, \\ x_2 = x_3. \end{cases}$$

We can find a basic solution system of this system:

$$\boldsymbol{\xi}_3 = (1,1,1)^{\mathrm{T}}.$$

Applying unitization operation to $\boldsymbol{\xi}_3$, we get

$$\boldsymbol{\beta}_3 = \left(\frac{\sqrt{3}}{3}, \frac{\sqrt{3}}{3}, \frac{\sqrt{3}}{3}\right)^{\mathrm{T}}.$$

Take

$$\boldsymbol{Q} = (\boldsymbol{\beta}_1, \boldsymbol{\beta}_2, \boldsymbol{\beta}_3) = \begin{pmatrix} -\frac{\sqrt{2}}{2} & -\frac{\sqrt{6}}{6} & \frac{\sqrt{3}}{3} \\ \frac{\sqrt{2}}{2} & -\frac{\sqrt{6}}{6} & \frac{\sqrt{3}}{3} \\ 0 & \frac{\sqrt{6}}{3} & \frac{\sqrt{3}}{3} \end{pmatrix},$$

then, $\boldsymbol{Q}$ is an orthogonal matrix and quadratic form $f(x_1, x_2, x_3)$ is transformed into standard form

$$f(x_1, x_2, x_3) = 3y_3^2$$

through orthogonal linear transformation

$$\boldsymbol{x} = \boldsymbol{Q}\boldsymbol{y}.$$

$$\begin{cases} x_1 = x_3, \\ x_2 = x_3. \end{cases}$$

求得它的一个基础解系

$$\boldsymbol{\xi}_3 = (1,1,1)^{\mathrm{T}}.$$

将它单位化,得

$$\boldsymbol{\beta}_3 = \left(\frac{\sqrt{3}}{3}, \frac{\sqrt{3}}{3}, \frac{\sqrt{3}}{3}\right)^{\mathrm{T}}.$$

取

$$\boldsymbol{Q} = (\boldsymbol{\beta}_1, \boldsymbol{\beta}_2, \boldsymbol{\beta}_3) = \begin{pmatrix} -\frac{\sqrt{2}}{2} & -\frac{\sqrt{6}}{6} & \frac{\sqrt{3}}{3} \\ \frac{\sqrt{2}}{2} & -\frac{\sqrt{6}}{6} & \frac{\sqrt{3}}{3} \\ 0 & \frac{\sqrt{6}}{3} & \frac{\sqrt{3}}{3} \end{pmatrix},$$

则 $\boldsymbol{Q}$ 为正交矩阵,且二次型 $f(x_1, x_2, x_3)$ 在正交线性变换

$$\boldsymbol{x} = \boldsymbol{Q}\boldsymbol{y}$$

下化二次型为

$$f(x_1, x_2, x_3) = 3y_3^2.$$

3. Canonical Forms of Quadratic Forms

Generally, we can choose different invertible linear transformations to transform a quadratic form into the standard form which might correspond to different standard forms respectively. That is to say, the standard form of a quadratic form is not unique.

For example, quadratic form

$$f(x_1, x_2, x_3) = x_1^2 + 2x_1x_2 + 4x_2x_3 + x_3^2$$

can be transformed into standard form

$$f(x_1, x_2, x_3) = y_1^2 - y_2^2 + 5y_3^2$$

through invertible linear transformation

$$\begin{cases} x_1 = y_1 - y_2 - 2y_3, \\ x_2 = \quad\quad y_2 + 2y_3, \\ x_3 = \quad\quad\quad\quad y_3. \end{cases}$$

However, if we apply invertible linear transformation

3. 二次型的规范形

一般地,我们可以选择不同的可逆线性变换把二次型化为标准形,其对应的标准形也不一定相同,即二次型的标准形并不是唯一的.

例如,二次型

$$f(x_1, x_2, x_3) = x_1^2 + 2x_1x_2 + 4x_2x_3 + x_3^2$$

经过可逆线性变换

$$\begin{cases} x_1 = y_1 - y_2 - 2y_3, \\ x_2 = \quad\quad y_2 + 2y_3, \\ x_3 = \quad\quad\quad\quad y_3 \end{cases}$$

可化为标准形

$$f(x_1, x_2, x_3) = y_1^2 - y_2^2 + 5y_3^2.$$

而如果做可逆线性变换

$$\begin{cases} x_1 = 2y_1 - y_2 - \dfrac{2}{\sqrt{5}}y_3, \\ x_2 = \quad\quad y_2 + \dfrac{2}{\sqrt{5}}y_3, \\ x_3 = \quad\quad\quad\quad \dfrac{1}{\sqrt{5}}y_3, \end{cases}$$

we get a standard form

$$f(x_1,x_2,x_3)=4y_1^2-y_2^2+y_3^2.$$

So, do standard forms of the same quadratic form have something in common? If we take further observations of the above example, we will find out that the two standard forms have the same number of positive square terms and negative square terms. Generally, we introduce the concept of canonical forms.

Definition 5.6 If quadratic form

$$f(x_1,x_2,\cdots,x_n)=\boldsymbol{x}^{\mathrm{T}}\boldsymbol{A}\boldsymbol{x}$$

can be transformed into the following standard form through an invertible linear transformation:

$$y_1^2+y_2^2+\cdots+y_p^2-y_{p+1}^2-\cdots-y_r^2, \qquad (5.6)$$

then (5.6) is called the **canonical form** of the quadratic form.

Theorem 5.5 (Law of inertia) Any real quadratic form

$$f(x_1,x_2,\cdots,x_n)=\boldsymbol{x}^{\mathrm{T}}\boldsymbol{A}\boldsymbol{x}$$

can be transformed into canonical form

$$y_1^2+y_2^2+\cdots+y_p^2-y_{p+1}^2-\cdots-y_r^2$$

by an invertible linear transformation, and the canonical form is unique, where r is the rank of the quadratic form.

Usually, in canonical form (5.6), the number of positive square terms p is called the **positive inertia index** while the number of negative square terms $r-p$ is called the **negative inertia index**. The number of positive terms minus the number of negative terms, $p-(r-p)=2p-r$, is called the **signature** of the quadratic form.

From Theorem 5.5, the following conclusion is easily drawn:

Theorem 5.6 Any n-order real symmetric matrix $\boldsymbol{A}$ is congruent to n-order diagonal matrix

$$\begin{cases} x_1 = 2y_1 - y_2 - \dfrac{2}{\sqrt{5}}y_3, \\ x_2 = \quad\quad y_2 + \dfrac{2}{\sqrt{5}}y_3, \\ x_3 = \quad\quad\quad\quad \dfrac{1}{\sqrt{5}}y_3, \end{cases}$$

可得标准形

$$f(x_1,x_2,x_3)=4y_1^2-y_2^2+y_3^2.$$

那么,同一个二次型的标准形是否有共同之处呢? 进一步观察上面的例子会发现,这两个标准形所含有的正、负平方项的项数是对应相同的. 一般地,我们引入规范形的概念.

定义 5.6 若二次型

$$f(x_1,x_2,\cdots,x_n)=\boldsymbol{x}^{\mathrm{T}}\boldsymbol{A}\boldsymbol{x}$$

经过可逆线性变换化为如下标准形:

$$y_1^2+y_2^2+\cdots+y_p^2-y_{p+1}^2-\cdots-y_r^2, \qquad (5.6)$$

则称(5.6)式为该二次型的**规范形**.

定理 5.5(惯性律) 任一实二次型

$$f(x_1,x_2,\cdots,x_n)=\boldsymbol{x}^{\mathrm{T}}\boldsymbol{A}\boldsymbol{x}$$

都可以经可逆线性变换化为规范形

$$y_1^2+y_2^2+\cdots+y_p^2-y_{p+1}^2-\cdots-y_r^2,$$

且规范形是唯一的,其中 r 为该二次型的秩.

在规范形(5.6)中,通常称正平方项的项数 p 为该二次型的**正惯性指数**,称负平方项的项数 $r-p$ 为该二次型的**负惯性指数**,称正惯性指数与负惯性指数的差 $p-(r-p)=2p-r$ 为该二次型的**符号差**.

由定理 5.5 容易得到下面的结论:

定理 5.6 任一 n 阶实对称矩阵 $\boldsymbol{A}$ 都合同于 n 阶对角矩阵

$$\operatorname{diag}(\underbrace{1,\cdots,1}_{p},\underbrace{-1,\cdots,-1}_{r-p},\underbrace{0,\cdots,0}_{n-r})=\begin{pmatrix}\boldsymbol{I}_p & \boldsymbol{0} & \boldsymbol{0}\\ \boldsymbol{0} & -\boldsymbol{I}_{r-p} & \boldsymbol{0}\\ \boldsymbol{0} & \boldsymbol{0} & \boldsymbol{0}\end{pmatrix},$$

where $r=\mathrm{R}(\boldsymbol{A})$, and p is the positive inertia index of quadratic form $\boldsymbol{x}^{\mathrm{T}}\boldsymbol{A}\boldsymbol{x}$.

Example 5 Transform quadratic form

$$f(x_1,x_2,x_3)=x_1^2+2x_1x_2+4x_2x_3+x_3^2$$

into the canonical form and write the corresponding invertible linear transformation.

Solution According to Example 1, the quadratic form can be transformed into standard form

$$f(x_1,x_2,x_3)=y_1^2-y_2^2+5y_3^2$$

by invertible linear transformation

$$\begin{cases}x_1=y_1-y_2-2y_3\\ x_2=\qquad y_2+2y_3\\ x_3=\qquad\qquad y_3,\end{cases}$$

that is, $\boldsymbol{x}=\boldsymbol{C}_1\boldsymbol{y}$, where

$$\boldsymbol{C}_1=\begin{pmatrix}1 & -1 & -2\\ 0 & 1 & 2\\ 0 & 0 & 1\end{pmatrix}.$$

Let

$$\begin{cases}y_1=z_1,\\ y_2=z_3,\\ y_3=\dfrac{\sqrt{5}}{5}z_2,\end{cases}$$

that is, $\boldsymbol{y}=\boldsymbol{C}_2\boldsymbol{z}$, where

$$\boldsymbol{C}_2=\begin{pmatrix}1 & 0 & 0\\ 0 & 0 & 1\\ 0 & \dfrac{\sqrt{5}}{5} & 0\end{pmatrix},$$

then the original quadratic form can be transformed into canonical form

$$f(x_1,x_2,x_3)=z_1^2+z_2^2-z_3^2.$$

Thus, the linear transformation used from variables x_1,x_2,x_3 to variables z_1,z_2,z_3 is

$$\boldsymbol{x}=\boldsymbol{C}_1\boldsymbol{y}=\boldsymbol{C}_1(\boldsymbol{C}_2\boldsymbol{z})=(\boldsymbol{C}_1\boldsymbol{C}_2)\boldsymbol{z}=\boldsymbol{C}\boldsymbol{z},$$

$$\operatorname{diag}(\underbrace{1,\cdots,1}_{p\text{个}},\underbrace{-1,\cdots,-1}_{r-p\text{个}},\underbrace{0,\cdots,0}_{n-r\text{个}})=\begin{pmatrix}\boldsymbol{I}_p & \boldsymbol{0} & \boldsymbol{0}\\ \boldsymbol{0} & -\boldsymbol{I}_{r-p} & \boldsymbol{0}\\ \boldsymbol{0} & \boldsymbol{0} & \boldsymbol{0}\end{pmatrix},$$

其中 $r=\mathrm{R}(\boldsymbol{A})$，$p$ 是二次型 $\boldsymbol{x}^{\mathrm{T}}\boldsymbol{A}\boldsymbol{x}$ 的正惯性指数.

例 5 将二次型

$$f(x_1,x_2,x_3)=x_1^2+2x_1x_2+4x_2x_3+x_3^2$$

化为规范形，并写出所做的可逆线性变换.

解 由例 1 可知，该二次型经过可逆线性变换

$$\begin{cases}x_1=y_1-y_2-2y_3\\ x_2=\qquad y_2+2y_3\\ x_3=\qquad\qquad y_3,\end{cases}$$

即 $\boldsymbol{x}=\boldsymbol{C}_1\boldsymbol{y}$，其中

$$\boldsymbol{C}_1=\begin{pmatrix}1 & -1 & -2\\ 0 & 1 & 2\\ 0 & 0 & 1\end{pmatrix},$$

可化为标准形

$$f(x_1,x_2,x_3)=y_1^2-y_2^2+5y_3^2.$$

令

$$\begin{cases}y_1=z_1,\\ y_2=z_3,\\ y_3=\dfrac{\sqrt{5}}{5}z_2,\end{cases}$$

即 $\boldsymbol{y}=\boldsymbol{C}_2\boldsymbol{z}$，其中

$$\boldsymbol{C}_2=\begin{pmatrix}1 & 0 & 0\\ 0 & 0 & 1\\ 0 & \dfrac{\sqrt{5}}{5} & 0\end{pmatrix},$$

则原二次型可化为规范形

$$f(x_1,x_2,x_3)=z_1^2+z_2^2-z_3^2.$$

于是，从变量 x_1,x_2,x_3 到变量 z_1,z_2,z_3 的线性变换为

$$\boldsymbol{x}=\boldsymbol{C}_1\boldsymbol{y}=\boldsymbol{C}_1(\boldsymbol{C}_2\boldsymbol{z})=(\boldsymbol{C}_1\boldsymbol{C}_2)\boldsymbol{z}=\boldsymbol{C}\boldsymbol{z},$$

where

$$\boldsymbol{C}=\boldsymbol{C}_1\boldsymbol{C}_2=\begin{pmatrix}1&-1&-2\\0&1&2\\0&0&1\end{pmatrix}\begin{pmatrix}1&0&0\\0&0&1\\0&\frac{\sqrt{5}}{5}&0\end{pmatrix}=\begin{pmatrix}1&-\frac{2\sqrt{5}}{5}&-1\\0&\frac{2\sqrt{5}}{5}&1\\0&\frac{\sqrt{5}}{5}&0\end{pmatrix}.$$

Therefore, the invertible linear transformation that is used for transforming the original quadratic form into the canonical form is:

$$\begin{cases}x_1=z_1-\frac{2\sqrt{5}}{5}z_2-z_3,\\x_2=\frac{2\sqrt{5}}{5}z_2+z_3,\\x_3=\frac{\sqrt{5}}{5}z_2.\end{cases}$$

At the end of this section, we display the following two useful theorem:

Theorem 5.7 The necessary and sufficient condition for the equivalence of two n-variable real quadratic forms is that they have the same rank and the positive inertia index.

Theorem 5.8 The necessary and sufficient condition for the congruence of two n-order real symmetric matrices $\boldsymbol{A}$ and $\boldsymbol{B}$ is that they have the same rank and quadratic forms $\boldsymbol{x}^{\mathrm{T}}\boldsymbol{A}\boldsymbol{x}$ and $\boldsymbol{x}^{\mathrm{T}}\boldsymbol{B}\boldsymbol{x}$ have the same positive inertia index.

其中

$$\boldsymbol{C}=\boldsymbol{C}_1\boldsymbol{C}_2=\begin{pmatrix}1&-1&-2\\0&1&2\\0&0&1\end{pmatrix}\begin{pmatrix}1&0&0\\0&0&1\\0&\frac{\sqrt{5}}{5}&0\end{pmatrix}=\begin{pmatrix}1&-\frac{2\sqrt{5}}{5}&-1\\0&\frac{2\sqrt{5}}{5}&1\\0&\frac{\sqrt{5}}{5}&0\end{pmatrix}.$$

因此,把原二次型化为规范形所做的可逆线性变换为

$$\begin{cases}x_1=z_1-\frac{2\sqrt{5}}{5}z_2-z_3,\\x_2=\frac{2\sqrt{5}}{5}z_2+z_3,\\x_3=\frac{\sqrt{5}}{5}z_2.\end{cases}$$

本节最后,我们给出下面两个有用的定理:

定理 5.7 两个 n 元实二次型等价的充要条件是它们具有相同的秩和正惯性指数.

定理 5.8 两个 n 阶实对称矩阵 $\boldsymbol{A}$,$\boldsymbol{B}$ 相合的充要条件是它们具有相同的秩,且二次型 $\boldsymbol{x}^{\mathrm{T}}\boldsymbol{A}\boldsymbol{x}$ 和 $\boldsymbol{x}^{\mathrm{T}}\boldsymbol{B}\boldsymbol{x}$ 具有相同的正惯性指数.

5.3 Positive Definite Quadratic Forms
5.3 正定二次型

1. Concept of Positive Definite Quadratic Forms

Definition 5.7 Suppose an n-variable quadratic form

1. 正定二次型的概念

定义 5.7 设 n 元二次型

$$f(x_1,x_2,\cdots,x_n)=f(\boldsymbol{x})=\boldsymbol{x}^{\mathrm{T}}\boldsymbol{A}\boldsymbol{x}.$$

For arbitrary n real numbers $c_1,c_2,\cdots,c_n$ that are not all zeros, if

$$f(c_1,c_2,\cdots,c_n)>0,$$

then the quadratic form is called a **positive definite quadratic form.** The matrix of such quadratic form $\boldsymbol{A}$ is called a **positive definite matrix.**

For example, quadratic form

$$f(x_1,x_2,x_3)=2x_1^2+x_2^2+4x_2^2$$

is a positive definite quadratic form, but quadratic forms

$$f(x_1,x_2,x_3)=2x_1^2+x_2^2-4x_2^2$$

and

$$f(x_1,x_2,x_3)=2x_1^2-x_2^2$$

are not.

$$f(x_1,x_2,\cdots,x_n)=f(\boldsymbol{x})=\boldsymbol{x}^{\mathrm{T}}\boldsymbol{A}\boldsymbol{x}.$$

若对于任意 n 个不全为零的实数 $c_1,c_2,\cdots,c_n$，都有

$$f(c_1,c_2,\cdots,c_n)>0,$$

则称该二次型为**正定二次型**，并称该二次型的矩阵 $\boldsymbol{A}$ 为**正定矩阵**.

例如，二次型

$$f(x_1,x_2,x_3)=2x_1^2+x_2^2+4x_2^2$$

是正定二次型，而二次型

$$f(x_1,x_2,x_3)=2x_1^2+x_2^2-4x_2^2$$

和

$$f(x_1,x_2,x_3)=2x_1^2-x_2^2$$

都不是正定二次型.

2. Decision of Positive Definite Quadratic Forms

Theorem 5.9 Invertible linear transformations do not change the positive definiteness of quadratic forms. That is to say, equivalent quadratic forms have the same positive definiteness.

According to Theorem 5.9, we can determine the positive definiteness of a quadratic form by transforming it into a standard form or canonical form. Further, we can come to the conclusion on decision of the definiteness of quadratic forms:

Theorem 5.10 The positive inertia index being equal to n is the necessary and sufficient condition for the positive definiteness of n-variable quadratic form

$$f(x_1,x_2,\cdots,x_n)=f(\boldsymbol{x})=\boldsymbol{x}^{\mathrm{T}}\boldsymbol{A}\boldsymbol{x}.$$

Theorem 5.11 The necessary and sufficient condition for the positive definiteness of n-variable quadratic form

$$f(x_1,x_2,\cdots,x_n)=f(\boldsymbol{x})=\boldsymbol{x}^{\mathrm{T}}\boldsymbol{A}\boldsymbol{x}$$

is that its canonical form is

$$y_1^2+y_2^2+\cdots+y_n^2,$$

or its standard form is

$$d_1y_1^2+d_2y_2^2+\cdots+d_ny_n^2,$$

where $d_1,d_2,\cdots,d_n$ are all positive numbers:

The following corollaries are obvious:

2. 正定二次型的判定

定理 5.9 可逆线性变换不改变二次型的正定性，即等价的二次型具有相同的正定性.

由定理 5.9 可知，我们可以把二次型化为标准形或规范形来判断其正定性. 进一步，我们可以得到下面判定二次型正定性的结论：

定理 5.10 n 元二次型

$$f(x_1,x_2,\cdots,x_n)=f(\boldsymbol{x})=\boldsymbol{x}^{\mathrm{T}}\boldsymbol{A}\boldsymbol{x}$$

正定的充要条件是它的正惯性指数为 n.

定理 5.11 n 元二次型

$$f(x_1,x_2,\cdots,x_n)=f(\boldsymbol{x})=\boldsymbol{x}^{\mathrm{T}}\boldsymbol{A}\boldsymbol{x}$$

正定的充要条件是它的规范形为

$$y_1^2+y_2^2+\cdots+y_n^2,$$

或者它的标准形为

$$d_1y_1^2+d_2y_2^2+\cdots+d_ny_n^2,$$

其中 $d_1,d_2,\cdots,d_n$ 都是正数.

下列推论是显然的：

Corollary 1 The necessary and sufficient condition for n-order real symmetric matrix $\boldsymbol{A}$ being positive definite is that identity matrix $\boldsymbol{I}$ and $\boldsymbol{A}$ are congruent. That is to say, there exists a real invertible matrix $\boldsymbol{C}$ such that

$$\boldsymbol{A}=\boldsymbol{C}^{\mathrm{T}}\boldsymbol{C}.$$

Corollary 2 The necessary and sufficient condition for n-order real symmetric matrix $\boldsymbol{A}$ being positive definite is that $\boldsymbol{A}$ is congruent to a diagonal matrix, which looks like

$$\operatorname{diag}(d_1,d_2,\cdots,d_n)=\begin{pmatrix} d_1 & 0 & \cdots & 0 \\ 0 & d_2 & \cdots & 0 \\ \vdots & \vdots & & \vdots \\ 0 & 0 & \cdots & d_n \end{pmatrix},$$

where $d_1,d_2,\cdots,d_n$ are all positive numbers.

Corollary 3 The necessary and sufficient condition for n-order real symmetric matrix $\boldsymbol{A}$ being positive definite is that all the eigenvalues of matrix $\boldsymbol{A}$ are positive.

Example 1 Suppose $\boldsymbol{A}$ and $\boldsymbol{B}$ are both n-order positive definite matrices. Prove $\boldsymbol{A}+\boldsymbol{B}$ is a positive definite matrix.

Proof From the title, $\boldsymbol{C}=\boldsymbol{A}+\boldsymbol{B}$ is a real symmetric matrix. For any n-dimensional non-zero column vector $\boldsymbol{x}$,

$$\boldsymbol{x}^{\mathrm{T}}\boldsymbol{C}\boldsymbol{x}=\boldsymbol{x}^{\mathrm{T}}(\boldsymbol{A}+\boldsymbol{B})\boldsymbol{x}=\boldsymbol{x}^{\mathrm{T}}\boldsymbol{A}\boldsymbol{x}+\boldsymbol{x}^{\mathrm{T}}\boldsymbol{B}\boldsymbol{x}.$$

Because $\boldsymbol{A}$ and $\boldsymbol{B}$ are both n-order positive definite matrices,

$$\boldsymbol{x}^{\mathrm{T}}\boldsymbol{A}\boldsymbol{x}>0,\quad \boldsymbol{x}^{\mathrm{T}}\boldsymbol{B}\boldsymbol{x}>0.$$

Hence

$$\boldsymbol{x}^{\mathrm{T}}\boldsymbol{C}\boldsymbol{x}=\boldsymbol{x}^{\mathrm{T}}(\boldsymbol{A}+\boldsymbol{B})\boldsymbol{x}>0.$$

This shows $\boldsymbol{C}=\boldsymbol{A}+\boldsymbol{B}$ is a positive definite matrix.

Example 2 Suppose $\boldsymbol{A}$ is a positive definite matrix and k is a positive number. Prove $k\boldsymbol{A}$ is a positive definite matrix.

Proof Since $\boldsymbol{A}$ is a positive definite matrix, there exists a real invertible matrix $\boldsymbol{C}$ such that

$$\boldsymbol{A}=\boldsymbol{C}^{\mathrm{T}}\boldsymbol{C}.$$

And k is a positive number so that

$$k\boldsymbol{A}=k(\boldsymbol{C}^{\mathrm{T}}\boldsymbol{C})=(\sqrt{k}\boldsymbol{C})^{\mathrm{T}}(\sqrt{k}\boldsymbol{C}),$$

where $\sqrt{k}\boldsymbol{C}$ is a real invertible matrix. So, $k\boldsymbol{A}$ is a positive definite matrix.

In the end, we introduce a method for determining the positive definiteness of quadratic forms by determinants.

推论1 n 阶实对称矩阵 $\boldsymbol{A}$ 正定的充要条件是 $\boldsymbol{A}$ 与单位矩阵 $\boldsymbol{I}$ 相合，即存在实可逆矩阵 $\boldsymbol{C}$，使得

$$\boldsymbol{A}=\boldsymbol{C}^{\mathrm{T}}\boldsymbol{C}.$$

推论2 n 阶实对称矩阵 $\boldsymbol{A}$ 正定的充要条件是 $\boldsymbol{A}$ 合同于形如

$$\operatorname{diag}(d_1,d_2,\cdots,d_n)=\begin{pmatrix} d_1 & 0 & \cdots & 0 \\ 0 & d_2 & \cdots & 0 \\ \vdots & \vdots & & \vdots \\ 0 & 0 & \cdots & d_n \end{pmatrix}$$

的对角矩阵，其中 $d_1,d_2,\cdots,d_n$ 都是正数.

推论3 n 阶实对称矩阵 $\boldsymbol{A}$ 正定的充要条件是 $\boldsymbol{A}$ 的全部特征值都是正数.

例1 设 $\boldsymbol{A},\boldsymbol{B}$ 都是 n 阶正定矩阵，证明：$\boldsymbol{A}+\boldsymbol{B}$ 是正定矩阵.

证明 由题设，$\boldsymbol{C}=\boldsymbol{A}+\boldsymbol{B}$ 是实对称矩阵. 对于任意 n 维非零列向量 $\boldsymbol{x}$，有

$$\boldsymbol{x}^{\mathrm{T}}\boldsymbol{C}\boldsymbol{x}=\boldsymbol{x}^{\mathrm{T}}(\boldsymbol{A}+\boldsymbol{B})\boldsymbol{x}=\boldsymbol{x}^{\mathrm{T}}\boldsymbol{A}\boldsymbol{x}+\boldsymbol{x}^{\mathrm{T}}\boldsymbol{B}\boldsymbol{x}.$$

由于 $\boldsymbol{A},\boldsymbol{B}$ 都是 n 阶正定矩阵，故

$$\boldsymbol{x}^{\mathrm{T}}\boldsymbol{A}\boldsymbol{x}>0,\quad \boldsymbol{x}^{\mathrm{T}}\boldsymbol{B}\boldsymbol{x}>0.$$

因此

$$\boldsymbol{x}^{\mathrm{T}}\boldsymbol{C}\boldsymbol{x}=\boldsymbol{x}^{\mathrm{T}}(\boldsymbol{A}+\boldsymbol{B})\boldsymbol{x}>0.$$

这表明，$\boldsymbol{C}=\boldsymbol{A}+\boldsymbol{B}$ 是正定矩阵.

例2 设 $\boldsymbol{A}$ 是正定矩阵，k 是正数，证明：$k\boldsymbol{A}$ 是正定矩阵.

证明 由于 $\boldsymbol{A}$ 是正定矩阵，故存在实可逆矩阵 $\boldsymbol{C}$，使得

$$\boldsymbol{A}=\boldsymbol{C}^{\mathrm{T}}\boldsymbol{C}.$$

又 k 是一个正数，故

$$k\boldsymbol{A}=k(\boldsymbol{C}^{\mathrm{T}}\boldsymbol{C})=(\sqrt{k}\boldsymbol{C})^{\mathrm{T}}(\sqrt{k}\boldsymbol{C}),$$

其中 $\sqrt{k}\boldsymbol{C}$ 是实可逆矩阵. 所以，$k\boldsymbol{A}$ 是正定矩阵.

最后，我们介绍一种用行列式来判定二次型正定性的方法. 为此，先引入顺序主子

For doing this, we first introduce the concept of sequential principal minors.

式的概念.

Definition 5.8 Suppose $\boldsymbol{A}=(a_{ij})$ is an n-order matrix. The first k rows and k columns form a k-order determinant

$$P_k=\begin{vmatrix} a_{11} & a_{12} & \cdots & a_{1k} \\ a_{21} & a_{22} & \cdots & a_{2k} \\ \vdots & \vdots & & \vdots \\ a_{k1} & a_{k2} & \cdots & a_{kk} \end{vmatrix} \quad (k=1,2,\cdots,n).$$

This is called the **k-order sequential principal minor** of matrix $\boldsymbol{A}$.

For example, suppose a matrix

$$\boldsymbol{A}=\begin{pmatrix} 1 & 2 & 3 \\ 4 & 5 & 6 \\ 7 & 8 & 9 \end{pmatrix},$$

then the different orders of sequential principal minors of matrix $\boldsymbol{A}$ are

$$P_1=|1|=1,\quad P_2=\begin{vmatrix} 1 & 2 \\ 4 & 5 \end{vmatrix}=-3,$$

$$P_3=\det(\boldsymbol{A})=\begin{vmatrix} 1 & 2 & 3 \\ 4 & 5 & 6 \\ 7 & 8 & 9 \end{vmatrix}=0.$$

定义 5.8 设 $\boldsymbol{A}=(a_{ij})$ 为 n 阶矩阵，称由 $\boldsymbol{A}$ 的前 k 行和前 k 列元素构成的 k 阶行列式

$$P_k=\begin{vmatrix} a_{11} & a_{12} & \cdots & a_{1k} \\ a_{21} & a_{22} & \cdots & a_{2k} \\ \vdots & \vdots & & \vdots \\ a_{k1} & a_{k2} & \cdots & a_{kk} \end{vmatrix} \quad (k=1,2,\cdots,n)$$

为矩阵 $\boldsymbol{A}$ 的 k **阶顺序主子式**.

例如，设矩阵

$$\boldsymbol{A}=\begin{pmatrix} 1 & 2 & 3 \\ 4 & 5 & 6 \\ 7 & 8 & 9 \end{pmatrix},$$

则 $\boldsymbol{A}$ 的各阶顺序主子式为

$$P_1=|1|=1,\quad P_2=\begin{vmatrix} 1 & 2 \\ 4 & 5 \end{vmatrix}=-3,$$

$$P_3=\det(\boldsymbol{A})=\begin{vmatrix} 1 & 2 & 3 \\ 4 & 5 & 6 \\ 7 & 8 & 9 \end{vmatrix}=0.$$

Theorem 5.12 The necessary and sufficient condition for real symmetric matrix $\boldsymbol{A}$ being positive definite is that all sequential principal minors of $\boldsymbol{A}$ are positive.

定理 5.12 实对称矩阵 $\boldsymbol{A}$ 正定的充要条件是 $\boldsymbol{A}$ 的全部顺序主子式大于零.

Example 3 Determine the positive definiteness of quadratic form

$$f(x_1,x_2,x_3)=5x_1^2+x_2^2+4x_1x_2+2x_3^2.$$

Solution The matrix of the quadratic form is

$$\boldsymbol{A}=\begin{pmatrix} 5 & 2 & 0 \\ 2 & 1 & 0 \\ 0 & 0 & 2 \end{pmatrix}.$$

The different orders of sequential principal minors of $\boldsymbol{A}$ are

$$P_1=|5|=5>0,\quad P_2=\begin{vmatrix} 5 & 2 \\ 2 & 1 \end{vmatrix}=1>0,$$

$$P_3=\det(\boldsymbol{A})=\begin{vmatrix} 5 & 2 & 0 \\ 2 & 1 & 0 \\ 0 & 0 & 2 \end{vmatrix}=2>0.$$

According to Theorem 5.12, $\boldsymbol{A}$ is positive definite. Thus,

例 3 判断二次型

$$f(x_1,x_2,x_3)=5x_1^2+x_2^2+4x_1x_2+2x_3^2$$

的正定性.

解 该二次型的矩阵为

$$\boldsymbol{A}=\begin{pmatrix} 5 & 2 & 0 \\ 2 & 1 & 0 \\ 0 & 0 & 2 \end{pmatrix},$$

其各阶顺序主子式为

$$P_1=|5|=5>0,\quad P_2=\begin{vmatrix} 5 & 2 \\ 2 & 1 \end{vmatrix}=1>0,$$

$$P_3=\det(\boldsymbol{A})=\begin{vmatrix} 5 & 2 & 0 \\ 2 & 1 & 0 \\ 0 & 0 & 2 \end{vmatrix}=2>0.$$

根据定理 5.12，可知 $\boldsymbol{A}$ 正定，于是该二次型

the quadratic form is positive definite.

Example 4 Suppose a quadratic form

$$f(x_1,x_2,x_3)=x_1^2+4x_2^2+5x_3^2+2ax_1x_2-2x_1x_3+8x_2x_3.$$

Question: What value of a will make the quadratic form positive definite?

Solution The matrix of the quadratic form is

$$\boldsymbol{A}=\begin{pmatrix}1 & a & -1\\ a & 4 & 4\\ -1 & 4 & 5\end{pmatrix}.$$

The different orders of sequential principal minors of $\boldsymbol{A}$ are

$$P_1=1=1>0,$$

$$P_2=\begin{vmatrix}1 & a\\ a & 4\end{vmatrix}=4-a^2,$$

$$P_3=\det(\boldsymbol{A})=\begin{vmatrix}1 & a & -1\\ a & 4 & 4\\ -1 & 4 & 5\end{vmatrix}=-5a^2-8a.$$

According to Theorem 5.12, the quadratic form is positive definite when

$$\begin{cases}4-a^2>0,\\ -5a^2-8a>0,\end{cases}$$

that is,

$$-\frac{8}{5}<a<0.$$

是正定的.

例 4 设二次型

$$f(x_1,x_2,x_3)=x_1^2+4x_2^2+5x_3^2+2ax_1x_2-2x_1x_3+8x_2x_3.$$

问：a 取何值时,该二次型是正定的?

解 该二次型的矩阵为

$$\boldsymbol{A}=\begin{pmatrix}1 & a & -1\\ a & 4 & 4\\ -1 & 4 & 5\end{pmatrix},$$

其各阶顺序主子式为

$$P_1=1=1>0,$$

$$P_2=\begin{vmatrix}1 & a\\ a & 4\end{vmatrix}=4-a^2,$$

$$P_3=\det(\boldsymbol{A})=\begin{vmatrix}1 & a & -1\\ a & 4 & 4\\ -1 & 4 & 5\end{vmatrix}=-5a^2-8a.$$

由定理 5.12 可知,当

$$\begin{cases}4-a^2>0,\\ -5a^2-8a>0,\end{cases}$$

即

$$-\frac{8}{5}<a<0$$

时,该二次型是正定的.

Exercise 5
习题 5

1. Write the matrices of the following quadratic forms:

(1) $f(x_1,x_2,x_3)=3x_1^2-2x_2^2+2x_1x_2+2x_1x_3+5x_2x_3$;

(2) $f(x_1,x_2,x_3)=2x_1^2-x_2^2-x_3^2+6x_1x_2-2x_1x_3+8x_2x_3$;

1. 写出下列二次型的矩阵：

(1) $f(x_1,x_2,x_3)=3x_1^2-2x_2^2+2x_1x_2+2x_1x_3+5x_2x_3$;

(2) $f(x_1,x_2,x_3)=2x_1^2-x_2^2-x_3^2+6x_1x_2-2x_1x_3+8x_2x_3$;

(3) $f(x_1,x_2,x_3)=2x_1^2-2x_2^2+3x_3^2+x_1x_3+3x_2x_3$;

(4) $f(x_1,x_2,x_3)=x_1x_2+x_1x_3+x_2x_3$;

(5) $f(x_1,x_2,x_3)=2x_1^2-x_3^2-3x_1x_3+2x_2x_3$.

2. Write the quadratic forms corresponding to the following symmetric matrices:

(1) $\begin{pmatrix}1 & 2\\ 2 & 3\end{pmatrix}$;

(2) $\begin{pmatrix}1 & 2 & 3\\ 2 & 3 & -2\\ 3 & -2 & -1\end{pmatrix}$;

(3) $\begin{pmatrix}1 & 2 & 3\\ 2 & 3 & -1\\ 3 & -1 & 3\end{pmatrix}$;

(4) $\begin{pmatrix}1 & -\frac{1}{2} & 0\\ -\frac{1}{2} & -1 & 0\\ 0 & 0 & 0\end{pmatrix}$;

(5) $\begin{pmatrix}1 & -1 & 6\\ -1 & 5 & 2\\ 6 & 2 & -2\end{pmatrix}$.

3. Find the rank of quadratic form

$$f(x_1,x_2,x_3)=(x_1,x_2,x_3)\begin{pmatrix}1 & 2 & 1\\ -1 & 3 & 0\\ 0 & 2 & 0\end{pmatrix}\begin{pmatrix}x_1\\ x_2\\ x_3\end{pmatrix}.$$

4. Suppose the rank of quadratic form

$$f(x_1,x_2)=(x_1,x_2)\begin{pmatrix}1 & 2a\\ 3b & 2\end{pmatrix}\begin{pmatrix}x_1\\ x_2\end{pmatrix}$$

is 1. Derive the conditions for a and b.

5. Find the rank of quadratic form

$$f(x_1,x_2,x_3)=x_1^2-2x_2^2+3x_3^2+6x_1x_2+x_1x_3+3x_2x_3.$$

(3) $f(x_1,x_2,x_3)=2x_1^2-2x_2^2+3x_3^2+x_1x_3+3x_2x_3$;

(4) $f(x_1,x_2,x_3)=x_1x_2+x_1x_3+x_2x_3$;

(5) $f(x_1,x_2,x_3)=2x_1^2-x_3^2-3x_1x_3+2x_2x_3$.

2. 写出下列对称矩阵所对应的二次型：

(1) $\begin{pmatrix}1 & 2\\ 2 & 3\end{pmatrix}$;

(2) $\begin{pmatrix}1 & 2 & 3\\ 2 & 3 & -2\\ 3 & -2 & -1\end{pmatrix}$;

(3) $\begin{pmatrix}1 & 2 & 3\\ 2 & 3 & -1\\ 3 & -1 & 3\end{pmatrix}$;

(4) $\begin{pmatrix}1 & -\frac{1}{2} & 0\\ -\frac{1}{2} & -1 & 0\\ 0 & 0 & 0\end{pmatrix}$;

(5) $\begin{pmatrix}1 & -1 & 6\\ -1 & 5 & 2\\ 6 & 2 & -2\end{pmatrix}$.

3. 求二次型

$$f(x_1,x_2,x_3)=(x_1,x_2,x_3)\begin{pmatrix}1 & 2 & 1\\ -1 & 3 & 0\\ 0 & 2 & 0\end{pmatrix}\begin{pmatrix}x_1\\ x_2\\ x_3\end{pmatrix}.$$

的秩.

4. 设二次型

$$f(x_1,x_2)=(x_1,x_2)\begin{pmatrix}1 & 2a\\ 3b & 2\end{pmatrix}\begin{pmatrix}x_1\\ x_2\end{pmatrix}$$

的秩为 1，求 a,b 满足的条件.

5. 求二次型

$$f(x_1,x_2,x_3)=x_1^2-2x_2^2+3x_3^2+6x_1x_2+x_1x_3+3x_2x_3$$

的秩.

6. Known that the rank of quadratic form

$$f(x_1,x_2,x_3)=5x_1^2+5x_2^2+cx_3^2-2x_1x_2+6x_1x_3-6x_2x_3$$

is 2. Find the value of c. Transform the quadratic form into standard form and write the corresponding invertible linear transformation.

7. Suppose matrices

$$A=\begin{pmatrix}1&2\\2&1\end{pmatrix},\quad B=\begin{pmatrix}1&-2\\-2&1\end{pmatrix}.$$

Determine whether matrix $\boldsymbol{A}$ and $\boldsymbol{B}$ are congruent.

8. Determine whether the following quadratic forms are positive definite:

(1) $f(x_1,x_2,x_3)=x_1^2+4x_2^2+6x_3^2+2x_1x_2+4x_1x_3+6x_2x_3$;

(2) $f(x_1,x_2,x_3)=3x_1^2+4x_2^2+5x_3^2+4x_1x_2-4x_2x_3$.

9. What value of a will make quadratic form

$$f(x_1,x_2,x_3)=2x_1^2+ax_2^2+x_3^2+2ax_1x_2-2x_1x_3-2x_2x_3$$

positive definite?

10. We know that

$$\begin{pmatrix}a+1&1&0\\1&1&0\\0&0&a-2\end{pmatrix}$$

is a positive definite matrix. Find the value of a.

11. Transform the following quadratic forms into standard forms by the complete square method, the elementary transformation method and the orthogonal linear transformation method respectively, and write the corresponding invertible linear transformations:

(1) $f(x_1,x_2,x_3)=17x_1^2+14x_2^2+14x_3^2-4x_1x_2-4x_1x_3-8x_2x_3$;

(2) $f(x_1,x_2,x_3)=x_1x_2-4x_1x_3+6x_2x_3$;

(3) $f(x_1,x_2,x_3)=2x_1^2+x_2^2-4x_1x_2-4x_2x_3$;

(4) $f(x_1,x_2,x_3)=x_1^2+x_2^2+x_3^2+8x_1x_2+8x_1x_3+8x_2x_3$.

6. 已知二次型

$$f(x_1,x_2,x_3)=5x_1^2+5x_2^2+cx_3^2-2x_1x_2+6x_1x_3-6x_2x_3$$

的秩为 2,求 c 的值. 将该二次型化为标准形,并写出所做的可逆线性变换.

7. 设矩阵

$$A=\begin{pmatrix}1&2\\2&1\end{pmatrix},\quad B=\begin{pmatrix}1&-2\\-2&1\end{pmatrix},$$

判定矩阵 $\boldsymbol{A}$ 与 $\boldsymbol{B}$ 是否相合.

8. 判断下列二次型是否为正定二次型:

(1) $f(x_1,x_2,x_3)=x_1^2+4x_2^2+6x_3^2+2x_1x_2+4x_1x_3+6x_2x_3$;

(2) $f(x_1,x_2,x_3)=3x_1^2+4x_2^2+5x_3^2+4x_1x_2-4x_2x_3$.

9. 当 a 取何值时,二次型

$$f(x_1,x_2,x_3)=2x_1^2+ax_2^2+x_3^2+2ax_1x_2-2x_1x_3-2x_2x_3$$

为正定二次型?

10. 已知

$$\begin{pmatrix}a+1&1&0\\1&1&0\\0&0&a-2\end{pmatrix}$$

为正定矩阵,求 a 的值.

11. 分别用配方法、初等变换法、正交变换法求下列二次型的标准形,并写出所做的可逆线性变换:

(1) $f(x_1,x_2,x_3)=17x_1^2+14x_2^2+14x_3^2-4x_1x_2-4x_1x_3-8x_2x_3$;

(2) $f(x_1,x_2,x_3)=x_1x_2-4x_1x_3+6x_2x_3$;

(3) $f(x_1,x_2,x_3)=2x_1^2+x_2^2-4x_1x_2-4x_2x_3$;

(4) $f(x_1,x_2,x_3)=x_1^2+x_2^2+x_3^2+8x_1x_2+8x_1x_3+8x_2x_3$.

12. What value of a will make quadratic form

$$f(x_1,x_2,x_3)=x_1^2+x_2^2+5x_3^2+ax_1x_2-2x_1x_3$$

positive definite?

13. Suppose $\boldsymbol{A}$ is a positive definite matrix. Prove

$$\det(\boldsymbol{A}+2\boldsymbol{I})>0.$$

14. Suppose $\boldsymbol{A}$ is a positive definite matrix. Prove $\boldsymbol{A}^{-1}$ is a positive definite matrix.

12. 当 a 取何值时，二次型

$$f(x_1,x_2,x_3)=x_1^2+x_2^2+5x_3^2+ax_1x_2-2x_1x_3$$

是正定二次型？

13. 设 $\boldsymbol{A}$ 为正定矩阵，证明：

$$\det(\boldsymbol{A}+2\boldsymbol{I})>0.$$

14. 设 $\boldsymbol{A}$ 为正定矩阵，证明：$\boldsymbol{A}^{-1}$ 是正定矩阵.